Mathématiques

Terminale Bac Pro

Groupement C
Programme 2011
Bac Pro 3 ans

Livre du professeur

Jean-Denis Astier
Bernard Lacaze
Alain Vrignaud
Brigitte Vrignaud

Nathan
TECHNIQUE

Édition : Alexandra Fouilleroux
Coordination artistique : Evelyn Audureau
Composition : JPM SA
Fabrication : Maria Pauliat

ISBN : 978-2-09-161578-3

SOMMAIRE

Chapitre 1.
Statistique à deux variables

Exercices d'entraînement

Exercice 1

1. Les deux variables sont quantitatives puisque l'on mesure la vitesse du tapis (m/s) et on dénombre les pièces défectueuses. On peut représenter la série statistique par un nuage de points.

2. Indiquer dans la cellule A1 : Vitesse en m/s (x_i).
Indiquer dans la cellule B1 : Nombre de pièces défectueuses (y_i). Entrer les données de la série dans les deux premières colonnes du tableur de A2 à B7.
Utiliser l'assistant graphique du tableur. Le tableur définit les échelles appropriées pour la représentation.
Pour obtenir un graphique identique à celui-ci, indiquer la valeur 5 comme minimum de l'axe des ordonnées.

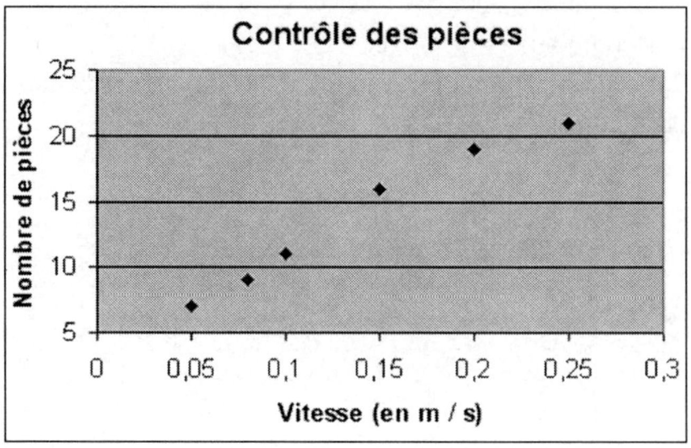

Exercice 2

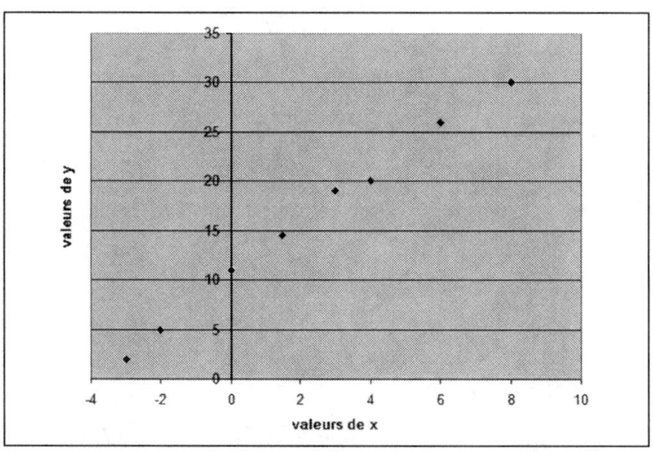

Exercice 3

1. 2.

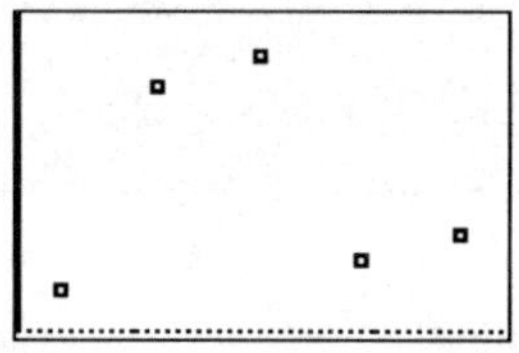

3. Il n'existe pas de lien étroit entre le nombre de contraventions et le nombre de contractuels. On ne peut pas réaliser un ajustement affine de ce nuage de points.

Exercice 4

1. Les deux variables sont quantitatives.

2.

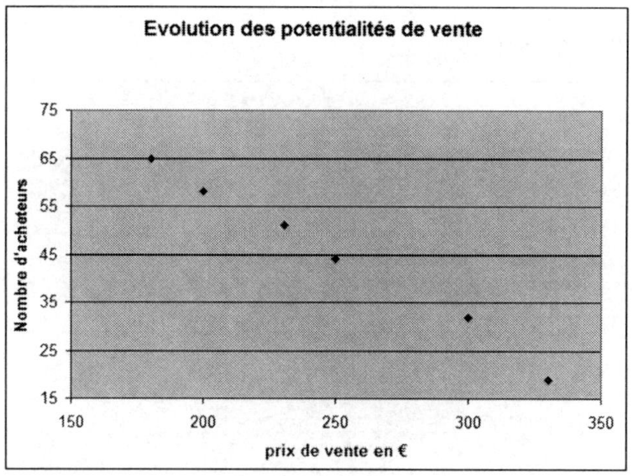

Exercice 5

1. C'est une série statistique à deux variables.

2. et **3.**

Valeurs de x	Valeurs de y
25	114
28	132
35	149
42	175
50	181
54	205
60	245

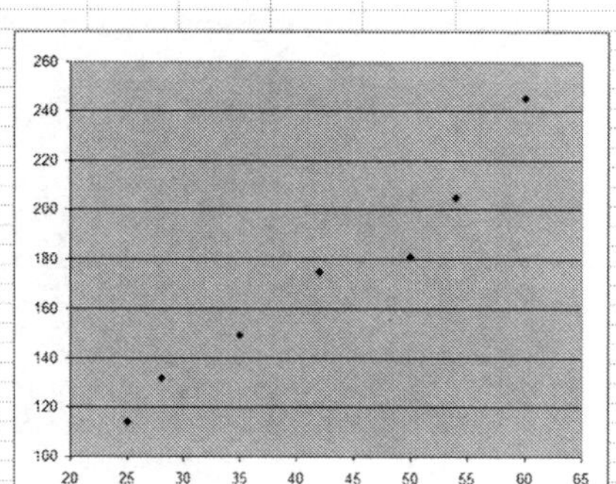

Exercice 6

1. Pour juillet $x = 6$.

2. Représentation graphique.

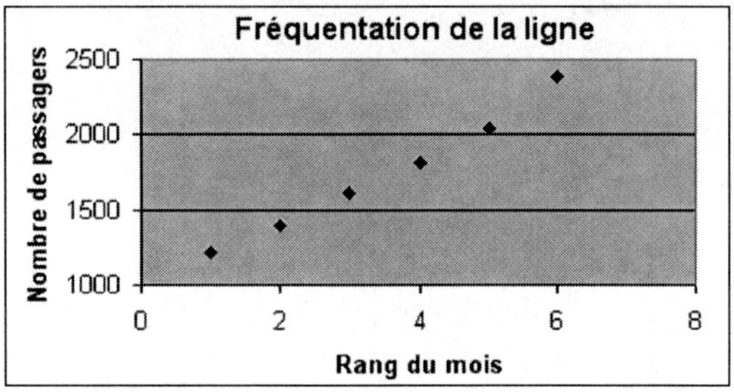

Exercice 7

1. C'est une série chronologique.

2. a) En octobre $x = 1$; en novembre $x = 2$.

b) $x = 9$ représente le mois de juin.

3. C'est **c)** un nuage de points.

Exercice 8

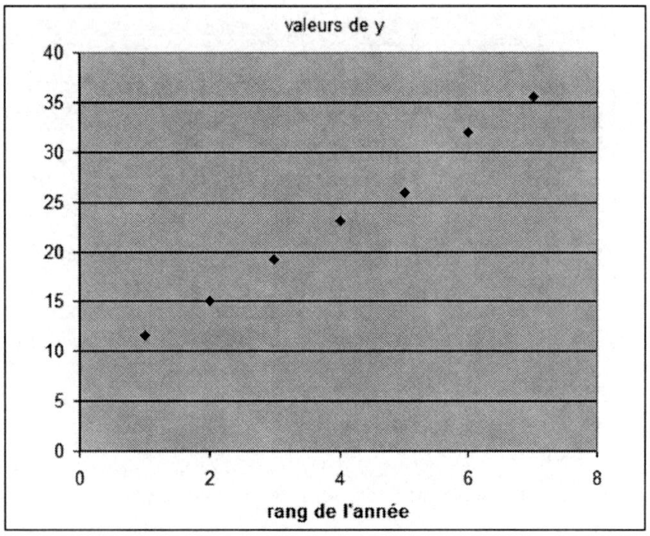

Exercice 9

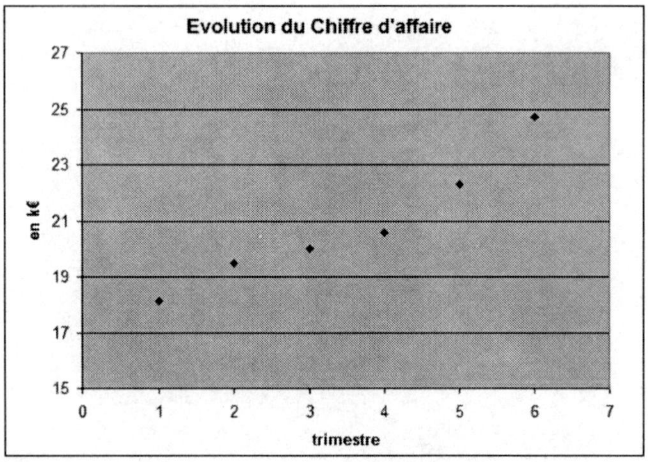

Savez-vous…
…représenter graphiquement une série statistique à deux variables ?

1. Faux.

2. Vrai.

3. Vrai.

4. Faux.

Exercice 10

1. Calcul des coordonnées de G avec la fonction =MOYENNE.

B8 | fx =MOYENNE(B2:B7)

	A	B	C
1	Durée d'utilisation (en jours)	Coût d'utilisation (en €)	
2	0,5	8	
3	1	12	
4	2	20	
5	3	26	
6	5	35	
7	7	42	
8	3,1	23,8	

On obtient $\overline{x} = 3,1$; $\overline{y} = 23,8$.

Les coordonnées de G sont (3,1 ; 23,8).

2. Représentation graphique. On sélectionne les cellules de A2 à B8.

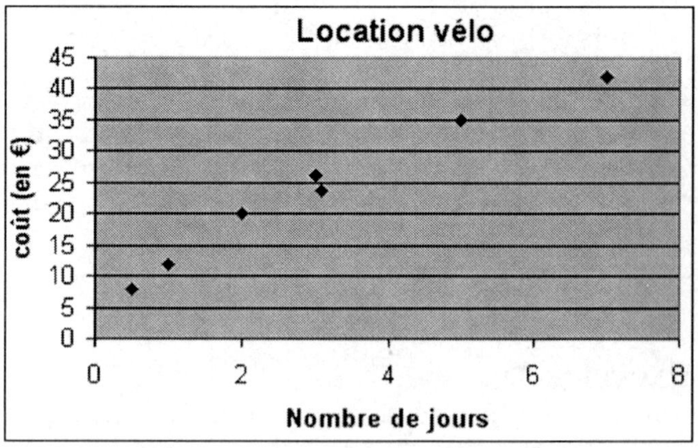

Exercice 11

1. et **2.** $\overline{x} \approx 498$ et $\overline{y} \approx 4,67$.

3. Pour un trafic de 498 véhicules par heure, le temps d'attente est de 4 min 40 s. La communication de la société d'autoroute est correcte.

Exercice 12

G point moyen de coordonnées : $\overline{x} \approx 9,6$; $\overline{y} = 12,3$.

Exercice 13

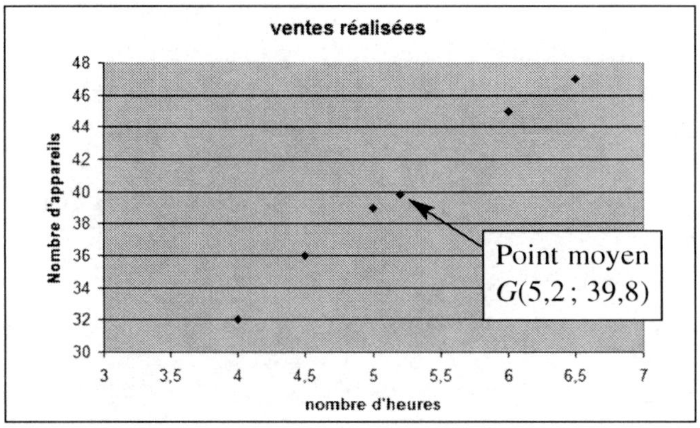

Savez-vous…
…calculer les coordonnées du point moyen d'un nuage de points ?

1. $\bar{x} = 6$; $\bar{y} = 0{,}591$. **2.** $\bar{x} = 5{,}5$; $\bar{y} = 57{,}9$.

Exercice 14

1. et **2.**

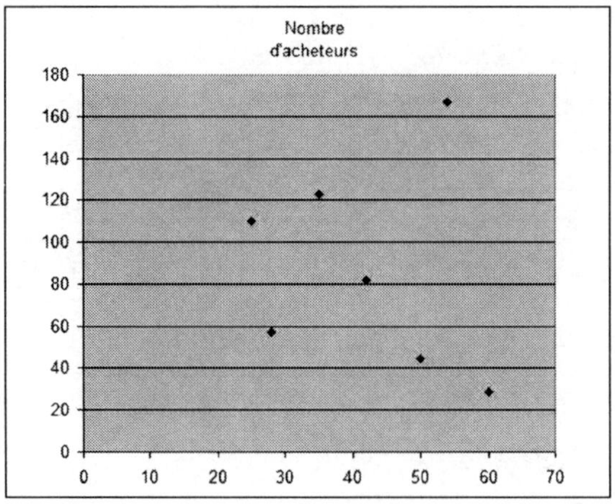

3. La forme du nuage n'est pas suffisamment allongée pour effectuer un ajustement affine.

Exercice 15

1. Représentation graphique (axe des abscisses à partir de 14 et axe des ordonnées à partir de 220).

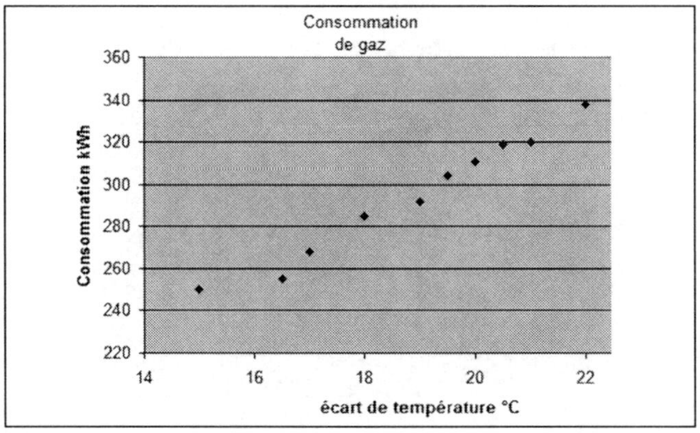

2. La forme du nuage est suffisamment longiligne pour envisager un ajustement affine.

3. La droite d'ajustement a comme équation $y = 13{,}3x + 43{,}7$.

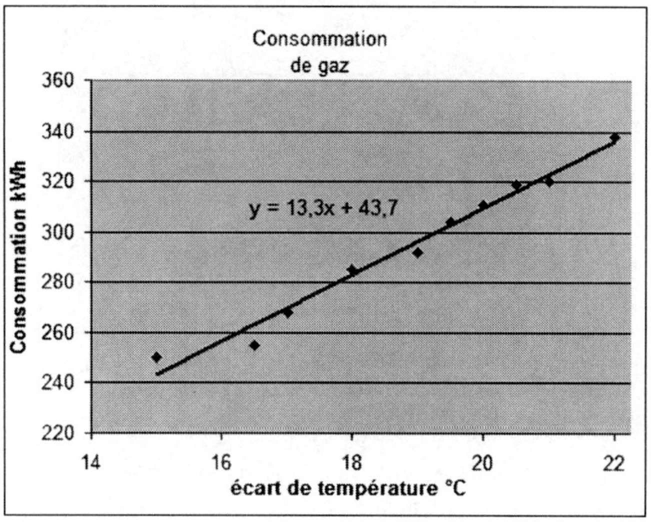

Exercice 16

1. C'est une série statistique à deux variables.

2. On appelle cette représentation graphique un nuage de points.

3. a) Oui, il est justifié de procéder à un ajustement affine car le nuage a une forme allongée.

b) La droite « descend » ; le coefficient directeur de la droite est donc négatif.

Exercice 17

1.

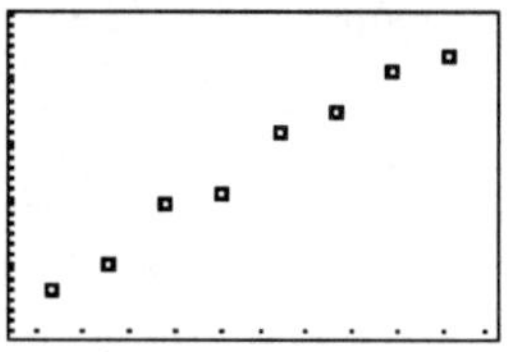

Le nuage a une forme longiligne.

2. Tracé de la droite.

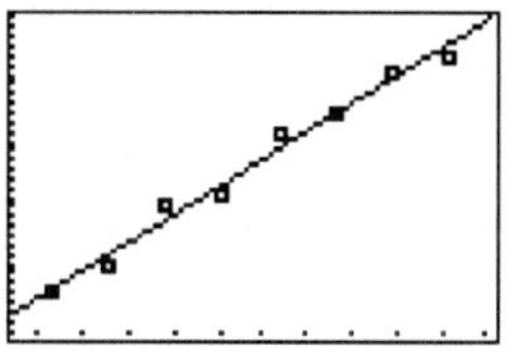

3. $y = 1{,}9x + 4{,}8$.

Exercice 18

1. L'équation de la droite d'ajustement est $y = 2{,}6x + 23{,}1$.

2. a) Le signe de a est positif.

b) Oui, c'est une fonction affine croissante.

Exercice 19

1. 2. et **3.**

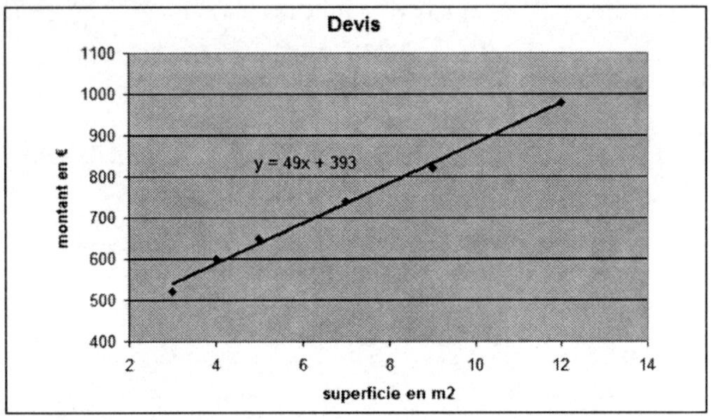

4. L'équation de la droite est $y = 49x + 393$.

Exercice 20

1. C'est une série statistique à deux variables quantitatives du type série chronologique.

2. et **3.** Avec la calculatrice, on obtient $a \approx -357$ et $b \approx 8\,374$, d'où $y = -357x + 8\,374$.

4.

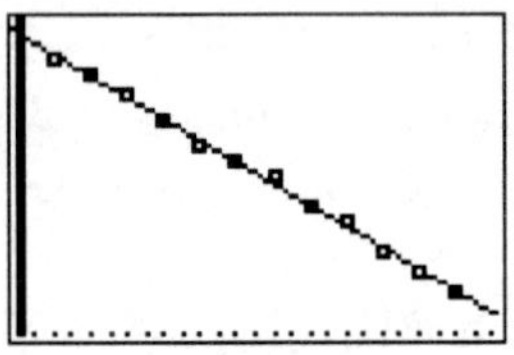

5. $-357 \times 6{,}5 + 8\,374 = 6\,053$. Le point G appartient bien à la droite d'ajustement.

Exercice 21

1. 2.

	A	B
1	valeurs de x	valeurs de y
2	120	136
3	130	168
4	138	179
5	143	204
6	151	223
7	160	255
8	140	194

3. Les valeurs sont $\bar{x} = 140$ et $\bar{y} = 194$.

4. 5. a) Voir graphique.

b) $y = 2{,}921\,3 \times 140{,}33 - 215{,}7877 \approx 194$.

Les coordonnées du point G vérifient bien l'équation de la droite d'ajustement.

Savez-vous…
…reconnaître si un nuage de points peut être ajusté par une droite ?

1. Non.

2. Oui.

3. Non.

Exercice 22

1. L'équation de la droite d'ajustement est :
$y = 0{,}01x + 2{,}41$.

2. Si l'affluence est de 1 800 personnes, $x = 1\,800$.
Alors $y = 0{,}01x\ 1\,800 + 2{,}41 \approx 20{,}4$. La fréquence du métro est de 20,4 métros par heure.

3. Si la fréquence du métro est de 6 métros par heure, $y = 6$.
On a donc $6 = 0{,}01x + 2{,}41$ d'où $6 - 2{,}41 = 0{,}01x$;
$x = \dfrac{3{,}59}{0{,}01}$; $x = 359$.
L'affluence attendue est de 359 passagers par heure.

Exercice 23

1. L'équation de la droite d'ajustement est $y = -0{,}6x + 7$.

2. Si $x = 3$, alors $y = -0{,}6 \times 3 + 7 = 5{,}2$.

3. Si $y = 4{,}4$, alors $4{,}4 = -0{,}6x + 7$, d'où $0{,}6x = 7 - 4{,}4$ et $x = \dfrac{2{,}6}{0{,}6}$;
$x \approx 4{,}33$.

Exercice 24

1. $y = 65\,000 + 3{,}7x$.
$x = 4\,000$, alors $y = 65\,000 + 3{,}7 \times 4\,000 = 79\,800$.
Si on investit 4 000 € de publicité, on peut espérer un chiffre d'affaire de 79 800 €.

2. $y = 87\,200$, alors $87\,200 = 65\,000 + 3{,}7x$.
$3{,}7x = 87200 - 65\,000$, d'où $x = \dfrac{22\,200}{3{,}7} = 6\,000$.
Le montant investi en publicité a été de 6 000 €.

Problèmes

Problème 25

1. a) On doit choisir le nuage de points.

	A	B
1	Valeurs de xi	Valeurs de yi
2	0,054	0,919
3	0,061	0,908
4	0,074	0,882
5	0,057	0,915
6	0,085	0,873
7	0,092	0,857
8	0,114	0,835
9	0,125	0,814

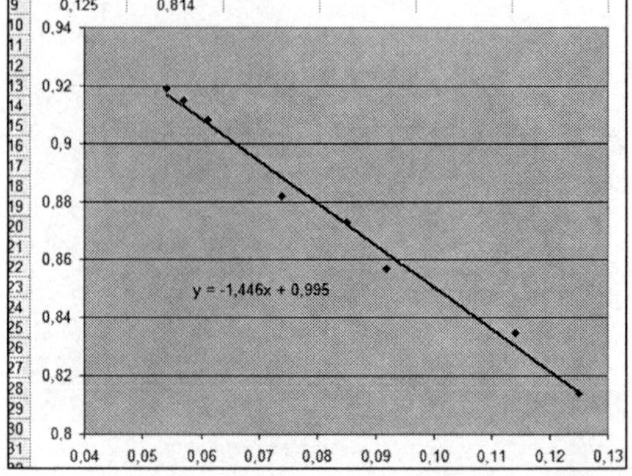

b) La forme du nuage est suffisamment allongée pour réaliser un ajustement affine.

2. L'équation de la droite d'ajustement est :
$y = -1,446x + 0,995$.

3. Si $y = 0,85$, alors $0,85 = -1,446x + 0,995$,
d'où $1,446x = 0,995 - 0,85$; $x = \dfrac{0,145}{1,446} \approx 0,1$.

4. Si $x = 0,15$ alors $y = -1,446 \times 0,15 + 0,995 \approx 0,778$.

Problème 26

1. et **2. a)**

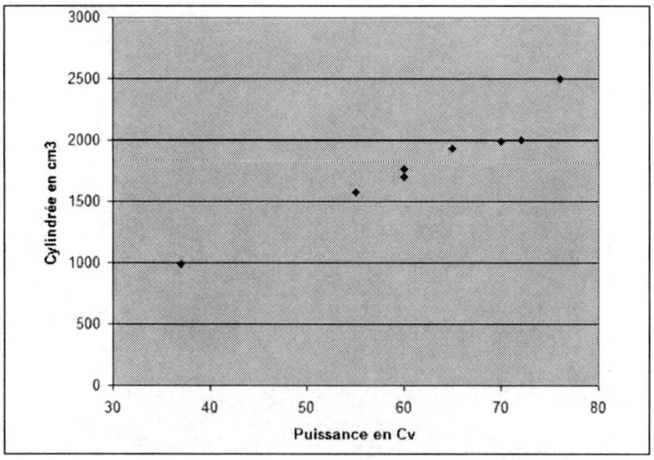

b) Le nuage a une forme longiligne, on peut effectuer un ajustement affine.

3. L'équation de la droite d'ajustement est $y = 34x - 293$.

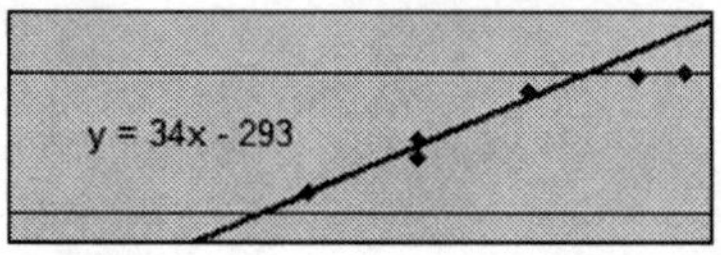

4. Si $y = 2\,800$, alors $34x = 2\,800 + 293$, d'où $x = \dfrac{3\,093}{34}$; $x \approx 91$. Si la cylindrée est $2\,800$ cm^3, la puissance du moteur est de 91 CV environ.

5. Si la puissance est de 50 CV, $x = 50$.
$y = 34 \times 50 - 293 = 1\,407$. La cylindrée est alors de $1\,407$ cm^3.

Problème 27

1. et **2. a)**

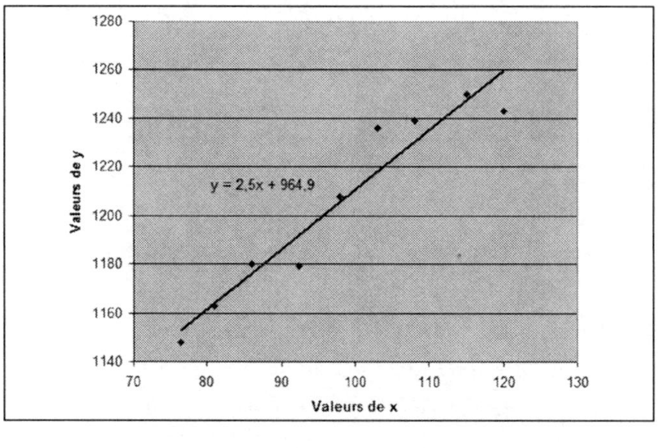

b) La forme du nuage est suffisamment allongée pour effectuer un ajustement affine.

3. a) L'équation de la droite d'ajustement est
$y = 2,5x + 965$.

b) Ces deux grandeurs ne sont pas proportionnelles : la relation n'est pas du type $y = ax$.

c) Il s'agit d'une relation qui se rapproche d'une relation de type affine.
Si $x = 140$, alors $y = 2,5 \times 140 + 965 = 1\,315$.

Problème 28

1.

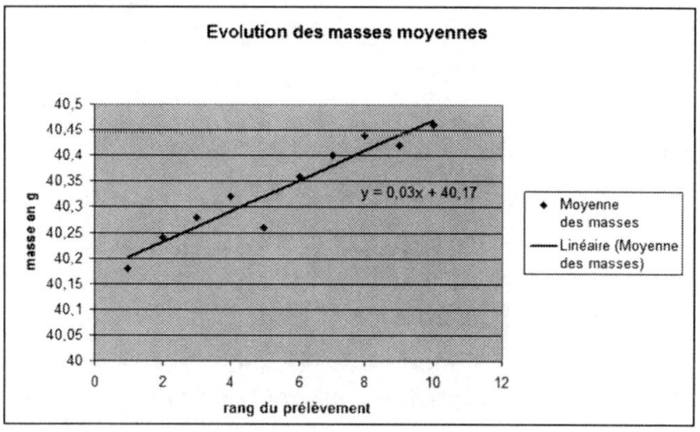

2. L'équation de la droite d'ajustement est :
$y = 0,03x + 40,17$.

3. Si $y > 40,55$, on a $0,03x + 40,17 > 40,55$, d'où $0,03x > 40,55 - 40,17$ et $x > \dfrac{0,38}{0,03}$, donc $x > 12,67$.

Il faut effectuer le réglage après le 13e prélèvement, soit à 13 heures.

Problème 29

1. et **2. a)**

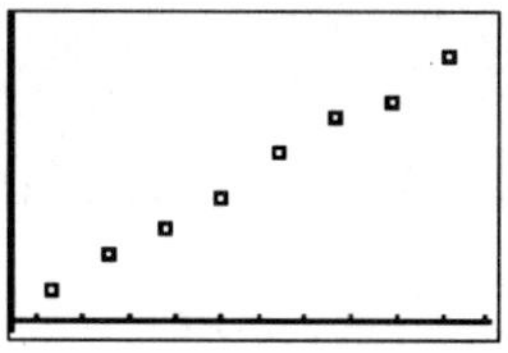

b) La forme du nuage est suffisamment allongée pour effectuer un ajustement affine.

3. a) On obtient $y = 51,6x - 5,4$.

b) Si $x = 12$ alors $y = 51,6 \times 12 - 5,4 = 613,8$.

c) Au bout de 3 ans $x = 12$. On peut espérer vendre 614 appareils au bout de 3 ans.

Problème 30

1.

L1	L2	L3 2
1	102	------
2	112	
3	120	
4	126	
5	140	
6	153	
7	170	

L2(1)=102

2. a)

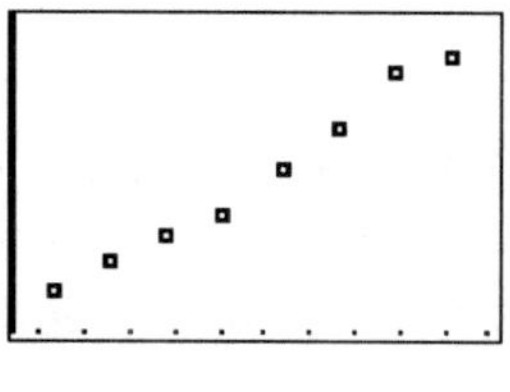

b) La forme du nuage est allongée.

3.

```
LinReg
 y=ax+b
 a=10.88095238
 b=88.28571429
 r²=.9832121084
 r=.9915705262
```

On a comme équation de droite d'ajustement $y = 11x + 88$.

4. Si $x = 10$, alors $y = 11 \times 10 + 88 = 198$.

5. a) $y > 220$ donc $11x + 88 > 220$.

$11x > 220 - 88$, d'où $x > \dfrac{132}{11}$; $x > 12$.

b) On doit prolonger la campagne publicitaire pendant 12 mois pour que les ventes dépassent 220 000 articles.

Problème 31

1. Entrées des valeurs dans la feuille de calcul d'un tableur.

Remarque : il est également possible d'attribuer la valeur $x = 1$ pour 2001, la valeur $x = 2$ pour 2002, …, etc. L'allure du nuage de points est identique. Les prévisions effectuées avec la droite d'ajustement également.

2. Graphique.

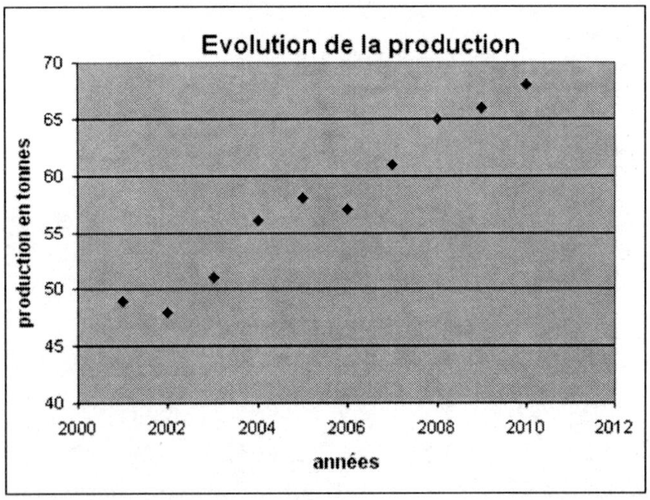

3. La forme du nuage est suffisamment longiligne pour effectuer un ajustement affine.

4.

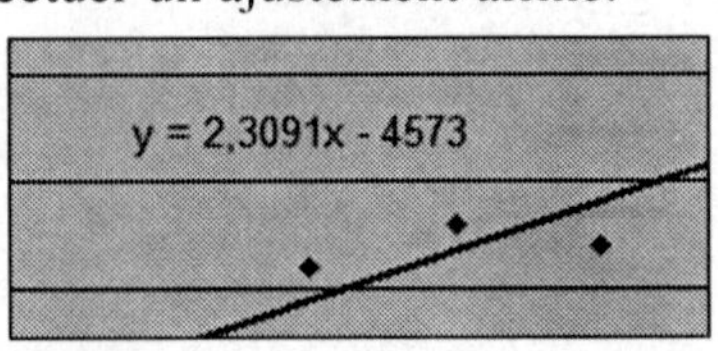

L'équation de la droite d'ajustement est :

$y = 2{,}309\,1x - 4\,573$.

5. En 2012, $y = 2{,}309\,1 \times 2\,012 - 4\,573 \approx 73$.

En 2013, $y = 2{,}309\,1 \times 2\,013 - 4\,573 \approx 75$.

La production prévisible en 2012 est d'environ 73 tonnes, et en 2013 d'environ 75 tonnes.

Problème 32

1. et **2.**

	A	B	C	D	E	F
1	Rang du mois	Nombre de gâteaux				
2	1	2084				
3	2	2081				
4	3	2089				
5	4	2094				
6	5	2092				
7	6	2102				
8	7	2098				
9	8	2096				
10	9	2108				
11	10	2114				
12	11	2109				
13	12	2113				
14	6,5	2098,33333				

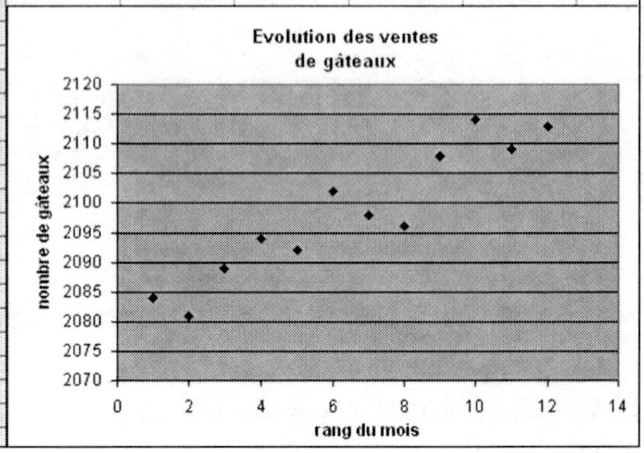

3. a) Les coordonnées du point moyen sont $\bar{x} = 6{,}5$ et $\bar{y} = 2\,098$.

4. a) L'équation de la droite d'ajustement est :

$y = 2{,}9x + 2\,079$.

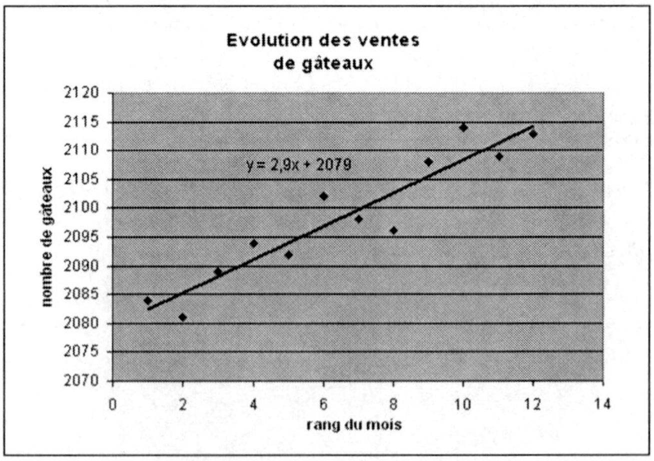

b) Si $x = 6{,}5$ alors $y = 2{,}9 \times 6{,}5 + 2\,079 \approx 2\,097{,}8$. Les coordonnées vérifient l'équation de la droite d'ajustement (aux approximations près). Le point G appartient à la droite d'ajustement affine.

5. Au mois de mars 2012, $x = 15$ donc on a :

$y = 2{,}9 \times 15 + 2\,079 = 2\,122{,}5$.

Les ventes prévisibles de gâteaux sont de 2 122.

Problème 33

1. et **2.** La forme du nuage justifie un ajustement affine.

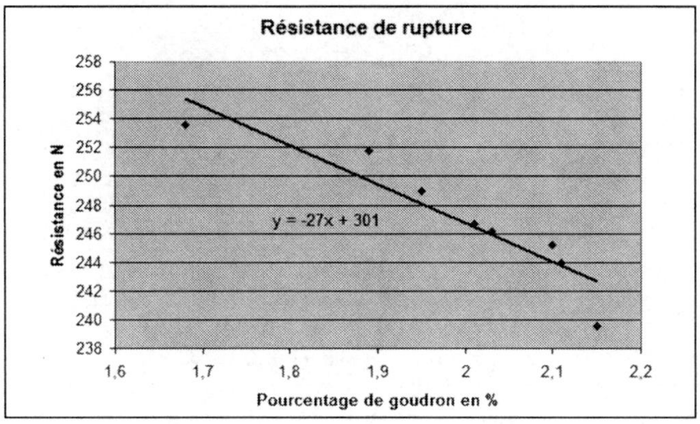

3. L'équation de la droite d'ajustement affine est
$y = -27x + 301$.

4. a) Il doit utiliser l'équation de la droite d'ajustement et la valeur $x = 1{,}75$.

b) $y = -27 \times 1{,}75 + 301 \approx 253{,}8$.
La résistance à la rupture sera d'environ 253,8 N.

Problème 34

1.

	A	B	C	D	E	F
1	Epaisseur en mm	Résistance en m2°C/W				
2	25	1,8				
3	30	2,05				
4	40	2,3				
5	50	2,96				
6	60	3,45				
7	70	3,7				
8	90	4,48				
9	52,14	2,96				

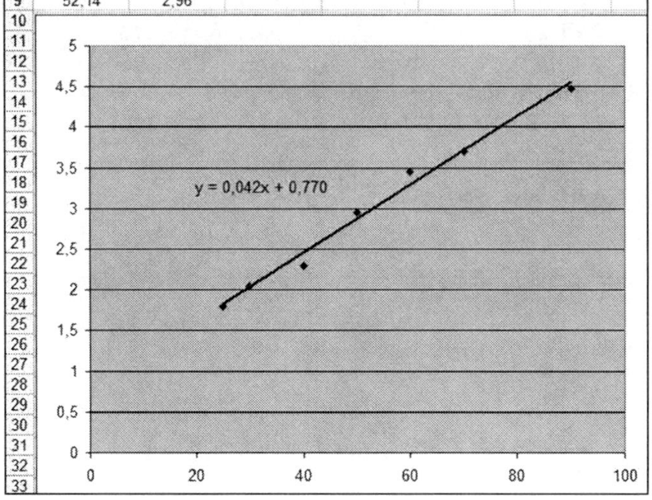

2. Les coordonnées du point moyen G sont $(52{,}14\,; 2{,}96)$.

3. L'équation de la droite d'ajustement est :
$y = 0{,}042x + 0{,}770$.

4. a) Si $x = 80$ alors $y = 0{,}04 \times 80 + 0{,}77 = 3{,}97$.
La résistance thermique est alors de 3,97 m^2 °C/W.

b) Si $y = 4{,}8$ alors $4{,}8 = 0{,}04x + 0{,}77$, d'où
$0{,}04x = 4{,}8 - 0{,}77$ et $x = \dfrac{4{,}03}{0{,}04} = 100{,}75$.
L'épaisseur de l'isolant doit être environ de 100 mm.

Problème 35

1. Voir représentation graphique.

2. Le nuage permet un ajustement affine car il a une forme suffisamment allongée.

3. L'équation de la droite d'ajustement est :
$y = 635x - 495$.

4. En janvier 2012, $x = 11$, donc $y = 635 \times 11 - 495 = 6\,490$.
Si la tendance observée se maintient, le volume des ventes sera de 6 490 graveurs Blu-ray.

5. $y > 7\,000$ donc $635x - 495 > 7\,000$;
$635x > 7\,000 + 495$, d'où $x > \dfrac{7\,495}{635}$; $x > 11{,}8$.
Il faut $x = 12$, soit attendre le mois de février 2012 pour espérer dépasser le nombre de 7 000 appareils vendus si la tendance se maintient.

Problème 36

1. 2. a) b)

	A	B	C	D	E
1	Rang de l'année	Salaire mensuel (€)			
2	1	1650			
3	2	1725			
4	3	1740			
5	4	1750			
6	5	1825			
7	6	1850			
8	7	1950			
9	8	1960			
10	4,5	1806			

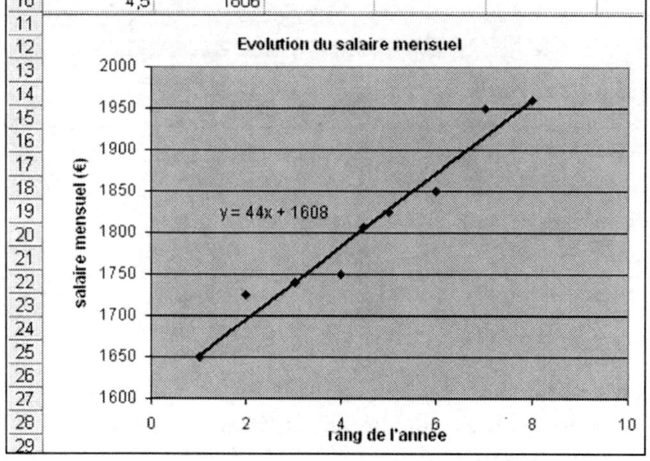

c) Les coordonnées du point moyen G sont $\bar{x} = 4{,}5$ et $\bar{y} = 1\,806$.

b) L'équation de la droite d'ajustement est :
$y = 44x + 1\,608$.
$y = 44 \times 4{,}5 + 1\,608 = 1\,806$.
Les coordonnées du point moyen vérifient bien l'équation de la droite d'ajustement.

3. a) En 2014, $x = 11$ d'où $y = 44 \times 11 + 1\,608 \approx 2\,090$.
Le salaire mensuel prévisible d'Hélène en 2014 est d'environ 2 090 €.

b) $y > 2\,400$ d'où $44x + 1\,608 > 2\,400$;
$44x > 2\,400 - 1\,608$ et $x > \dfrac{792}{44}$. $x > 18$, soit en 2021.

Hélène ne peut espérer atteindre un salaire de 2 400 € en 2019, elle doit attendre 2021 si la tendance se maintient. À moins qu'elle ne revendique des augmentations plus conséquentes…

Problème 37

1. 2. 3. 4. a)

	A	B	C	D	E
1	Frais de publicité xi (en k€)	Taux d'occupation yi (en %)			
2	30	52			
3	27	45			
4	32	67			
5	25	55			
6	35	76			
7	22	48			
8	24	32			
9	35	72			
10	28,75	55,875			

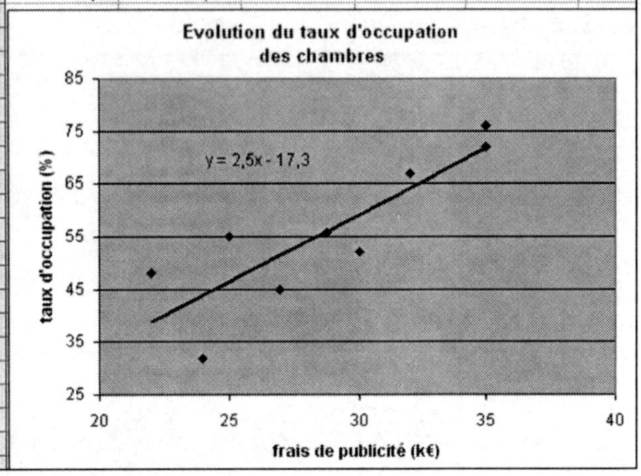

b) On vérifie bien que le point moyen appartient à la droite d'ajustement.

5. a) L'équation de la droite d'ajustement est :
$y = 2{,}5x - 17{,}3$.

b) Si $y = 80$, on a $2{,}5x - 17{,}3 = 80$, d'où $2{,}5x = 80 + 17{,}3$;
$x = \dfrac{97{,}3}{2{,}5}$ et $x \approx 39$.

La chaîne d'hôtels Jupiter peut espérer avoir un taux d'occupation des chambres de 80 % en investissant 39 k€ en frais de publicité.

Problème 38

1. 2. 3. 4. a) b) c)

	A	B	C	D	E
1	Puissance fiscale en CV (xi)	Prix de revient kilométrique en € (yi)			
2	4	0,508			
3	5	0,565			
4	6	0,591			
5	7	0,617			
6	8	0,675			
7	6	0,5912			

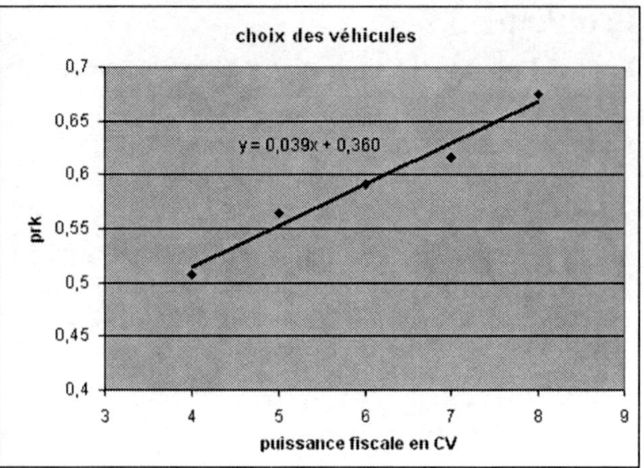

5. Si $x = 10$ alors $y = 0{,}039 \times 10 + 0{,}360 = 0{,}75$.
Le prix de revient kilométrique est alors de 0,75 €.

6. Si $y < 0{,}78$ on a $0{,}039x + 0{,}360 < 0{,}78$;
d'où $0{,}039x < 0{,}78 - 0{,}360$ et $x > \dfrac{0{,}42}{0{,}039}$; donc $x < 10{,}77$.
La puissance maximum du véhicule doit être de 10 CV.

Problème 39

1. et **2.** Point moyen G : $\overline{x} = 4{,}5$ et $\overline{y} = 63$.

3. L'équation de la droite d'ajustement obtenue avec la calculatrice est : $y = 12{,}6x + 6{,}1$.

4. $12{,}6 \times 4{,}5 + 6{,}1 = 62{,}8$. Cette valeur de y est proche de celle de $\overline{y}$. L'écart est dû à l'arrondi.

5. En 2012, on a $x = 10$. $y = 12{,}6 \times 10 + 6{,}1 \approx 132$.
En 2012, il y aura 132 déchetteries.

6. $y = 150$, d'où $150 = 12{,}6x + 6{,}1$. On a $12{,}6x = 150 - 6{,}1$;
$x = \dfrac{143{,}9}{12{,}6}$; $x \approx 11{,}4$. Au cours de l'année 2014, la région disposera de 150 déchetteries.

Problème 40

1.

	A	B	C	D	E	F
1	Vitesse en km/h	Consommation en L/100 km				
2	50	5,3				
3	60	5,5				
4	90	6,4				
5	110	7				
6	120	7,5				
7	130	8,1				
8	93,33	6,63				

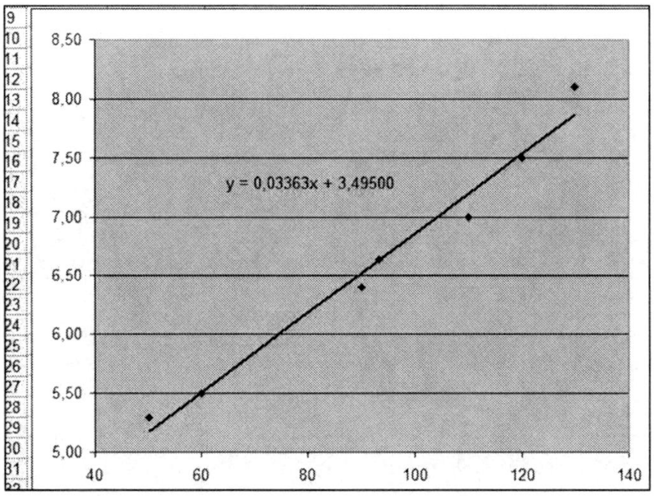

2. La forme du nuage est suffisamment allongée pour justifier un ajustement affine.

3. Les coordonnées du point moyen G sont : $\overline{x} = 93{,}33$ et $\overline{y} = 6{,}63$.

4. a) L'équation de la droite d'ajustement est :
$y = 0{,}033\,63x + 3{,}495\,00$.

b) Le point moyen appartient bien à la droite (voir graphique). On peut le vérifier aussi par le calcul :
$y = 0{,}033\,63 \times 93{,}33 + 3{,}495 \approx 6{,}63$.

5. Si on roule à 100 km/h on a $x = 100$, d'où
$y = 0{,}033\,63 \times 100 + 3{,}495 = 6{,}858$.
La consommation d'essence sera d'environ 6,9 L/100 km.
Si on ne veut pas dépasser les 6 L/100 km il faut $y < 6$.
$0{,}033\,63x + 3{,}495 < 6$, c'est-à-dire $0{,}033\,63x < 6 - 3{,}495$,
d'où $x < \dfrac{2{,}505}{0{,}033\,63}$, donc $x < 74{,}5$.
Il faut rouler à une vitesse inférieure à 74 km/h.

Problème 41

1. et **2.** Le nuage peut être ajusté par une droite.

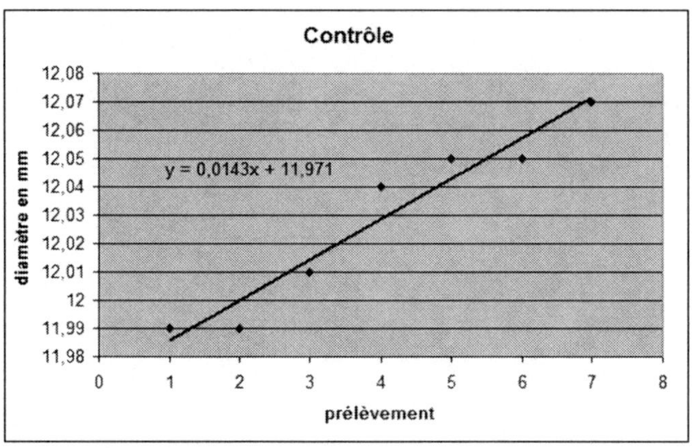

3. L'équation de la droite d'ajustement est :
$y = 0{,}0143x + 11{,}971$.

a) À 12 h 30, $x = 8$ et $y = 0{,}014\,3 \times 8 + 11{,}971 \approx 12{,}085$.
Le diamètre est encore dans l'intervalle de tolérance. La technicienne ne doit pas effectuer un nouveau réglage.

b) Si $y > 12{,}1$ alors $0{,}014\,3x + 11{,}971 > 12{,}1$ d'où
$0{,}0143x > 12{,}1 - 11{,}971$; $x > \dfrac{0{,}129}{0{,}014\,3}$ et $x > 9$.
Hacina devra arrêter la machine après le 9e prélèvement, c'est-à-dire à 13 heures pour effectuer un réglage.

Problème 42

1. 2.

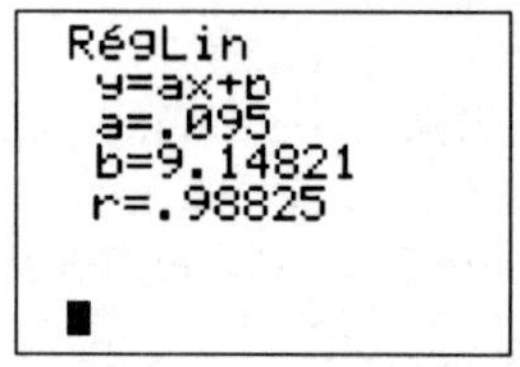

$y = 0{,}095x + 9{,}148$.

3. Le maxima de tension attendu est de :
$y = 0{,}095 \times 50 + 9{,}148 \approx 13{,}9$.

Problème 43

1. a) Le rapport entre les deux salaires brut horaire est :
$\dfrac{9{,}80}{9{,}58} \approx 1{,}023$.
Le taux d'augmentation entre 2010 et 2011 est donc de $1{,}023 - 1 = 0{,}023$, soit un pourcentage d'augmentation de 2,3 %.

b) Le salaire horaire brut sera en 2012 de :
$9{,}80 \times 1{,}013 \approx 9{,}93$ €.

2. 3. 4. 5. a)

	A	B	C	D	E
1	Rang année	Salaire horaire (€)			
2	1	8,05			
3	2	8,32			
4	3	8,5			
5	4	8,78			
6	5	8,9			
7	6	9,2			
8	7	9,45			
9	8	9,58			
10	9	9,8			
11	5	8,953			

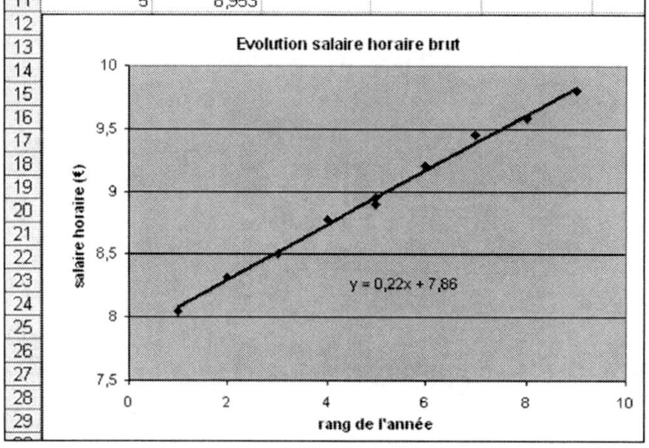

b) On vérifie bien graphiquement que le point moyen appartient à la droite d'ajustement affine.

6. a) L'équation de la droite d'ajustement est :
$y = 0{,}22x + 7{,}86$.

b) L'année 2013 correspond à $x = 11$ d'où
$0{,}22 \times 11 + 7{,}86 = 10{,}28$.
Si la tendance se maintient, on peut prévoir un salaire horaire brut de 10,28 € en 2013.

Problème 44

1. Calculer une valeur après augmentation de 5 %, c'est multiplier la première valeur par le coefficient 1,05.
x = nombre d'appareils vendus en 2005.
$1{,}05x = 273$, d'où $x = \frac{273}{1{,}05}$; $x = 260$.
Il y a eu 260 000 appareils de chauffage à bois vendus en 2005.

2. et **3.**

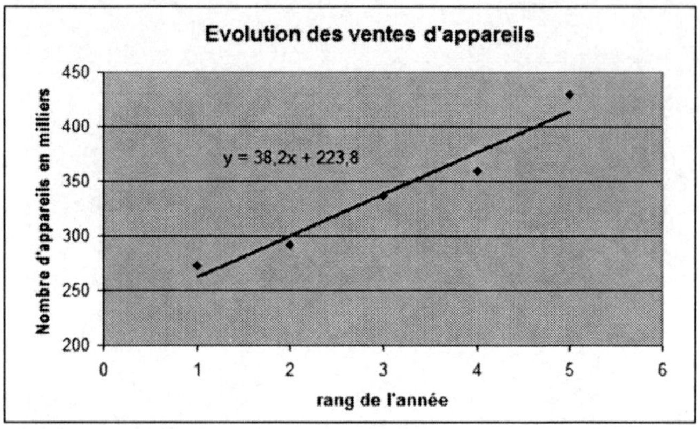

4. $y = 38x + 224$. En 2012, $x = 7$, d'où
$y = 38 \times 7 + 224 = 490$.
En 2012, la prévision est de 490 000 appareils de chauffage au bois vendus.

Chapitre 2. Probabilités

Exercices d'entraînement

Exercice 1

1. C'est une expérience aléatoire car le résultat est dû au hasard.

2. a)

	1	2	3	4	5	6
1	11	21	31	41	51	61
2	12	22	32	42	52	62
3	13	23	33	43	53	63
4	14	24	34	44	54	64
5	15	25	35	45	55	65
6	16	26	36	46	56	66

b) Il y a 6 × 6 = 36 issues possibles.

3. L'événement *A* est impossible car aucune issue ne réalise l'événement « le nombre obtenu est un multiple de dix ».

4. 18 issues réalisent l'événement *B*.

5. L'événement *C*, « le nombre obtenu est inférieur à 70 », est un événement certain car toutes les issues réalisent *C*.

Exercice 2

1.

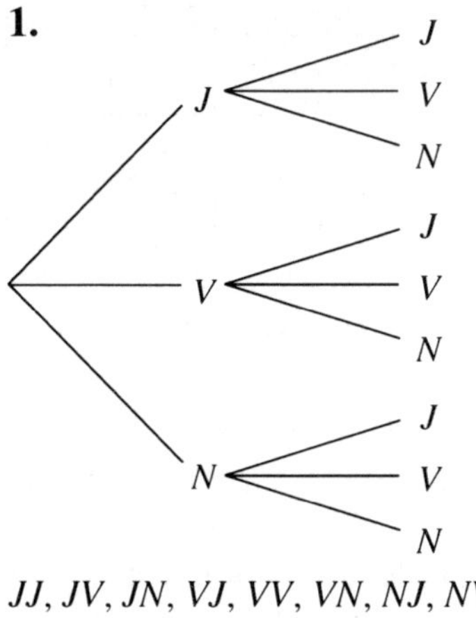

JJ, *JV*, *JN*, *VJ*, *VV*, *VN*, *NJ*, *NV* et *NN*. Il y a 9 issues pour cette expérience.

2. L'événement « les deux boules sont de la même couleur » est réalisée par 3 issues : *JJ*, *VV* et *NN*.

3. L'événement « les deux boules sont noires » est réalisé par une seule issue : *NN*.

C'est un événement élémentaire.

Exercice 3

1.

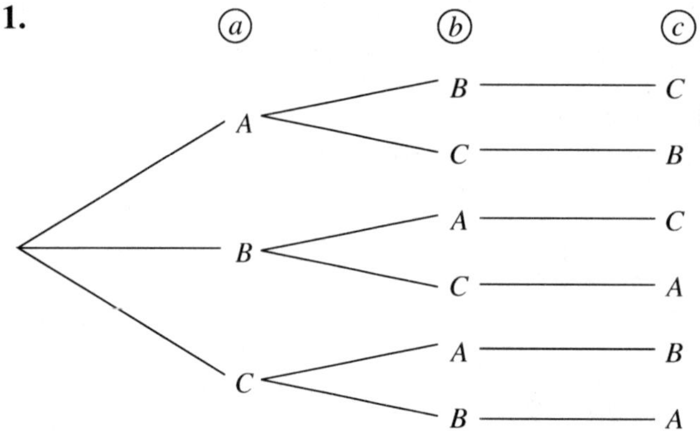

2. Non, il n'existe pas de rangement où un seul DVD n'est pas correctement rangé.

3. Il y a 3 rangements : *aA bC cB*; *aC bB cA* ; *aB bA cC*.

4. L'événement « un seul DVD est incorrectement rangé » est un événement impossible.

Exercice 4

1.

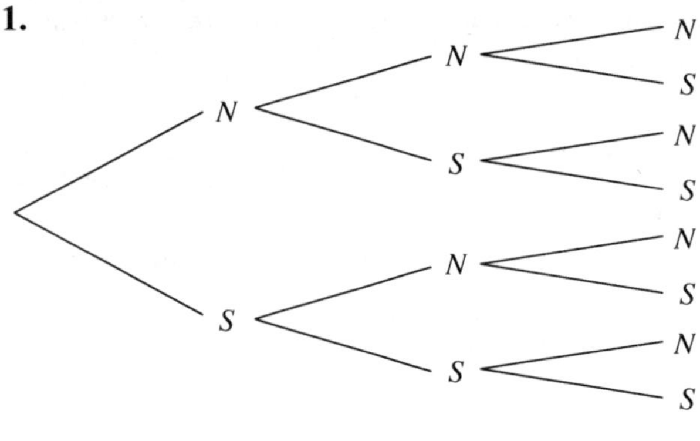

2. a) Il existe 8 issues.

b) Les 2 issues sont *AmN StN HaN* et *AmS StS HaS*.

3. La probabilité est $p = \frac{2}{8} = 0{,}25$.

Exercice 5

1. a) Il y a 4 issues possibles.

b) Les issues sont : $C_A I_A$, $C_R I_R$, $C_A I_R$, $C_R I_A$.

2. L'événement *A* est un événement élémentaire, une seule issue le réalise.

L'événement *B* n'est pas un événement élémentaire, deux issues le réalisent.

L'événement *C* est un événement élémentaire.

Savez-vous…
… représenter graphiquement les issues d'une expérience aléatoire et déterminer si un événement est élémentaire ?

1. Le troisième arbre.
2. La somme des lancers est égale à 2.

Exercice 6

1. L'expérience est une expérience aléatoire dont les issues sont équiprobables puisque le dé est équilibré.
2. $p(A) = \frac{1}{6} \approx 0{,}167$.
3. $p(B) = \frac{3}{6} = 0{,}5$.

Exercice 7

1. Une seule issue réalise l'événement « la boule tirée est jaune ».
$p(\text{jaune}) = \frac{1}{5} = 0{,}2$.
2. Deux issues réalisent l'événement « la boule tirée est verte ».
$p(\text{verte}) = \frac{2}{5} = 0{,}4$.
3. Trois issues réalisent l'événement « la boule tirée porte le numéro 1 ».
$p(1) = \frac{3}{5} = 0{,}6$.
4. a) Il y a $5 \times 5 = 25$ issues pour l'expérience aléatoire de deux tirages successifs avec remise.
5 issues réalisent l'événement « la même boule a été tirée deux fois de suite ».
La probabilité est $\frac{5}{25} = 0{,}2$.
b)

1er tirage / 2e tirage	r_1	r_2	v_1	v_2	j_1
r_1	r_1r_1	r_2r_1	v_1r_1	v_2r_1	j_1r_1
r_2	r_1r_2	r_2r_2	v_1r_2	v_2r_2	j_1r_2
v_1	r_1v_1	r_2v_1	v_1v_1	v_2v_1	j_1v_1
v_2	r_1v_2	r_2v_2	v_1v_2	v_2v_2	j_1v_2
j_1	r_1j_1	r_2j_1	v_1j_1	v_2j_1	j_1j_1

Il y a 13 issues qui réalisent l'événement « les deux boules tirées portent le même numéro ». La probabilité est donc égale à $\frac{13}{25} = 0{,}52$.

Exercice 8

1. a)

1er tirage / 2e tirage	1	2	3	4
1	X	2 ; 1	3 ; 1	4 ; 1
2	1 ; 2	X	3 ; 2	4 ; 2
3	1 ; 3	2 ; 3	X	4 ; 3
4	1 ; 4	2 ; 4	3 ; 4	X

b) Les 12 issues sont équiprobables, donc chaque issue a une probabilité de $\frac{1}{12}$.
2. a) (1 ; 2) et (2 ; 1) sont les deux issues qui réalisent l'événement A « la somme des nombres est 3 ».
$p(A) = \frac{2}{12} \approx 0{,}167$.
b) (1 ; 4) (2 ; 3) (3 ; 2) et (4 ; 1) sont les 4 issues qui réalisent B. $p(B) = \frac{4}{12} \approx 0{,}333$.
3. Toutes les issues réalisent l'événement « la somme des nombres est supérieure ou égale à 3 ». C'est un événement certain ; $p(C) = 1$.
4. D est un événement impossible ; $p(D) = 0$.

Exercice 9

1. a)

1er film / 2e film	A_1	A_2	A_3	C_1	C_2	S
A_1	X	A_2A_1	A_3A_1	C_1A_1	C_2A_1	SA_1
A_2	A_1A_2	X	A_3A_2	C_1A_2	C_2A_2	SA_2
A_3	A_1A_3	A_2C_3	X	C_1C_3	C_2A_2	SA_3
C_1	A_1C_1	A_2C_1	A_3C_1	X	C_2C_1	SC_1
C_2	A_1C_2	A_2C_2	A_3C_2	C_1C_2	X	SC_2
S	A_1S	A_2S	A_3S	C_1S	C_2S	X

b) Il y a 30 issues possibles. On retire les issues qui correspondent à deux films identiques : $36 - 6 = 30$.
Si l'on ne tient pas compte de l'ordre dans lequel Caroline voit les deux films, il y a donc $\frac{2}{30} = 15$ choix de deux films différents.
2. Il y a 2 issues qui réalisent l'événement Caroline voit A_2 et C_1. Toutes les issues sont équiprobables. La probabilité est donc égale à $\frac{2}{30} \approx 0{,}067$.
3. 24 issues réalisent l'événement « un des films choisis est un film d'aventure » (il peut y avoir deux films d'aventure choisis), donc la probabilité est de $\frac{24}{30} = 0{,}8$.

4. Il y a 8 issues qui réalisent cet événement, donc sa probabilité est $= \frac{8}{30} \approx 0,267$.

Exercice 10

1. a) La sortie d'un nombre est une expérience aléatoire.
b) Il y a 37 numéros possibles de 0 à 36 inclus. Il y a donc 37 issues.
2. a) La probabilité de sortie du nombre 32 est de $\frac{1}{37}$, soit environ 0,027.
b) Les 10 issues qui réalisent A sont : 0 ; 4 ; 8 ; 12 ; 16 ; 20 ; 24 ; 28 ; 32 et 36.
c) La fréquence de réalisation de l'événement A est de 0,29, puis de 0,263 ; elle se rapproche de la valeur $p(A)$ qui est $p(A) = \frac{10}{37} \approx 0,270$.
3. a) Il y a 12 issues qui réalisent B : 25 ; 26 ; 27 ; 28 ; 29 ; 30 ; 31 ; 32 ; 33 ; 34 ; 35 ; 36.
b) $p(B) = \frac{12}{37} \approx 0,324$.
c) $p(B) > p(A)$, donc l'affirmation d'Amaury est exacte. La boule a une probabilité plus grande de s'arrêter sur un nombre supérieur ou égal à 25 que sur un multiple de 4.

Savez-vous…
… calculer la probabilité d'événements en dénombrant les issues qui le réalisent ?

1. $\frac{1}{32}$.
2. 0,375.
3. 0,25.
4. Première réponse.

Exercice 11

1. $p(A) = \frac{2}{6} = \frac{1}{3}$.
2. $p(B) = \frac{2}{6} = \frac{1}{3}$
3. a) L'événement $A \cap B$ est réalisé par une seule issue V_2.
b) $p(A \cap B) = \frac{1}{6}$.
4. $p(A \cup B) = p(A) + p(B) - p(A \cap B)$
$= \frac{1}{3} + \frac{1}{3} - \frac{1}{6} = \frac{2}{3} - \frac{1}{6} = \frac{4}{6} - \frac{1}{6} = \frac{3}{6}$.
$p(A \cup B) = 0,5$.

Exercice 12

1. a) Il y a : 21 + 34 + 22 + 9 + 3 + 6 = 95 élèves de BTS.
b) $p(A) = \frac{34}{95} \approx 0,358$.
2. $p(B) = \frac{22}{95} \approx 0,232$.
3. a) C est l'événement $A \cup B$, réunion des deux événements.
b) $p(C) = \frac{(34 + 22)}{95} = \frac{56}{95} \approx 0,589$.
c) $p(A \cap B) = \frac{0}{95} = 0$. $A \cap B$ est un événement impossible.
4. a) $p(D) = \frac{(21 + 3 + 6)}{95} = \frac{30}{95} \approx 0,316$.
b) $p(E) = \frac{(9 + 3 + 6)}{95} = \frac{30}{95} \approx 0,189$.
c) L'événement $D \cap E$ n'est pas impossible car $p(D \cap E) = \frac{(3 + 5)}{95} = \frac{9}{95} \approx 0,095$.

Exercice 13

1. a) « La personne est pacsée et n'a pas d'enfant » est l'événement $A \cap B$.
b) On ne peut pas calculer $p(A \cap B)$ avec les données indiquées.
2. Si $p(A \cap B) = 0,10$ on peut calculer $p(A \cup B)$.
$p(A \cup B) = p(A) + p(B) - p(A \cap B)$
$= 0,30 + 0,60 - 0,10$
$= 0,80$.
b) L'événement $A \cup B$ est « La personne est pacsée ou n'a pas d'enfant ».

Exercice 14

1. $p(C) = \frac{200}{500} = 0,4$.
2. Il y a 500 – 100 = 400 sweats sans défaut.
$p(S) = \frac{400}{500} = 0,8$.
3. a) $S \cap C$ est l'événement « le sweat est sans défaut et il a une capuche ».
b) Il y a 200 – 60 = 140 sweats avec capuche sans défaut.
$p(S \cap C) = \frac{140}{500} = 0,28$.
4. a) $S \cup C$ est l'événement « le sweat tiré est sans défaut ou il a une capuche ».
b) $p(S \cup C) = p(S) + p(C) - p(S \cap C)$
$= 0,8 + 0,4 - 0,28$
$= 0,92$.

Exercice 15

1. a) Il y a 10 × 10 × 26 × 26 = 67 600 codes possibles.
b) La probabilité est égale à $\frac{1}{67\,600} \approx 0,000\,015$.
2. a) $p(A) = \frac{1}{100} = 0,01$.
b) $p(B) = \frac{1}{(26 \times 26)} \approx 0,001\,5$.

3. a) $A \cap B$ est l'événement correspondant à la situation : les deux chiffres et les deux lettres sont exacts. C'est l'événement « Le code est exact ».
b) $A \cup B$ est l'événement « Les deux chiffres ou les deux lettres sont exacts ».
c) $p(A \cup B) = p(A) + p(B) - p(A \cap B)$
$= 0,01 + 0,001\,5 - 0,000\,015$
$= 0,011\,485.$

Savez-vous…
… reconnaître la réunion ou l'intersection de deux événements ?

1. $A \cap B$.
2. L'événement $A \cup B$ est réalisé.
3. Troisième réponse.

Exercice 16

1. a) Il s'agit d'une expérience aléatoire.
b) Toutes les issues sont équiprobables puisqu'il s'agit d'un tirage au hasard, la probabilité de tirer une carte donnée est la même que celle de tirer une autre carte.
2. $p(P_{ique}) = \frac{8}{32} = 0,25.$
3. $p(R_{eine}) = \frac{4}{32} = 0,125$
4. $p(F_t) = \frac{3}{32} = 0,093\,75.$
5. a) Les événements ne sont pas incompatibles ;
$p(P_{ique} \cap R_{eine}) = \frac{1}{32} = 0,031\,25.$
b) Les événements P_{ique} et F_t sont incompatibles ;
$p(P_{ique} \cap F_t) = 0.$

Exercice 17

1. a) $p(A \cup B) = p(A) + p(B) - p(A \cap B)$ d'où
$p(A \cup B) = 0,3 + 0,6 - 0 = 0,9.$
b) Si $p(A \cap B) = 0$ alors A et B sont incompatibles.
2. a) Non, une probabilité est toujours inférieure ou égale à 1.
b) $p(B \cup C) = p(B) + p(C) - p(B \cap C)$
$= 0,6 + 0,8 - p(B \cap C) = 1,4 - p(B \cap C).$
c) Il n'est pas possible que $p(B \cap C) = 0$ sinon on aurait $p(B \cup C) > 1$, ce qui est impossible.
d) $p(B \cap C) \neq 0$ donc B et C ne sont pas des événements incompatibles.

Exercice 18

1. B et D sont deux événements incompatibles.
2. Par exemple « la pièce est tombée toujours sur pile » et « la pièce est tombée une seule fois sur face » sont deux événements incompatibles. Il y en a beaucoup d'autres…

Exercice 19

1. Si A et C incompatibles alors
$p(A \cup C) = p(A) + p(C) = 0,4 + 0,7 = 1,1$: **impossible**.
A et C ne sont donc pas incompatibles.
2. $p(A \cup B) = p(A) + p(B) - p(A \cap B)$
$= 0,4 + 0,5 - 0,15 = 0,75.$

Exercice 20

1. $p(A) = \frac{19}{37} \approx 0,514$
2. $p(B) = \frac{18}{37} \approx 0,486$
3. a) Les deux événements A et B sont incompatibles.
b) $p(A) + p(B) = 0,514 + 0,486 = 1.$
c) $p(A \cup B) = p(A) + p(B) = 1.$
d) $A \cup B$ est un événement certain.
4. a) $p(C) = \frac{11}{37} \approx 0,30.$
b) $p(D) = \frac{17}{37} \approx 0,46.$
c) Les deux événements sont incompatibles
d) $p(C) + p(D) = 0,30 + 0,46 = 0,76.$
5. $p(C \cup D) = p(C) + p(D) = 0,76.$

Savez-vous…
… reconnaître si des événements sont incompatibles ?

1. A et C.
2. A et C.

Exercice 21

1. a) L'événement contraire de A est $\overline{A}$ « le nombre sorti est impair ».
b) $p(\overline{A}) = 1 - p(A) = 1 - 0,7 = 0,3.$
2. Si $p(6) = 0,8$ on a $p(6) > p(A)$ ce qui n'est pas possible. On peut affirmer que $p(6)$ n'est pas égale à 0,8 pour ce dé truqué.

Exercice 22

1. a) $\overline{A}$, événement contraire de A, est « le dernier jeton tiré est une voyelle ».
b) $p(\overline{A}) = \frac{1}{4} = 0,25$, puisqu'il n'y a qu'une seule issue réalisant $\overline{A}$, le tirage de la voyelle *a*.
2. $p(A) = 1 - 0,25 = 0,75.$

Exercice 23

1. a) $p(A) = \frac{2}{6} = \frac{1}{3}.$
b) $p(B) = \frac{3}{6} = \frac{1}{2}.$

2. $p(\overline{A}) = 1 - p(A) = 1 - \frac{1}{3} = \frac{2}{3}$.

3. a) $p(A \cap B) = \frac{1}{6}$ car il y a une seule issue « sortie du 6 ».

b) $p(A \cup B) = p(A) + p(B) - p(A \cap B)$

$$= \frac{1}{3} + \frac{1}{2} - \frac{1}{6} = \frac{2}{6} + \frac{3}{6} - \frac{1}{1},$$

soit $\frac{4}{6} = \frac{2}{3}$.

4. a) L'événement contraire de $A \cup B$ est « Le nombre n'est ni 1 ni pair ».

b) $p(\overline{A \cup B}) = 1 - \frac{2}{3} = \frac{1}{3}$. On peut trouver également en vérifiant qu'il y a deux issues réalisant cet événement contraire « 3 et 5 ».

Exercice 24

1. $p(A \cap B) = 0$.

2. $p(\overline{A}) = 1 - p(A) = 1 - 0{,}6 = 0{,}4$.

$p(\overline{B}) = 1 - 0{,}2 = 0{,}8$.

3. a) $p(\overline{A}) + p(\overline{B}) = 0{,}4 + 0{,}8 = 1{,}2$.

b) Il n'est pas possible que ces deux événements soient incompatibles car sinon $p(A \cup B) > 1$.

Exercice 25

1. L'événement contraire est « Un des billets au moins est perdant ».

2. L'événement contraire est « Un des billets au moins est gagnant ».

3. C'est la probabilité de l'événement contraire. La probabilité qu'un des billets au moins soit gagnant est :

$p = 1 - 0{,}60 = 0{,}40$.

Savez-vous…
… trouver l'événement contraire d'un événement donné ?

1. Troisième réponse.

2. $\overline{A} \cup \overline{B}$.

Problèmes

Problème 26

1. $\overline{M}$ est l'événement contraire « Un garçon s'élance entre deux filles ».

2. Les 6 issues sont : *GGFF*, *GFGF*, *GFFG*, *FFGG*, *FGFG* et *FGGF*.

2 issues réalisent l'événement M.

$p(M) = \frac{2}{6} = \frac{1}{3}$.

3. $p(\overline{M}) = 1 - p(M) = 1 - \frac{1}{3} = \frac{2}{3}$.

Problème 27

1. **Tony** **Joël** **Mobarek**

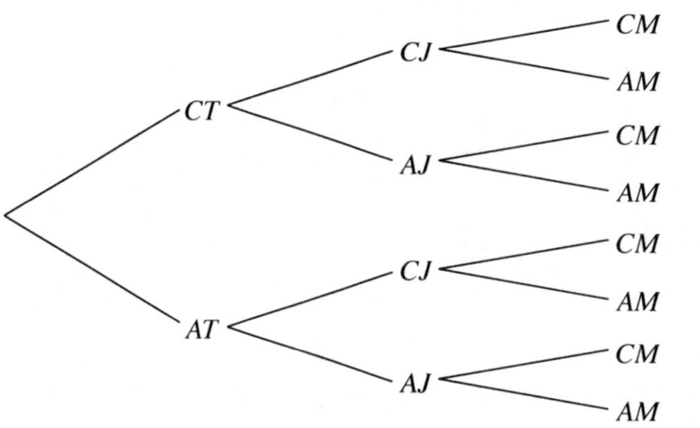

2. Les 2 issues qui réalisent A sont *CT CJ CM* et *AT AJ AM*.

Problème 28

1. a) Il y a autant d'issues que de cartes dans le jeu. L'expérience a 32 issues.

b) Le tirage est effectué au hasard, chaque issue a la même probabilité.

2. La probabilité d'une issue est $\frac{1}{32} = 0{,}031\,25$.

p(as de cœur) = 0,031 25.

3. Il y a 8 cartes de cœur, donc 8 issues réalisant l'événement « carte de cœur ».

$p(\text{cœur}) = \frac{8}{32} = \frac{1}{4} = 0{,}25$.

4. Il y a 4 as dans le jeu, donc 4 issues réalisant l'événement « as ».

$p(\text{as}) = \frac{4}{32} = \frac{1}{8} = 0{,}125$.

5. Il existe 12 issues réalisant l'événement « figure » (3 figures par couleur).

$p(\text{figure}) = \frac{12}{32} = 0{,}375$; $p(\text{figure}) > p(\text{cœur})$.

On a plus de chance de tirer une figure qu'une carte de cœur.

Problème 29

1. **1er enfant** **2e enfant**

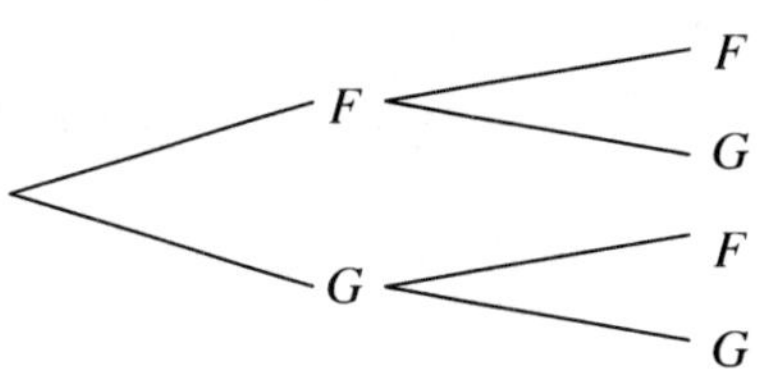

2. Ce sont les issues *FG* et *GF*.

3. Il y a 4 issues équiprobables, deux issues réalisent cet événement.

La probabilité de l'événement « les deux enfants sont de sexe différents » est $= \frac{2}{4} = 0{,}5$.

Problème 30

1.

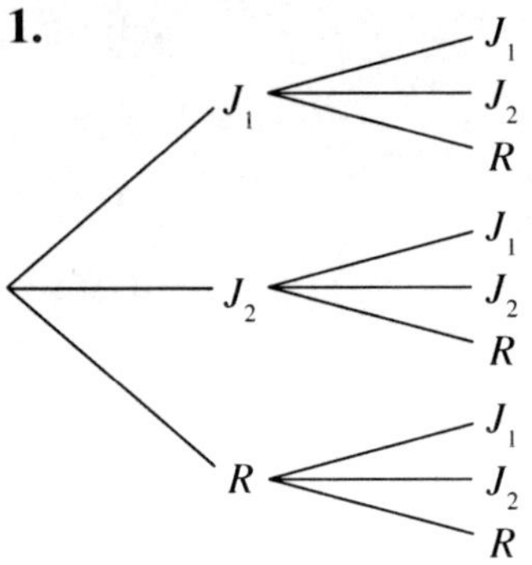

Il y a 9 issues.
$\Omega = \{J_1J_1, J_1J_2, J_1R, J_2J_1, J_2J_2, J_2R, RJ_1, RJ_2, RR\}$.

2. Toutes les issues sont équiprobables puisque le tirage est aléatoire.

3. Il y a 6 issues pour l'événement A et 3 issues pour l'événement B.

4. a) $p(A) = \frac{6}{9} = \frac{2}{3} \approx 0{,}667$.

b) $p(B) = \frac{3}{9} = \frac{1}{3} \approx 0{,}333$.

5. a) J_1R et J_2R sont les deux issues qui réalisent l'événement $A \cap B$.

b) $p(A \cap C) = \frac{2}{9} \approx 0{,}222$.

6. a) $A \cup B$ est l'événement « la première boule tirée est jaune ou la deuxième boule est rouge ».

b) $p(A \cup B) = p(A) + p(B) - p(A \cap B)$;
$p(A \cup B) = 0{,}667 + 0{,}333 - 0{,}222 = 0{,}778$.

Problème 31

1. a) C'est une expérience aléatoire puisque les résultats de l'expérience dépendent du hasard.

b) Les issues sont « Pile » ou « Face ».

2. a)

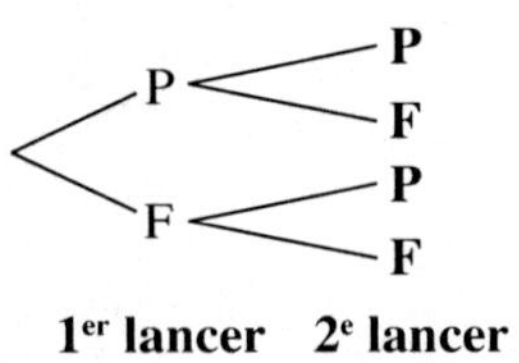

1er lancer / 2e lancer	Pile	Face
Pile	PP	FP
Face	PF	FF

b) L'événement FF est la sortie consécutive de deux côtés Face.

3. a) Il y a $2 \times 2 \times 2 = 2^3 = 8$ issues à cette expérience de 3 lancers consécutifs.

b) Les deux issues FFF et PPP réalisent l'événement A « la pièce est tombée 3 fois du même côté ».

c) Les 7 issues possibles autres que FFF réalisent toutes l'événement B « la pièce est tombée au moins une fois sur Pile ».

4. a) L'issue qui réalise l'événement $A \cap B$ est : PPP.

b) Les 8 issues réalisent au moins un des deux événements donc réalisent $A \cup B$.
L'événement $A \cup B$ est un événement certain.

Problème 32

1. Par exemple 11001010.

2. Il y a $2 \times 2 \times 2 \times 2 \times 2 = 2^5 = 32$ possibilités.

3. a) Il y a 2^6 possibilités d'octets différents comportant 11 aux deux premières places, soit 64 octets différents. Il y a 2^8 octets possibles, soit 256.

$p(A) = \frac{64}{256} = 0{,}25$.

b) $p(C) = \frac{1}{2} = 0{,}5$.

4. a) $p(A \cap B) = \frac{32}{256} = 0{,}125$.

b) $p(A \cup B) = p(A) + p(B) - p(A \cap B)$
$= 0{,}25 + 0{,}5 - 0{,}125$
$= 0{,}625$.

Problème 33

1. $p(\overline{A}) = 1 - p(A) = 1 - 0{,}07 = 0{,}93$.

2. a) L'événement $\overline{B}$ est l'événement contraire de B, c'est à dire « le bonbon pris au hasard ne présente pas le défaut B ».

b) $p(\overline{B}) = 1 - p(B) = 1 - 0{,}05 = 0{,}95$.

3. a) $\overline{A} \cap \overline{B}$ est l'événement « le bonbon pris au hasard ne présente ni le défaut A ni le défaut B » ou encore « ne présente aucun défaut ».

b) $A \cup B$ est l'événement « le bonbon pris au hasard présente le défaut A ou le défaut B ». Comme il peut présenter les deux défauts, on peut le décrire aussi par « présente au moins un défaut ».

c) Si la prise au hasard d'un bonbon ne réalise pas $\overline{A} \cap \overline{B}$, cela veut dire que le bonbon a au moins un défaut et donc que l'événement $A \cup B$ est réalisé.

d) La probabilité qu'un bonbon pris au hasard présente au moins un défaut est la probabilité de l'événement contraire à l'événement « le bonbon ne présente aucun défaut », donc : $p(A \cup B) = 1 - 0{,}90 = 0{,}10$.

4. $p(A \cup B) = p(A) + p(B) - p(A \cap B)$, d'où
$0{,}10 = 0{,}07 + 0{,}05 - p(A \cap B)$.
$p(A \cap B) = 0{,}07 + 0{,}05 - 0{,}10 = 0{,}02$.
La probabilité qu'un bonbon pris au hasard présente les deux défauts est de 0,02.
2 % des bonbons produits présentent les deux défauts.

Problème 34

1. $\overline{A}$ est l'événement contraire de A « obtenir 4 fois pile ».

2. Il y a 16 issues possibles (*voir le document-réponse*).

3. Une seule issue réalise $\overline{A}$ donc $p(\overline{A}) = \frac{1}{16} = 0{,}0625$.

4. $p(A) = 1 - p(\overline{A}) = 1 - 0{,}0625 = 0{,}9375$.

Problème 35

1. a) Il y a 10 possibilités pour chacun des 4 chiffres nécessaires au code.
$10 \times 10 \times 10 \times 10 = 10\,000$ codes possibles.
b) Si l'on procède au hasard, la probabilité de taper le bon code est $p_1 = \frac{1}{10\,000} = 0{,}000\,1$.

2. a) Les 6 codes possibles sont : 1 359 ; 1 395 ; 1 539 ; 1 593 ; 1 935 ; 1 953.
b) $p_2 = \frac{1}{6} \approx 0{,}17$.

Problème 36

1. Tableau.

	R_1	R_2	R_3	R_4	R_5	R_6
V_1	R_1V_1	R_2V_1	R_3V_1	R_4V_1	R_5V_1	R_6V_1
V_2	R_1V_2	R_2V_2	R_3V_2	R_4V_2	R_5V_2	R_6V_2
V_3	R_1V_3	R_2V_3	R_3V_3	R_4V_3	R_5V_3	R_6V_3
V_4	R_1V_4	R_2V_4	R_3V_4	R_4V_4	R_5V_4	R_6V_4
V_5	R_1V_5	R_2V_5	R_3V_5	R_4V_5	R_5V_5	R_6V_5
V_6	R_1V_6	R_2V_6	R_3V_6	R_4V_6	R_5V_6	R_6V_6

2. Les issues qui réalisent l'événement A « la somme des dés est 4 » sont : R_1V_3 ; R_2V_2 ; et R_3V_1.

3. a) L'événement B « la somme des dés est égale à 2 » n'est réalisé que par une seule issue R_1V_1. C'est un événement élémentaire.
b) L'événement C est réalisé par toutes les issues. C'est un événement certain.
c) Aucune issue ne réalise l'événement D. C'est un événement impossible.

Problème 37

1.

1re socquette / 2e socquette	N_1	N_2	R_1	R_2	B_1	B_2
N_1		N_2N_1	R_1N_1	R_2N_1	B_1N_1	B_2N_1
N_2	N_1N_2		R_1N_2	R_2N_2	B_1N_2	B_2N_2
R_1	N_1R_1	N_2R_1		R_2R_1	B_1R_1	B_2R_1
R_2	N_1R_2	N_2R_2	R_1R_2		B_1R_2	B_2R_2
B_1	N_1B_1	N_2B_1	R_1B_1	R_2B_1		B_2B_1
B_2	N_1B_2	N_2B_2	R_1B_2	R_2B_2	B_1B_2	

Il y a 30 issues possibles : $36 - 6 = 30$.

2. L'événement est réalisé par 2 issues N_1N_2 et N_2N_1. La probabilité que Lisa tire 2 socquettes noires est :
$p(2 \text{ noires}) = \frac{2}{30} \approx 0{,}067$.

3. C'est 3 fois la probabilité obtenue à la question **2.**
$p(2 \text{ socquettes même couleur}) = 3 \times \frac{2}{30} = 0{,}20$.

Problème 38

1.

1re boule **2e boule**

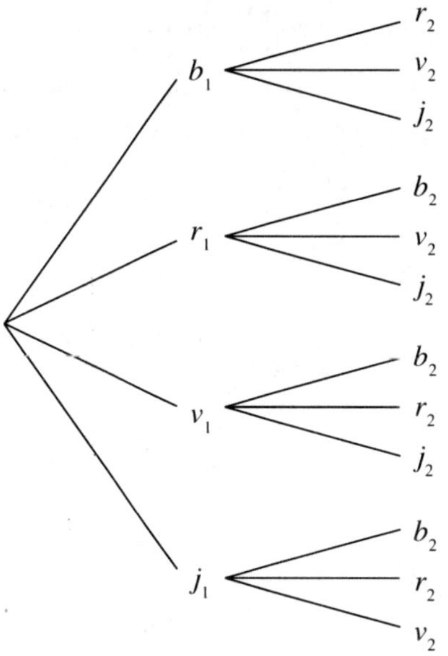

2. a) Les 3 issues qui réalisent l'événement R_2 sont : b_1r_2, v_1r_2 et j_1r_2.
b) $p(R_2) = \frac{3}{12} = 0{,}25$.

3. a) L'issue v_1r_2 réalise les deux événements V_1 et R_2. V_1 et R_2 ne sont pas des événements incompatibles.
b) $p(V_1 \cap R_2) = \frac{1}{12} \approx 0{,}083$.

4. a) L'événement contraire de R_2 est « la deuxième boule n'est pas rouge ».
b) $p(\overline{R_2}) = 1 - p(R_2) = 1 - 0{,}25 = 0{,}75$.

Problème 39

1.

Père / Mère	X	Y
X	XX	XY
X	XX	XY

2. 2 issues réalisent l'événement « l'enfant est une fille ».

3. La probabilité est égale à $\frac{2}{4} = 0{,}5$.

Problème 40

1. Les sommes possibles sont :
$0{,}20 + 2 \times 0{,}10 = 0{,}40$;
$0{,}20 + 1 \times 0{,}10 + 0{,}50 = 0{,}80$;
$2 \times 0{,}10 + 0{,}50 = 0{,}70$.

2. Pour qu'Alain puisse payer la baguette de pain, il faut qu'une pièce de 0,10 € reste dans sa poche. Il y a donc une probabilité de $\frac{2}{4} = 0{,}5$ qu'Alain prenne au hasard la somme nécessaire.

Problème 41

1. La probabilité est de $\frac{40}{100} = 0{,}40$.

2. $100 - (40 + 25) = 35$. 35 % des spectateurs ont payé plein tarif, la probabilité de rencontrer au hasard une personne ayant payé plein tarif est donc de $\frac{35}{100} = 0{,}35$.

Problème 42

1. C'est la probabilité de l'événement contraire.
$p(2) = 1 - p(1) = 1 - 0{,}55 = 0{,}45$.

2.

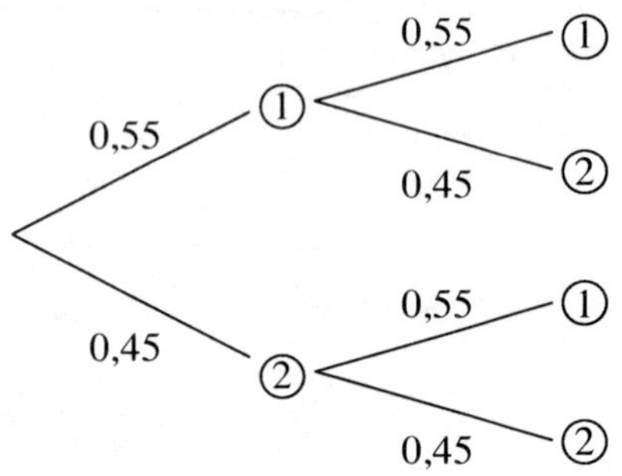

3. La probabilité que la punaise se stabilise deux fois de suite en position 2 est égale à :
$0{,}45 \times 0{,}45 = 0{,}2025$.

Problème 43

1. $p(A) = 0{,}25 + 0{,}20 + 0{,}05 = 0{,}50$.
2. $\overline{A}$ est l'événement « le service hot line a reçu moins de 5 appels en une minute ».
$p(\overline{A}) = 1 - 0{,}50 = 0{,}50$.

Problème 44

1. $p(2) = 1 - (0{,}05 + 0{,}2 + 0{,}1 + 0{,}2 + 0{,}4)$
$= 1 - 0{,}95$
$= 0{,}05$.

Sortie	1	2	3	4	5	6
Probabilité de sortie	0,05	**0,05**	0,2	0,1	0,2	0,4

2. a) $p(A) = 0{,}05 + 0{,}05 + 0{,}2 + 0{,}1 + 0{,}2$
$= 0{,}6$.
b) $p(B) = 0{,}1 + 0{,}2 + 0{,}4$
$= 0{,}7$.
3. $p(\text{pair}) = 0{,}05 + 0{,}1 + 0{,}4$
$= 0{,}55$.
$p(\text{impair}) = 1 - 0{,}55 = 0{,}45$.
$p(\text{pair}) > p(\text{impair})$; l'affirmation de Lucas est fausse.

Problème 45

1. a) $A \cap B$ est l'événement « la pièce présente les deux défauts A et B ».
b) $p(A \cap B) = \frac{3}{100} = 0{,}03$.

2. a) $\overline{A}$ est l'événement contraire de A : « La pièce ne présente pas le défaut A ».
b) $100 - 5 = 95$. 95 % des pièces ne présentent pas le défaut A.
c) $p(\overline{A}) = \frac{95}{100} = 0{,}95$.

3. a) C'est l'événement $\overline{A \cap B}$: « la pièce ne présente pas les deux défauts ».
b) $p(\overline{A \cap B}) = 1 - p(A \cap B)$
$= 1 - 0{,}03 = 0{,}97$.
$\overline{A \cap B}$ est aussi l'événement $\overline{A} \cup \overline{B}$: « la pièce ne présente pas le défaut A ou ne présente pas le défaut B ».
c) $p(\overline{A} \cup \overline{B}) = p(\overline{A \cap B})$
$= 0{,}97$.
4. a) $p(\overline{A} \cup \overline{B}) = \frac{91}{100} = 0{,}91$.
b) $p(\overline{A} \cup \overline{B}) = p(\overline{A}) + p(\overline{B}) - p(\overline{A} \cap \overline{B})$,
d'où $0{,}97 = 0{,}95 + p(\overline{B}) - 0{,}91$;
$0{,}97 - 0{,}95 + 0{,}91 = p(\overline{B})$;
$p(\overline{B}) = 0{,}93$.
c) $p(B) = 1 - p(\overline{B})$
$= 1 - 0{,}93$
$= 0{,}07$.
7 % des pièces présentent le défaut B.

Problème 46

1. F est l'événement « l'élève choisi s'intéresse au foot ».
R est l'événement « l'élève choisi s'intéresse au rugby ».
$p(F) = \frac{14}{25} = 0{,}56$.
$p(R) = \frac{10}{25} = 0{,}40$.
$p(F \cap R) = \frac{4}{25} = 0{,}16$.
L'événement « l'élève choisi s'intéresse au foot ou au rugby » est $F \cup R$.
$p(F \cup R) = p(F) + p(R) - p(F \cap R)$
$= 0{,}56 + 0{,}40 - 0{,}16 = 0{,}80$.
2. C'est la probabilité de l'événement contraire de « l'élève choisi s'intéresse au foot ou au rugby ».
$p(\overline{F \cup R}) = 1 - 0{,}80 = 0{,}20$.

Problème 47

1. $A \cup B$ est l'événement « le guichet A est ouvert ou le guichet B est ouvert ». Comme il y a au moins un des deux guichets d'ouvert on a un événement certain.
$p(A \cup B) = 1$.

2. $p(A \cup B) = p(A) + p(B) - p(A \cap B)$, donc
$p(A \cap B) = p(A) + p(B) - p(A \cup B)$.
$p(A \cap B) = 0{,}75 + 0{,}5 - 1 = 0{,}25$.
La probabilité que les deux guichets soient ouverts est de 0,25.

Problème 48

1. et **2. a)**
$100 - (30 + 45) = 25$. 25 % des élèves ont 19 ans ou plus.
Voir le document-réponse.
b) $p(\text{envie de poursuivre en BTS}) = 0{,}30 \times 0{,}75 + 0{,}45 \times \frac{2}{3} + 0{,}25 \times 0{,}5 = 0{,}65$.

Problème 49

1. a) $\overline{M}$ est l'événement « La famille ne possède pas de micro ondes ».
b) $M \cup L$ est l'événement « La famille possède un micro ondes ou un lave-vaisselle ».
2. $M \cup L$ est aussi l'événement contraire de « La famille ne possède ni four à micro ondes ni lave-vaisselle ».
$p(M \cup L) = 1 - 0{,}15 = 0{,}85$.
3. $p(M \cup L) = p(M) + p(L) - p(M \cap L)$
$= 0{,}85$.
D'où $p(M \cap L) = p(M) + p(L) - 0{,}85$
$= 0{,}80 + 0{,}30 - 0{,}85$
$= 0{,}25$.
25 % des familles ont un micro ondes et un lave-vaisselle.

Problème 50

1. $\overline{A}$ est l'événement « Le candidat est définitivement refusé ».
2. a) *Voir le document-réponse.* $100 - (80 + 5) = 15$. 15 % des candidats passent l'oral de rattrapage.
b) $p(O) = \frac{15}{100} = 0{,}15$.
3. a) *Voir le document-réponse.* $A \cap O$ est l'événement « le candidat a été définitivement admis après l'épreuve orale de rattrapage ».
b) $p(A \cap O) = 0{,}15 \times \frac{2}{3} = 0{,}10$.
4. a) $R \cap O$ est l'événement « le candidat a été refusé après l'épreuve orale de rattrapage ».
b) $R \cap \overline{O}$ est l'événement « le candidat a été définitivement refusé dès le mois de juin ».
c) $p(R) = p(R \cap \overline{O}) + p(R \cap O)$
$= 0{,}05 + 0{,}15 \times \frac{1}{3}$
$= 0{,}05 + 0{,}05$
$= 0{,}10$.
On en déduit $p(A) = 1 - p(R) = 1 - 0{,}10$
$= 0{,}90$.

Problème 51

1. $p(V) = \frac{90°}{360°} = 0{,}25$.
2. $p(\overline{V}) = 1 - 0{,}25 = 0{,}75$.
$p(J) = \frac{3}{5} \times p(\overline{V}) = \frac{3}{5} \times 0{,}75 = 0{,}45$.
3. a) $p(R) = \frac{2}{5} \times p(\overline{V}) = \frac{2}{5} \times 0{,}75 = 0{,}30$.
b) L'espérance de gain est :
$10 \times 0{,}25 + 2 \times 0{,}30 + 0 \times 0{,}45 = 3{,}10$.
c) La mise de départ est de 5 € alors que l'espérance de gain n'est que de 3,10 €.
Il est plus probable que Matthieu perde de l'argent qu'il n'en gagne en jouant 100 parties.

Problème 52

1.

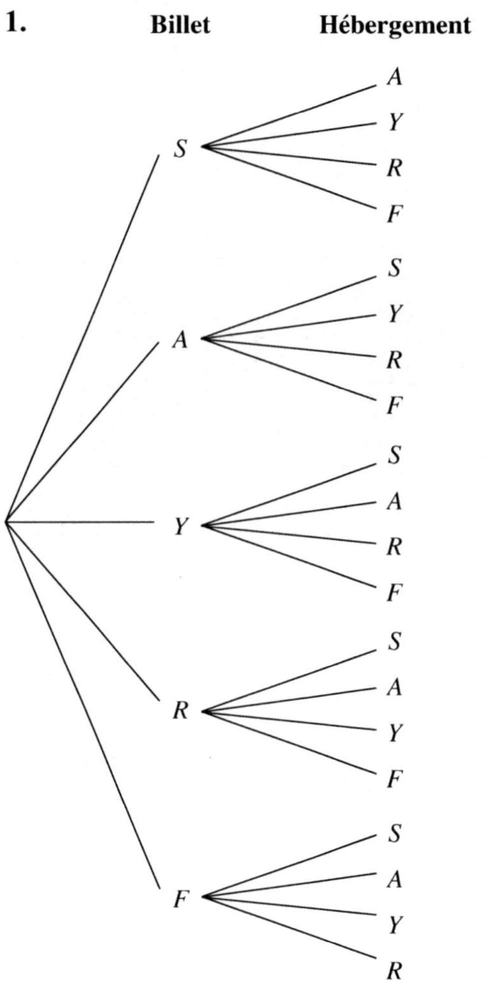

Il y a 20 issues.
2. Les issues qui réalisent l'événement A sont : YR, YF, RY, RF, FY et FR.
Il y a 6 issues qui réalisent A.
3. B n'est pas incompatible avec A.
4. $\overline{A}$ est l'événement contraire de A « Une au moins des personnes désignées est une fille ».

5. $p(A) = \dfrac{6}{20} = 0{,}30.$

$p(\bar{A}) = 1 - 0{,}30 = 0{,}70.$

Problème 53

1. Il y a 6 000 + 4 000 = 10 000 circuits électroniques de fabriqués.

$p(A) = \dfrac{6\,000}{10\,000} = 0{,}60.$

2. La probabilité que le circuit soit défectueux s'il vient de A est de $\dfrac{1}{100} = 0{,}01.$

3. a)

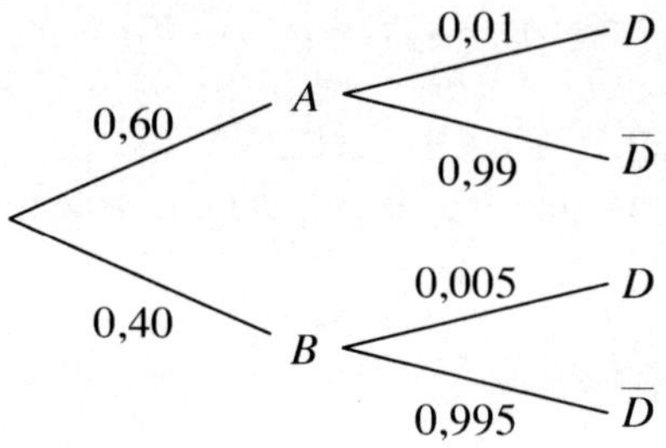

b) $p(\text{Défectueux}) = p(A \cap D) + p(B \cap D)$

$= 0{,}60 \times 0{,}01 + 0{,}40 \times 0{,}005 = 0{,}008.$

La probabilité qu'un circuit prélevé soit défectueux est de 0,008.

Document-réponse du problème 34

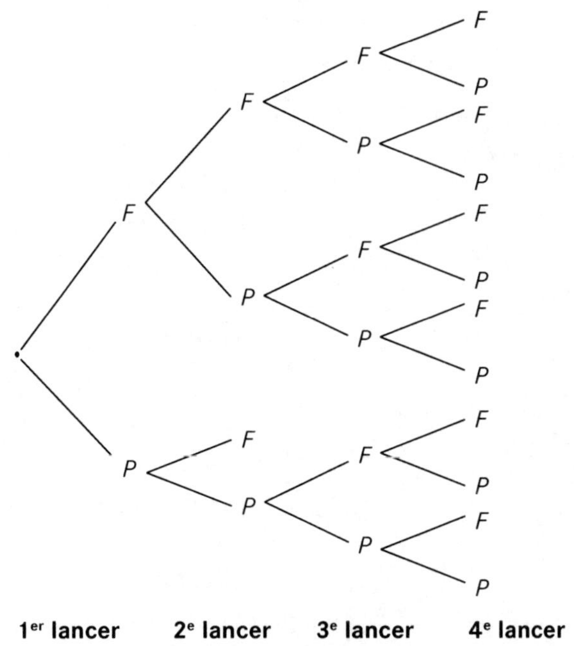

Document-réponse du problème 48

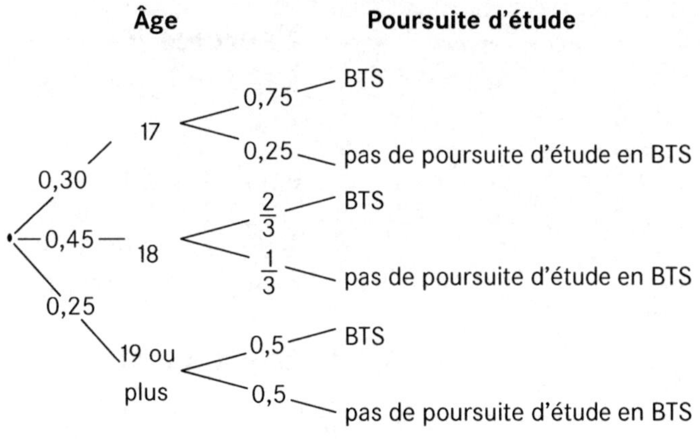

Document-réponse du problème 50

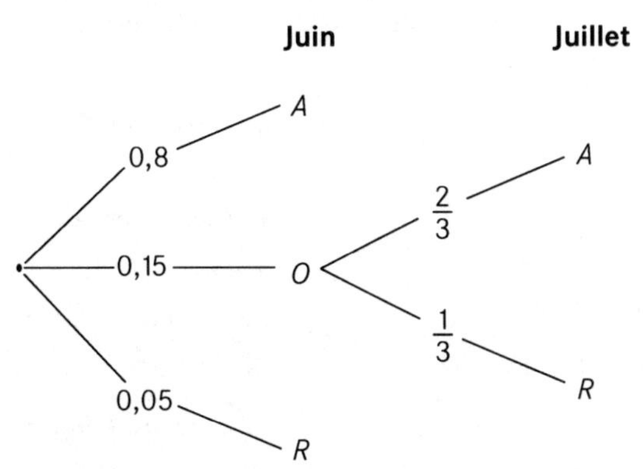

Chapitre 3. Suites

Exercices d'entraînement

Exercice 1

$u_1 = -3$ et $r = 6$.

1. $u_2 = -3 + 6 = 3$.

$u_3 = 3 + 6 = 9$.

2. $u_n = u_1 + (n - 1) \times r$.

$u_{21} = -3 + 20 \times 6 = 117$.

Exercice 2

$u_1 = 120$ et $r = -2{,}5$.

1. $u_2 = 120 - 2{,}5 = 117{,}5$.

$u_3 = 117{,}5 - 2{,}5 = 115$.

$u_4 = 115 - 2{,}5 = 112{,}5$.

$u_5 = 112{,}5 - 2{,}5 = 110$.

2. $u_n = u_1 + (n - 1) \times r$.

$u_{41} = 120 + 40 \times (-2{,}5) = 20$.

Exercice 3

$u_1 = 3$ et $r = 2{,}5$.

1. $u_2 = 3 + 2{,}5 = 5{,}5$.

$u_3 = 5{,}5 + 2{,}5 = 8$.

$u_4 = 8 + 2{,}5 = 10{,}5$.

2. $u_n = u_1 + (n - 1) \times r$.

$u_{12} = 3 + 11 \times 2{,}5 = 30{,}5$.

Exercice 4

1. $-3{,}2 - (-5{,}6) = 2{,}4$.

$-0{,}8 - (-3{,}2) = 2{,}4$.

$1{,}6 - (-0{,}8) = 2{,}4$.

Cette suite est arithmétique car quel que soit n,

$u_{n+1} - u_n = 2{,}4$.

2. $u_1 = -8$ et $r = 2{,}4$.

$u_{10} = u_1 + 9 \times r = -8 + 9 \times 2{,}4$;

$u_{10} = 13{,}6$.

Exercice 5

$u_3 = -2$ et $r = 2{,}4$.

$u_4 = u_3 + r = -2 + 2{,}4 = 0{,}4$.

$u_5 = u_4 + r = 0{,}4 + 2{,}4 = 2{,}8$.

$u_6 = u_5 + r = 2{,}8 + 2{,}4 = 5{,}2$.

Exercice 6

$-2{,}2 - 0{,}7 = -2{,}9$.

$-5{,}1 - (-2{,}2) = -2{,}9$.

$-8 - (-5{,}1) = -2{,}9$.

Cette suite est arithmétique car quel que soit n,

$u_{n+1} - u_n = -2{,}9$.

Exercice 7

$u_1 = -4$; $r = 1{,}2$; $u_n = 2$.

$u_n = u_1 + (n - 1) \times r$ donc $2 = -4 + (n - 1) \times 1{,}2$;

d'où $(n - 1) \times 1{,}2 = 6$ et $n - 1 = \dfrac{6}{1{,}2} = 5$;

par conséquent $n = 6$.

Exercice 8

$u_1 = 3$; $r = 4{,}5$; $u_n = 88{,}5$.

$u_n = u_1 + (n - 1) \times r$, donc $88{,}5 = 3 + (n - 1) \times 4{,}5$;

d'où $(n - 1) \times 4{,}5 = 85{,}5$ et $n - 1 = \dfrac{85{,}5}{4{,}5}$;

par conséquent $n - 1 = 19$ et $n = 20$.

Exercice 9

1. $u_1 = 5{,}3$ et $u_7 = 12{,}5$.

$u_7 = u_1 + 6 \times r$, d'où $6r = u_7 - u_1 = 12{,}5 - 5{,}3 = 7{,}2$;

soit $r = \dfrac{7{,}2}{6} = 1{,}2$.

2. $u_1 = -2$ et $u_{13} = 46$.

$u_{13} - u_1 = 12r$, d'où $12r = 48$ et $r = \dfrac{48}{12} = 4$.

Exercice 10

$u_2 = 4$ et $u_5 = 8{,}8$.

$u_5 = u_4 + r = u_3 + 2r = u_2 + 3r$, d'où $3r = u_5 - u_2 = 4{,}8$ et

$r = \dfrac{4{,}8}{3} = 1{,}6$.

Exercice 11

$u_2 = 1{,}4$ et $u_6 = -4{,}6$.

$u_6 = u_2 + 4r$ donc $4r = -6$, d'où $r = \dfrac{-6}{4} = -1{,}5$.

Exercice 12

$u_1 = -2$ et $r = 2{,}3$.

1. $u_8 = u_1 + 7 \times r = -2 + 7 \times 2{,}3$; $u_8 = 14{,}1$.

2. $S_8 = u_1 + u_2 + \ldots + u_8$.

$S_8 = \dfrac{8}{2}(u_1 + u_8) = 4(-2 + 14{,}1)$; $S_8 = 48{,}4$.

Exercice 13

$u_1 = 12$ et $u_{30} = 157$.

$S_n = \frac{n}{2}(u_1 + u_n)$, donc $S_{30} = \frac{30}{2}(u_1 + u_{30}) = 15(12 + 157)$;

$S_{30} = 2\,535$.

Exercice 14

$u_5 = 20$ et $u_{10} = 32{,}5$.

1. $u_{10} = u_5 + 5r$, donc $5r = u_{10} - u_5 = 12{,}5$,

donc $r = \frac{12{,}5}{5} = 2{,}5$.

Or $u_5 = u_1 + 4r$, donc $u_1 = u_5 - 4r = 20 - 4 \times 2{,}5$ et $u_1 = 10$.

2. $S_{10} = \frac{10}{2}(u_1 + u_{10}) = 5(10 + 32{,}5) = 212{,}5$.

Exercice 15

$u_1 = 640$ et $r = -25$ avec $u_n = 215$.

1. $u_n = u_1 + (n-1) \times r$, d'où $215 = 640 + (n-1) \times (-2{,}5)$.

Donc $(n-1) \times (-2{,}5) = 215 - 640 = -425$.

Par conséquent : $n - 1 = \frac{425}{25} = 17$, d'où $n = 18$.

2. $S_{18} = \frac{18}{2}(u_1 + u_{18})$; $S_{18} = 9(640 + 215) = 7\,695$.

Savez-vous…
…calculer des termes d'une suite arithmétique ?

1. 5,7.

2. $r = 1{,}7$.

3. 17,6.

Exercice 18

1. $u_1 = 125$ et $u_2 = 175$.

$q = \frac{u_2}{u_1} = \frac{175}{125} = 1{,}4$.

2. $u_3 = 175 \times 1{,}4 = 245$.

$u_7 = 125 \times 1{,}4^6 = 941{,}192$.

Exercice 19

$u_1 = 5$ et $u_3 = 11{,}25$.

$u_3 = u_1 \times q^2$, donc $q^2 = \frac{u_3}{u_1}$ d'où $q^2 = \frac{11{,}25}{5} = 2{,}25$,

d'où $q = 1{,}5$ pour $q > 0$.

Exercice 20

1. $u_1 = 1$; $q = 2$; $n = 10$.

$u_2 = 1 \times 2 = 2$.

$u_3 = 2 \times 2 = 4$.

$u_{10} = 1 \times 2^9 = 512$.

2. $u_1 = 0{,}5$; $q = 1{,}5$; $n = 5$.

$u_2 = 0{,}5 \times 1{,}5 = 0{,}75$.

$u_3 = 0{,}75 \times 1{,}5 = 1{,}125$.

$u_5 = 0{,}5 \times 1{,}5^4 = 2{,}531\,25$.

3. $u_1 = -3$; $q = 3$; $n = 7$.

$u_2 = -3 \times 3 = -9$.

$u_3 = -9 \times 3 = -27$.

$u_7 = -3 \times 3^6 = -2\,187$.

Exercice 21

$\frac{3{,}3}{3} = 1{,}1$.

$\frac{3{,}63}{3{,}3} = 1{,}1$.

$\frac{3{,}993}{3{,}63} = 1{,}1$.

Cette suite est géométrique car quel que soit n, $\frac{u_{n+1}}{u_n} = 1{,}1$.

Exercice 22

$u_1 = 2$; $q = 3$; $S_n = u_1 \times \frac{q^n - 1}{q - 1}$.

$S_{10} = 2 \times \frac{(3^{10} - 1)}{(3 - 1)} = 3^{10} - 1$;

$S_{10} = 59\,048$.

Exercice 23

$u_1 = 8$ et $q = 1{,}25$.

$S_6 = u_1 \times \frac{q^6 - 1}{q - 1} = 8 \times \frac{(1{,}25^6 - 1)}{(1{,}25 - 1)}$;

$S_6 \approx 90$.

Exercice 24

$u_1 = 10\,000$ et $q = 1{,}055$.

$S_5 = u_1 \times \frac{q^5 - 1}{q - 1} = 10\,000 \times \frac{1{,}055^5 - 1}{0{,}055}$;

$S_5 \approx 55\,810{,}91$.

Exercice 25

u_1 et $q = 0{,}5$.

1. $u_2 = u_1 \times 0{,}5$.

$u_3 = u_1 \times 0{,}5 \times 0{,}5 = u_1 \times 0{,}25$.

2. $u_1 + u_2 + u_3 = 14$, donc $u_1 + 0{,}5u_1 + 0{,}25u_1 = 14$,

d'où $1{,}75u_1 = 14$ et $u_1 = \frac{14}{1{,}75} = 8$.

3. $S_{10} = u_1 \times \frac{q^{10} - 1}{q - 1} = 8 \times \frac{(0{,}50^{10} - 1)}{(0{,}5 - 1)}$;

$S_{10} = -4 \times (0{,}5^{10} - 1)$; $S_{10} \approx 3{,}996$.

Savez-vous…
…calculer des termes d'une suite géométrique ?

1. $q = 3$.
2. 40,5.
3. 29 524,05.

Exercice 26

1. $A_1 = C + I_1 = 2\,000 + 9\,000 \times 0{,}04$;
$A_1 = 9\,360$ €.
$A_2 = C + I_2 = 9\,000 + 9\,000 \times 0{,}04 \times 2$;
$A_2 = 9\,720$ €.
$A_3 = C + I_3 = 9\,000 + 9\,000 \times 0{,}04 \times 3$;
$A_3 = 10\,080$ €.
2. $A_3 - A_2 = A_2 - A_1 = 360$ €.
A_1, A_2, et A_3 sont les termes d'une suite arithmétique de raison 360.
3. a) $A_n = C + C \times t \times n$,
donc $A_n = 9\,000 + 9\,000 \times 0{,}04 \times n$
et $A_n = 9\,000 + 360 \times n$.
b) $A_{10} = 9\,000 + 360 \times 10$
$= 12\,600$ €.

Exercice 27

1. $A = C + I = C + C \times t \times n$.
$A_1 = 2\,000 + 2\,000 \times 0{,}005 = 2\,010$ €.
$A_2 = 2\,000 + 2\,000 \times 0{,}005 \times 2 = 2\,020$ €.
$A_3 = 2\,000 + 2\,000 \times 0{,}005 \times 3 = 2\,030$ €.
2. $A_n = C + C \times t \times n$; $A_n = 2\,000 + 10n$.

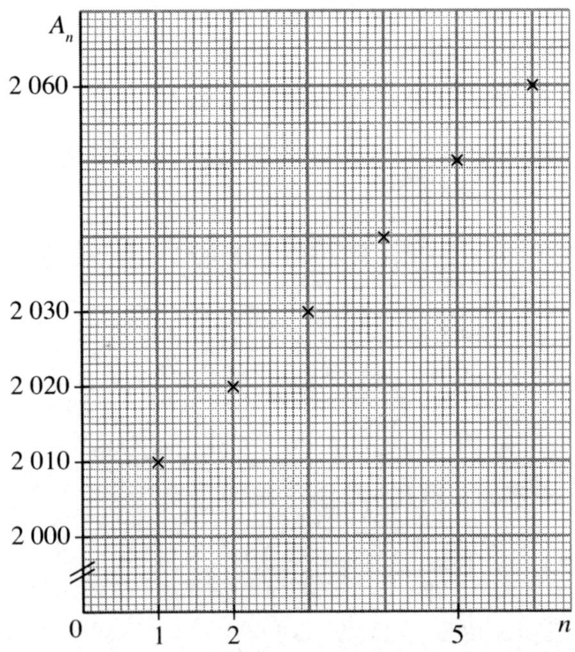

Exercice 28

1. a) $C_1 = C_0(1 + t) = 8\,000 \times 1{,}03$;
$C_1 = 8\,240$ €.
$C_2 = C_0(1 + t)^2 = 8\,000 \times 1{,}03^2$;
$C_2 = 8\,487{,}2$ €.
$C_3 = C_0(1 + t)^3 = 8\,000 \times 1{,}03^3$;
$C_3 = 8\,741{,}82$ €.
b) $\dfrac{C_3}{C_2} = \dfrac{C_2}{C_1} = 1{,}03$.
La raison est 1,03.
2. a) $C_n = C_0(1 + t)^n = 8\,000 \times 1{,}03^n$.
b) $C_6 = 8\,000 \times 1{,}03^6 \approx 9\,552{,}42$ €.
c) $i = C_6 - C_0 \approx 1\,552{,}42$ €.

Exercice 29

1. $t_{\text{trimestriel}} = \dfrac{t_{\text{annuel}}}{4}$;
$t_{\text{trim}} = \dfrac{0{,}034}{4} = 0{,}008\,5$.
2. $C_n = C_0(1 + t)^n$;
$C_n = 1\,800 \times 1{,}008\,5^n$.
3. $C_8 = 1\,800 \times 1{,}008\,5^8 \approx 1\,926{,}10$ €.
4. $i = C_8 - C_0 = 126{,}10$ €.

Exercice 30

1. $C_n = C_0(1 + t)^n$;
$C_n = 50\,000 \times 1{,}05^n$.

n	1	2	3	4	5
C_n	52 500	55 125	57 881	60 775	63 814

n	6	7	8	9	10
C_n	67 004	70 355	73 872	77 566	81 444

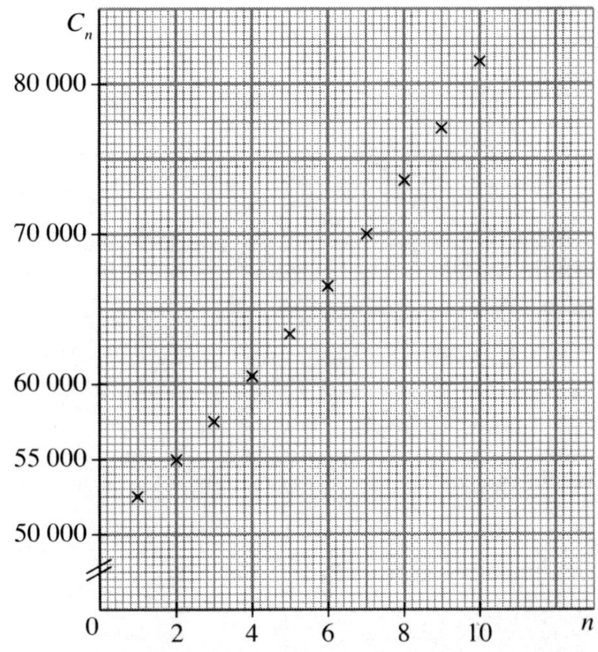

Exercice 31

$a = 500$; $n = 6$; $t = 0{,}05$.

$V_n = a\dfrac{(1+t)^n - 1}{t} = 500 \times \dfrac{1{,}05^6 - 1}{0{,}05}$;

$V_n \approx 3\,401$ €.

Exercice 32

1. $a = 300$; $t = 0{,}006$; $n = 12$.

$V_{12} = 300\dfrac{1{,}006^{12} - 1}{0{,}006} \approx 3\,721{,}21$ €.

2. $n = 5$ ans $= 5 \times 4 = 20$ trimestres.

$V_{20} = 300\dfrac{1{,}006^{20} - 1}{0{,}006} \approx 6\,354{,}63$ €.

Exercice 33

$V_n = 15\,000$; $t = 0{,}003$; $n = 60$.

$a = \dfrac{15\,000 \times 0{,}003}{1{,}003^{60} - 1} \approx 228{,}55$ €.

Exercice 34

$t = 0{,}003\,5$; $V_{72} = 69\,464{,}45$.

$a = \dfrac{69\,464{,}45 \times 0{,}003\,5}{1{,}003\,5^{72} - 1} \approx 850$ €.

Exercice 35

$a = 1\,500$; $t = 0{,}016$; $n = 6$.

1. $V_6 = 1\,500\dfrac{1{,}016^6 - 1}{0{,}016} \approx 9\,367{,}77$ €.

2. $V_6 = 12\,000$; $t = 0{,}016$.

$a = \dfrac{12\,000 \times 0{,}016}{1{,}016^6 - 1} \approx 1\,921{,}48$ €.

Exercice 36

$n = 15$; $a = 1\,086{,}05$; $t = 0{,}010\,5$.

$V_0 = a\dfrac{1 - (1+t)^{-n}}{t} = 1\,086{,}05\dfrac{1 - 1{,}010\,5^{-15}}{0{,}010\,5}$

$V_0 = 15\,000$ €.

Exercice 37

$n = 240$; $a = 1\,507{,}75$; $t = 0{,}004$.

$V_0 = 1\,507{,}75\dfrac{1 - 1{,}004^{-240}}{0{,}004}$;

$V_0 = 232\,334$ €.

Exercice 38

$V_0 = 15\,000$; $n = 4$; $t = 0{,}056\,5$.

$a = \dfrac{V_0 \times t}{1 - (1+t)^{-n}} = \dfrac{15\,000 \times 0{,}056\,5}{1 - 1{,}056\,5^{-4}}$.

$a \approx 4\,294{,}23$ €.

Exercice 39

$V_0 = 25\,000$; $n = 20$; $t = 0{,}009$.

$a = \dfrac{25\,000 \times 0{,}009}{1 - 1{,}009^{-20}} \approx 1\,371{,}47$ €.

Exercice 40

$V_0 = 220\,000$; $n = 20 \times 12 = 240$; $t = 0{,}003\,5$.

$a = \dfrac{220\,000 \times 0{,}003\,5}{1 - 1{,}003\,5^{-240}} \approx 1\,356{,}46$ €.

Exercice 41

1. $V_0 = 12\,000$; $n = 5 \times 12 = 60$; $t = 0{,}003\,5$.

2. $a = \dfrac{12\,000 \times 0{,}003\,5}{1 - 1{,}003\,5^{-60}} \approx 222{,}08$ €.

Mois	Capital restant dû	*A*	*I*	Mensualité
1	12 000	180,08	42	222,08
2	11 819,92	180,71	41,37	222,08
3	11 639,21	181,34	40,74	222,08

Exercice 42

$V_0 = 30\,000$; $t = 0{,}014$; $n = 5$ ans.

1. $n = 5 \times 4 = 20$ trimestres.

2. $a = \dfrac{30\,000 \times 0{,}014}{1 - 1{,}014^{-20}} \approx 1\,730{,}20$ €.

3.

n	Capital restant dû	*A*	*I*	*a*
1	30 000	1 310,20	420	1 730,20
2	28 689,80	1 328,54	401,66	1 730,20
3	27 361,26	1 347,14	383,06	1 730,20
4	26 014,12	1 366,00	364,20	1 730,20

4. $A_1 = 1\,310{,}20$; $A_2 = 1\,328{,}54$;

$A_3 = 1\,347{,}14$; $A_4 = 1\,366{,}00$.

$\dfrac{A_4}{A_3} = 1{,}014$; $\dfrac{A_3}{A_2} = 1{,}014$; $\dfrac{A_2}{A_1} = 1{,}014$.

A_1, A_2, A_3 et A_4 forment une suite géométrique de premier terme $A_1 = 1\,310{,}20$ et de raison $q = 1{,}014$.

Exercice 43

1. $a_1 = 1\,185{,}84 + 150 = 1\,335{,}84$.

$a_2 = 1\,203{,}63 + 132{,}21 = 1\,335{,}84$.

$a_3 = 1\,221{,}68 + 114{,}16 = 1\,335{,}84$.

$a_1 = a_2 = a_3 =$ constante.

2. $V_0 = 10\,000$ €.

3. $i_1 = V_0 \times t$, donc $t = \dfrac{i_1}{V_0} = \dfrac{150}{10\,000}$; $t = 0{,}015$;

le taux périodique utilisé est 1,5 %.

Exercice 44

1. $V_0 = 180\,000$ €.

2. $t = \frac{i_1}{V_0} = \frac{7\,200}{180\,000} = 0{,}04$; le taux annuel est 4 %.

3.

n	Capital restant dû	A	I	a
1	180 000,00	14 992,37	7 200	22 192,37
2	165 007,63	15 592,06	6 600,31	22 192,37
3	149 415,57	16 215,75	5 976,62	22 192,37
4	133 199,82	16 864,38	5 327,99	22 192,37

4. $\frac{A_4}{A_3} = \frac{A_3}{A_2} = \frac{A_2}{A_1} = 1{,}04$.

A_1, A_2, A_3 et A_4 forment une suite géométrique de premier terme $A_1 = 14\,992{,}37$ et de raison $q = 1{,}04$.

5. a) $A_n = A_1 \times q^{n-1}$ donc $A_n = 14\,992{,}37 \times 1{,}04^{n-1}$.

b) $A_8 = 14\,992{,}37 \times 1{,}04^7$;

$A_8 \approx 19\,728{,}94$ €.

6. a) La valeur du capital remboursé est égale à

$S_8 = A_1 + A_2 + \ldots + A_8$ donc $S_8 = A_1 \frac{1{,}04^8 - 1}{1{,}04 - 1}$.

$S_8 = 14\,992{,}37 \times \frac{1{,}04^8 - 1}{0{,}04}$.

$S_8 \approx 138\,143$ €.

b) Le capital restant dû est :

$V_0 - S_8 = 180\,000 - 138\,143 = 41\,857$ €.

Exercice 45

1. $V_0 = 30\,000$ € ; $n = 5$ ans ; $t = 1{,}4$ %.

$n = 5$ ans $= 20$ trimestres.

$A = \frac{V_0}{n} = \frac{30\,000}{20} = 1\,500$ €.

2.

n	Capital restant dû	A	I	a
1	30 000	1 500	420	1 920
2	28 500	1 500	399	1 899
3	27 000	1 500	378	1 878
4	25 500	1 500	357	1 857

3. $a_2 - a_1 = 1\,899 - 1\,920 = -21$.

$a_3 - a_2 = a_4 - a_3 = -21$.

a_1, a_2, a_3 et a_4 sont les termes d'une suite arithmétique de premier terme $a_1 = 1\,920$ et de raison $r = -21$.

4. a) $a_n = a_1 + (n-1)r$ donc $a_{20} = a_1 + 19 \times (-21)$;

$a_{20} = 1\,920 - 19 \times 21$; $a_{20} = 1\,521$.

b) Le montant total des annuités est :

$S_{20} = a_1 + a_2 + \ldots + a_{20}$ et $S_{20} = \frac{20}{2}(u_1 + u_{20})$.

$S_{20} = 10(1\,920 + 1\,521) = 34\,410$ €.

c) Le montant des intérêts i versés est :

$i = S_{20} - V_0 = 34\,410 - 30\,000$;

$i = 4\,410$ €.

Exercice 46

$V_0 = 40\,000$ € ; $n = 8$ ans ; $t = 6$ %.

1. $A = \frac{V_0}{n} = \frac{40\,000}{8} = 5\,000$ €.

n	Capital restant dû	A	I	a
1	40 000	5 000	2 400	7 400
2	35 000	5 000	2 100	7 100
3	30 000	5 000	1 800	6 800

2. $i_2 - i_1 = 2\,100 - 2\,400 = -300$.

$i_3 - i_2 = 1\,800 - 2\,100 = -300$.

i_1, i_2 et i_3 sont les termes d'une suite arithmétique de premier terme $i_1 = 2\,400$ et de raison $r = -300$.

$a_2 - a_1 = 7\,100 - 7\,400 = -300$.

$a_3 - a_2 = 6\,800 - 7\,100 = -300$.

a_1, a_2 et a_3 sont les termes d'une suite arithmétique de premier terme $a_1 = 7\,400$ et de raison $r = -300$.

3. $i_8 = i_1 + 7 \times r$ donc $i_8 = 2\,400 + 7 \times (-300)$ et $i_8 = 300$.

$a_8 = a_1 + 7 \times r$ donc $a_8 = 7\,400 + 7 \times (-300)$ et $a_8 = 5\,300$.

4. Somme des intérêts versés :

$Si_8 = \frac{8}{2}(2\,400 + 300) = 10\,800$ €.

Somme des annuités versées :

$Sa_8 = \frac{8}{2}(7\,400 + 5\,300) = 50\,800$ €.

Problèmes

Problème 47

1. $u_1 = 12\,930$.

$u_2 = 12\,930 + 120 = 13\,050$.

$u_3 = 13\,050 + 120 = 13\,170$.

2. u_1, u_2, u_3 forment une suite arithmétique de raison 120 car $u_3 - u_2 = u_2 - u_1 = 120$.

3. a) $u_n = u_1 + (n-1) \times r$ donc

$u_n = 12\,930 + (n-1) \times 120$.

b) $u_{36} = 12\,930 + 35 \times 120 = 17\,130$.

4. $S_n = \frac{n}{2}(u_1 + u_n)$. Les 3 années correspondent à 36 mois.

$S_{36} = \frac{36}{2}(u_1 + u_{36}) = 18(12\,930 + 17\,130) = 541\,080$.

Le nombre total de repas vendus sur ces 3 années est de 541 080.

Problème 48

1. a) $u_1 = 2\,000$; $u_2 = 2\,200$; $u_3 = 2\,420$; $u_4 = 2\,662$.

$\frac{u_2}{u_1} = \frac{u_3}{u_2} = \frac{u_4}{u_3} = 1{,}1$;

u_1, u_2, u_3 et u_4 sont donc les termes d'une suite géométrique.

b) La suite (U_n) a pour premier terme $u_1 = 2\,000$ et raison $q = 1{,}1$.

2. a) $u_n = u_1 \times q^{n-1}$, donc $u_n = 2\,000 \times 1{,}1^{n-1}$.

b) $u_8 = 2\,000 \times 1{,}1^7 \approx 3\,897$.

3. $S_8 = u_1 \frac{q^8 - 1}{q - 1}$

$= 2\,000 \times \frac{1{,}1^8 - 1}{0{,}1}$

$= 22\,872$.

4. Le nombre de ventes d'écrans plats prévisible en 2016 est de 3 900 environ.

Le nombre total d'écrans vendus prévisible sur la période 2009 à 2016 est de 22 870 environ.

Problème 49

1. $u_1 = 13$ à $t_1 = 0$.

$u_2 = 13 \times 2 = 26$ à $t_2 = 20$ min.

$u_3 = 26 \times 2 = 52$ à $t_3 = 40$ min.

$u_4 = 52 \times 2 = 104$ à $t_4 = 60$ min.

2. $\frac{u_4}{u_3} = \frac{u_3}{u_2} = \frac{u_2}{u_1} = 2$.

u_1, u_2, u_3 et u_4 sont les 4 premiers termes d'une suite géométrique de raison 2.

3. a) $u_n = u_1 \times q^{n-1}$ donc $u_n = 13 \times 2^{n-1}$.

b) $u_{19} = u_1 \times q^{18} = 13 \times 2^{18} = 3\,407\,872$.

4. Le nombre de bactéries présentes dans la préparation culinaire au bout d'1 heure est de 3 407 872.

Problème 50

1. $u_1 = 20$; $r = 2$.

$u_2 = 20 + 2 = 22$; $u_3 = 22 + 2 = 24$; $u_4 = 24 + 2 = 26$.

2. La suite des termes u_1, u_2, u_3, u_4 est une suite arithmétique de raison 2 car $u_{n+1} - u_n = 2$.

3. $u_n = u_1 + (n - 1)r$ donc $u_n = 20 + (n - 1) \times 2$.

4. $u_n = 2u_1$ donc $20 + 20 + 2(n - 1) = 40$ d'où $n - 1 = 10$ et $n = 11$.

Il faut 11 années pour doubler sa production initiale.

5. Si $n = 11$ alors $S_{11} = \frac{11}{2}(u_1 + u_{11})$ avec $u_1 = 20$ et $u_{11} = 40$ donc $S_{11} = 5{,}5(20 + 40) = 330$.

La production totale obtenue en 11 ans est de 330 tonnes.

Problème 51

1. 1er mois : $P_1 = 4\,000$.

2e mois : $P_2 = 4\,000 + 80 = 4\,080$.

4e mois : $P_4 = P_2 + 80 + 80 = 4\,240$.

2. $u_n = u_1 + (n - 1) \times r$ donc $u_n = 4\,000 + (n - 1) \times 80$.

3. Somme des n premiers termes de la suite :

$S_n = \frac{n}{2}(u_1 + u_n) = \frac{n}{2}(4\,000 + 4\,000 + (n - 1) \times 80)$ donc

$S_n = \frac{n}{2}(8\,000 + 80(n - 1)) = 4\,000n + 40n(n - 1)$ d'où

$S_n = 40n^2 - 40n + 4\,000n = 40n^2 + 3\,960n$.

4. Au bout d'un an, $n = 12$ et $S_{12} = 40 \times 12^2 + 3\,960 \times 12$ soit $S_{12} = 53\,280$.

Au bout d'un an, l'entreprise aura fabriqué 53 280 pièces. Elle aura respecté son engagement de fabriquer au moins 52 000 pièces.

Problème 52

1. $\frac{u_2}{u_1} = \frac{800}{1\,000} = 0{,}8$; $\frac{u_3}{u_2} = \frac{640}{800} = 0{,}8$; $\frac{u_4}{u_3} = \frac{512}{640} = 0{,}8$.

Les nombres 1 000, 800, 640, 512 sont donc les quatre premiers termes d'une suite géométrique de premier terme $u_1 = 1\,000$ et de raison $q = 0{,}8$.

2. a) $u_1 = 4\,500$; $q = 0{,}8$.

$u_2 = 4\,500 \times 0{,}8 = 3\,600$.

b)

Années	1	2	3	4
Remboursements (€)	$u_1 = 4\,500$	$u_2 = 3\,600$	$u_3 = 2\,880$	$u_4 = 2\,304$

c) $u_n = u_1 \times q^{n-1} = 4\,500 \times 0{,}8^{n-1}$.

d) $u_9 = 4\,500 \times 0{,}8^8 \approx 755$.

Le remboursement versé par la compagnie d'assurance est de 755 € la 9e année, en 2011.

Problème 53

$V_0 = 120\,000$ €.

1. $n = 60$ mois ; $t = 0{,}8$ %.

a) $a = \frac{120\,000 \times 0{,}008}{1 - 1{,}008^{-60}} \approx 2\,526{,}09$ (€).

b) Somme des annuités versées :

$60 \times 2\,526{,}09 \approx 151\,565$ (€).

Coût du crédit : $151\,565 - 120\,000 = 31\,565$ (€).

Somme des 30 premiers amortissements :

$S_{30} = A_1 \frac{1 - q^{30}}{1 - q} = 1\,566{,}09 \times \frac{1 - 1{,}008^{30}}{1 - 1{,}008} = 52\,862{,}55$ (€).

c)

Mois	Capital restant dû	Amortissement	Intérêt	Annuité
1	120 000	1 566,09	960	2 526,09
2	118 433,91	1 578,62	947,47	2 526,09
3	116 855,29	1 591,25	934,84	2 526,09

2. Somme des annuités : $120 \times 1\,566{,}35 = 187\,962$ (€).

Coût du crédit : $187\,962 - 120\,000 = 67\,962$ (€).

3. C'est la banque *A* qui propose le crédit le moins élevé pour une mensualité inférieure à 2 800 €.

Problème 54

Partie A

1. Les points du graphique sont alignés. Ils appartiennent à une droite ne passant pas par l'origine du repère.

2. a) $u_1 = 210$; $r = 15$; $u_2 = 225$.

$u_3 = 225 + 15 = 240$.

$u_4 = 240 + 15 = 255$.

$u_5 = 255 + 15 = 270$.

b) $u_{n+1} = u_n + 15$.

3. a) $u_n = u_1 + (n - 1) \times r$,

donc $u_n = 210 + (n - 1) \times 15$.

b) $2\,015 = 2\,005 + 10$, donc $n = 10$.

$u_{10} = u_1 + 9r = 210 + 9 \times 15 = 345$.

Le nombre d'adhérents en 2015 sera de 345.

c) Dans la cellule C3, il faut écrire la formule :

=C2+$D$2.

Partie B

1. a) $v_1 = 285$.

$v_2 = 285 + 285 \times 0{,}05 \approx 299$.

$v_3 = 299 + 299 \times 0{,}05 \approx 314$.

b) La suite (v_n) est une suite géométrique de raison 1,05 car $\frac{v_3}{v_2} = \frac{v_2}{v_1} = 1{,}05$.

c) $v_n = v_1 \times q^{n-1}$, donc $v_n = 285 \times 1{,}05^{n-1}$.

2. Dans la cellule C3, il faut écrire la formule :

=C2*1,05.

3.

	A	B	C
1	Année	*n*	*Vn*
2	2011	1	285
3	2012	2	299
4	2013	3	314
5	2014	4	330
6	2015	5	346
7	2016	6	364
8	2017	7	382

4. $k = \frac{382}{285} \approx 1{,}34$, soit un taux de 34 %.

Le pourcentage d'augmentation du nombre d'adhérents entre 2011 et 2017 est de 34 % environ.

Problème 55

1. $a = \frac{V_0 \times t}{1 - (1 + t)^{-n}} = \frac{1\,500 \times 0{,}004\,5}{1 - 1{,}004\,5^{-6}} \approx 253{,}95$ €.

2. $A_1 = 247{,}20$ et $q = 1{,}004\,5$

$A_n = A_1 \times q^{n-1}$ donc

$A_6 = A_1 \times q^5 = 247{,}20 \times 1{,}004\,5^5 \approx 252{,}81$ (€).

L'amortissement, à la fin du 6ᵉ mois, est 252,81 €.

3. a) $S_6 = A_1 \frac{1 - q^6}{1 - q} = 247{,}20 \times \frac{1 - 1{,}004\,5^6}{1 - 1{,}004\,5} \approx 1\,500$ (€).

b) La somme des 6 amortissements est égale au capital emprunté.

4. a) La valeur de B2 est la valeur de V_0 le capital emprunté.

b) Les valeurs de la colonne E sont celles des mensualités constantes.

c) Dans la cellule B3 on a : $1\,500 - 247{,}2 = 1\,252{,}8$.

5. a) En E3, il faut entrer : =E2.

b) En D2, il faut entrer : =B2*0,0045.

c) En C2, il faut entrer : =E2–D2.

d) En B3, il faut entrer : =B2–C2.

6.

	A	B	C	D	E
1	Mois	Capital restant dû	Amortissement	Intérêt	Annuité
2	1	1500	247,2	6,75	253,95
3	2	1252,8	248,31	5,64	253,95
4	3	1004,49	249,43	4,52	253,95
5	4	755,06	250,55	3,4	253,95
6	5	504,51	251,68	2,27	253,95
7	6	252,83	252,81	1,14	253,95

7. a)

	A	B	C	D	E
1	Mois	Capital restant dû	Amortissement	Intérêt	Annuité
2	1	1500	247,2	6,75	253,95
3	2	1252,8	248,31	5,64	253,95
4	3	1004,49	249,43	4,52	253,95
5	4	755,06	250,55	3,4	253,95
6	5	504,51	251,68	2,27	253,95
7	6	252,83	252,81	1,14	253,95
8					
9			1499,99	23,71	

b) Le nombre affiché en C9 est 1 499,99 : c'est la somme des amortissements qui correspond au capital emprunté de 1 500 €.

Le nombre affiché en D9 est 23,71 : c'est la somme des intérêts versés.

Problème 56

1. 2011 : visiteurs = 150 000.

2012 : visiteurs = 150 000 + 3 000 = 153 000.

2013 : visiteurs = 153 000 + 3 000 = 156 000.

2. a) $u_1 = 150\,000$ et $r = 3\,000$.

(u_n) est une suite arithmétique donc $u_n = u_1 + (n - 1) \times r$ et $u_{11} = u_1 + 10r = 150\,000 + 10 \times 3\,000 = 180\,000$.

b) En 2021, soit 2011 + 10, le nombre de visiteurs correspond à $n = 1 + 10 = 11$, donc à u_{11}.

En 2021, le nombre de visiteurs attendus est 180 000.

3. $S_{11} = \frac{11}{2}(u_1 + u_{11}) = \frac{11}{2}(150\,000 + 180\,000) = 1\,815\,000$.

Le nombre total de visiteurs attendus entre 2011 et 2021 est 1 815 000.

4. a) $900n^2 + 89\,100n - 500\,000 = 0$.

$a = 900$; $b = 89\,100$; $c = -500\,000$

$\Delta = 89\,100^2 - 4 \times 900 \times (-500\,000)$ donc

$\Delta = 9\,738\,810\,000$ et $\sqrt{\Delta} \approx 98\,685$.

Il y a deux solutions :

$x_1 = \dfrac{-89\,100 + \sqrt{\Delta}}{2 \times 900} \approx 5$ et $x_2 = \dfrac{-89\,100 - \sqrt{\Delta}}{2 \times 900} \approx -104$.

b) L'opération de maintenance aura lieu au cours de la cinquième année, soit au cours de 2015.

Problème 57

Partie A

1. Nombre de poids lourds : $13\,000 \times 0,30 = 3\,900$.

2. Nombre de poids lourds étrangers :

$3\,900 \times 0,60 = 2\,340$.

Taux : $\dfrac{2\,340}{13\,000} = 0,18$ soit 18 %.

Les poids lourds étrangers représentent 18 % du nombre de véhicules/jour.

Partie B

1. 2012 : nombre de véhicules jour $= 13\,000 \times 1,03$
$= 13\,390$.

2. $v_1 = 13\,000$ et $v_2 = 13\,390$.

a) $v_3 = v_2 \times 1,03 = 13\,390 \times 1,03 \approx 13\,792$.

b) v_1, v_2, v_3 forment une suite géométrique de premier terme v_1 et de raison 1,03, car $\dfrac{v_2}{v_1} = \dfrac{v_3}{v_2} = 1,03$; donc

$v_n = v_1 \times q^{n-1} = 13\,000 \times 1,03^{n-1}$.

c) $v_{20} = v_1 \times q^{19} = 13\,000 \times 1,03^{19} \approx 22\,796$.

Le nombre de véhicules jour prévus en 2030 est 22 796.

3. a) B3 : =B2*1,03.

b)

	A	B
1	Année	Nombre de véhicules jour
2	2011	13000
3	2012	13390
4	2013	13792
5	2014	14205
6	2015	14632
7	2016	15071
8	2017	15523
9	2018	15988
10	2019	16468
11	2020	16962
12	2021	17471
13	2022	17995
14	2023	18535
15	2024	19091
16	2025	19664
17	2026	20254
18	2027	20861
19	2028	21487
20	2029	22132
21	2030	22796
22	2031	23479
23	2032	24184
24	2033	24909
25	2034	25657
26	2035	26426
27	2036	27219

4. a)

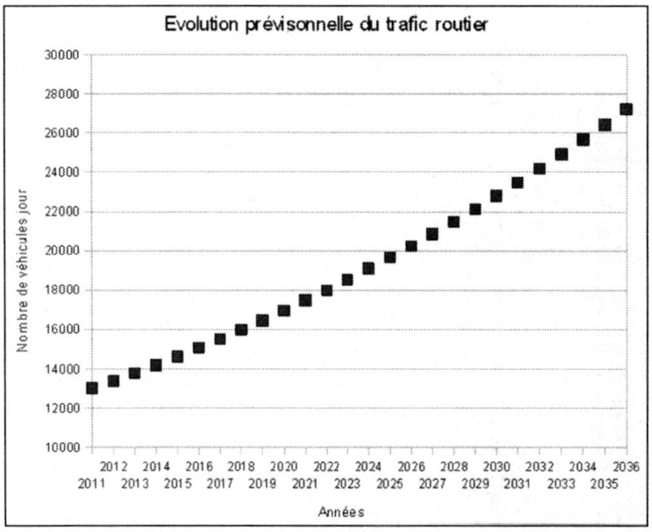

b) Cette croissance suit une courbe exponentielle.

Problème 58

Partie A

1. a) En C3, il faut entrer la formule : =C2+200.

b) En D3, il faut entrer la formule : =D2*1,03.

2. a) $u_{n+1} - u_n = 200$. (U_n) est une suite arithmétique de 1er terme $u_1 = 100$ et de raison 200.

b) $\dfrac{u_{n+1}}{v_3} = 1,03$.

(V_n) est une suite géométrique de 1er terme $v_1 = 2\,000,00$ et de raison 1,03.

3. a) $u_n = u_1 + (n-1) \times r$ donc $u_n = 100 + 200(n-1)$.

$v_n = u_1 \times q^{n-1}$ donc $v_n = 2\,000 \times 1,03^{n-1}$.

b) En 2016 : $n = 6$.

$u_6 = 100 + 5 \times 200 = 1\,100$.

$v_6 = 2\,000 \times 1,03^5 \approx 2\,318,55$.

Le capital de Victor est environ deux fois plus grand que celui d'Ulysse.

10 ans plus tard en 2026 : $n = 16$.

$u_{16} = 100 + 15 \times 200 = 3\,100$.

$v_{16} = 2\,000 \times 1,03^{15} \approx 3\,115,93$.

10 ans plus tard, le capital de Victor est très proche de celui d'Ulysse.

c) À 18 ans, en 2028 : $u_{18} = 100 + 17 \times 100 = 3\,500$.

$v_{18} = 2\,000 \times 1,03^{17} \approx 3\,305,70$.

Ulysse aura 3 500 € et Victor 3 306 €. Il n'y a qu'Ulysse qui pourra s'acheter une moto.

4.

	A	B	C	D
1	Années	n	Un	Vn
2	2011	1	100	2000
3	2012	2	300	2060
4	2013	3	500	2121,8
5	2014	4	700	2185,45
6	2015	5	900	2251,02
7	2016	6	1100	2318,55
8	2017	7	1300	2388,1
9	2018	8	1500	2459,75
10	2019	9	1700	2533,54
11	2020	10	1900	2609,55
12	2021	11	2100	2687,83
13	2022	12	2300	2768,47
14	2023	13	2500	2851,52
15	2024	14	2700	2937,07
16	2025	15	2900	3025,18
17	2026	16	3100	3115,93
18	2027	17	3300	3209,41
19	2028	18	3500	3305,7

Partie B

1. $w_1 = 1$; $w_2 = 2$; $w_3 = 4$; $w_4 = 8$.

2. $\frac{w_{n+1}}{w_n} = 2$ donc la suite (W_n) est une suite géométrique de raison 2 et de premier terme 1.

3. a) $w_n = w_1 \times q^{n-1}$ donc $w_n = 2^{n-1}$.

b) Leurs 9 ans correspondent à $n = 9$.

$v_9 = 2\,000 \times 1{,}03^8 \approx 2\,533{,}54$.

$w_9 = 2^8 = 256$.

$\frac{v_9}{w_9} = \frac{2\,533{,}54}{256} \approx 9{,}9$.

En effet, le capital de Victor sera presque 10 fois plus grand que celui de Walter.

4. Les 18 ans de Walter correspondent à $n = 18$.

Le capital de Walter serait alors de 131 072 € car $w_{18} = 2^{17} = 131\,072$.

Ce capital ne correspond pas tout à fait à 40 motos de 3 500 € car 40 × 3 500 = 140 000 €.

Il correspond à 37 motos à 3 500 €.

5.

	A	B	C	D	E
1	Années	n	Un	Vn	Wn
2	2011	1	100	2000	1
3	2012	2	300	2060	2
4	2013	3	500	2121,8	4
5	2014	4	700	2185,45	8
6	2015	5	900	2251,02	16
7	2016	6	1100	2318,55	32
8	2017	7	1300	2388,1	64
9	2018	8	1500	2459,75	128
10	2019	9	1700	2533,54	256
11	2020	10	1900	2609,55	512
12	2021	11	2100	2687,83	1024
13	2022	12	2300	2768,47	2048
14	2023	13	2500	2851,52	4096
15	2024	14	2700	2937,07	8192
16	2025	15	2900	3025,18	16384
17	2026	16	3100	3115,93	32768
18	2027	17	3300	3209,41	65536
19	2028	18	3500	3305,7	131072

Problème 59

Partie A

1. Dans la cellule B5, on entre la formule : `=B3/B4*100`.

2. En 2005, le salaire des femmes représente 86,2 % de celui des hommes. Il est bien inférieur de 13,8 % à celui des hommes car 100 – 86,2 = 13,8.

3. En 1982, le salaire annuel moyen des femmes est 11 021 €. En 2005, il est de 23 922 €. Donc :

$k = \frac{23\,922}{11\,021} \approx 2{,}17$, donc $t = 2{,}17 - 1 = 1{,}17$.

Le taux d'augmentation entre 1982 et 2005 est 117 %.

4. En 1982, le salaire annuel moyen des hommes est 13 545 €.

En 2005, il est de 27 744 €. Donc : $k = \frac{27\,744}{13\,545} \approx 2{,}05$, donc $t = 2{,}05 - 1 = 1{,}05$.

Le taux d'augmentation entre 1982 et 2005 est 105 %.

Partie B

1. a) En 23 ans, l'accroissement, en euros, du salaire net annuel moyen est : 23 922 – 11 021 = 12 901 €.

b) L'accroissement moyen annuel sur cette période est $\frac{12\,901}{23} \approx 561$ €.

2. a) $u_1 = 11\,021$; $r = 561$.

La suite (u_n) est une suite arithmétique de 1er terme 11 021 et de raison 561.

b) $u_n = u_1 + (n - 1) \times r$, donc $u_n = 11\,021 + (n - 1) \times 561$.

c) $u_2 = 11\,021 + 561 = 11\,582$

et $u_3 = 11\,021 + 2 \times 561 = 12\,143$.

d) $u_{28} = 11\,021 + 27 \times 561 = 26\,168$.

3. a) $v_1 = 13\,545$.

$v_2 = 13\,545 + (2 - 1) \times 617 = 14\,162$.

$v_3 = 13\,545 + (3 - 1) \times 617 = 14\,779$.

$v_{28} = 13\,545 + (28 - 1) \times 617 = 30\,204$.

4. $w_1 = \frac{u_1}{v_1} = \frac{11\,021}{13\,545} \approx 0{,}813\,7$.

w_1 représente le rapport du salaire annuel moyen des femmes sur celui des hommes, l'année 1.

Partie C

1. et **2.**

•

	A	B	C	D	E	F	G	H	I	J
1	Salaires en euros courants									Evolution entre 1982 et 2005
2	Année	1982	1990	2000	2001	2002	2003	2004	2005	
3	Femmes	11 021	16 749	21 865	22 301	22 866	23 245	23 687	23 922	117,06%
4	Hommes	13 545	19 997	26 389	25 899	26 676	27 076	27 488	27 744	104,83%
5	Rapport des salaires Femmes/Hommes (en %)	81,4	83,8	86,1	86,1	85,7	85,8	86,2	86,2	5,87%
6	Champ : agents titulaires et non titulaires des ministères civils de l'État, y compris l'enseignement privé sous contrat									
7	Source : INSEE									

• $w_2 = \frac{u_2}{v_2} = \frac{11\,582}{14\,162} \approx 0{,}817\,8$.

$w_3 = \frac{u_3}{v_3} = \frac{12\,143}{14\,779} \approx 0{,}821\,6$.

3. a) Dans la cellule C3, on peut saisir la formule : `=$B$3+(C1–1)*617`.

b) Dans la cellule B4, on peut saisir la formule : `=B2/B3` ou `=B2/B3*100`.

4. a) b) On lit $w_{28} = 0{,}8664$ soit 86,64 %.
Le salaire annuel moyen des femmes est 86,64 % de celui des hommes, l'année 28 (ce qui correspond à 2009).

Problème 60

Partie A

1. Le pourcentage du territoire africain recouvert par les forêts est : $\dfrac{635}{2\,963} \approx 0{,}214$, soit 21,4 %.

2. a) b) La valeur de la cellule C8 est égale à 3 951. Elle représente la superficie mondiale recouverte par la forêt (en millions d'hectares).

c) Le pourcentage que représente la forêt africaine par rapport à l'ensemble des forêts du monde est :
$\dfrac{635}{3\,951} = 0{,}161$ soit 16,1 %.

3. a) b) Dans la cellule D2, il faut placer la formule : =C2/B2.

4. a) Dans la cellule E2, il faut placer la formule : =C2/$B$8.

b) Dans la cellule E6, apparaît alors la formule : =C6/$B$8.

c)

	A	B	C	D	E
1	Région	Superficie de la région (en millions d'hectares)	Superficie de la forêt (en millions d'hectares)	Pourcentage de la région recouvert par la forêt	Pourcentage des forêts mondiales
2	Afrique	2 963	635	21,4%	16,1%
3	Asie	3 098	572	18,5%	14,5%
4	Europe*	2 260	1 001	44,3%	25,3%
5	Amérique du nord et centrale	2 142	705	32,9%	17,8%
6	Amérique du sud	1 755	832	47,4%	21,1%
7	Océanie	849	206	24,3%	5,2%
8	Monde	13067	3951	30,2%	100,0%

Partie B

1. 2005 : $u_1 = 340$.
2006 : $u_2 = 340 - 2{,}4 = 337{,}6$.
2007 : $u_3 = 337{,}6 - 2{,}4 = 335{,}2$.

2. a) La suite (u_n) est une suite arithmétique de 1er terme $u_1 = 340$ et de raison $-2{,}4$.

b) $u_n = u_1 + (n-1) \times r$,
donc $u_n = 340 - 2{,}4(n-1)$.

3. 2020 : 2004 + 16.
En 2020, c'est la 16e année après 2004. La superficie prévisible de la forêt brésilienne est donnée par le 16e terme de la suite (u_n).
Donc $u_{16} = 340 - 2{,}4 \times 15 = 304$.
Elle serait de 304 millions d'hectares.

4. On cherche n, tel que $u_n = \dfrac{340}{2} = 170$.
Donc $340 - 2{,}4(n-1) = 170$, d'où $2{,}4(n-1) = 170$ et
$n - 1 = \dfrac{170}{2{,}5} = 70{,}8$, donc $n \approx 72$.

La forêt brésilienne aura diminué de moitié par rapport à la superficie de 2005 la 72e année, soit en 2076.

Problème 61

Partie A

1. $u_1 = 400$; $u_2 = 400 + 18 = 418$; $u_3 = 418 + 18 = 436$.

2. $u_3 - u_2 = u_2 - u_1 = 18$, donc la suite (u_n) est une suite arithmétique de raison 18.

3. $u_n = 400 + (n-1) \times 18$.

4. En 2020, $n = 10$, donc $u_{10} = 400 + 9 \times 18 = 562$. En 2020, le loyer mensuel sera de 562 €.

5. En C5 : =C4+18.

Partie B

1. $v_1 = 400$; $v_2 = 400 \times 1{,}04 = 416$;
$v_3 = 416 \times 1{,}04 = 432{,}64$.

2. $\dfrac{v_3}{v_2} = \dfrac{v_2}{v_1} = 1{,}04$ donc (v_n) est une suite géométrique de raison 1,04.

3. $v_n = 400 \times 1{,}04^{n-1}$.

4. En 2020 : $v_{10} = 400 \times 1{,}04^9 \approx 569$. En 2020, le loyer mensuel sera de 569 €.

5. En G5 : =G4*1,04.

Partie C

1. En D4 : =C4*12.

2. En E5 : =E4+D5.

4. a) Au bout de 5 ans, les loyers annuels cumulés sont moins élevés avec la proposition 2 (25 998 €) qu'avec la proposition 1 (26 160 €) : ils ont donc intérêt à choisir la proposition 2.

	A	B	C	D	E	F	G	H	I
1	ETUDE COMPARATIVE DES DEUX PROPOSITIONS DE BAIL								
2		Proposition 1					Proposition 2		
3	Années	n	u_n	Loyer Annuel	Cumul des loyers annuels		v_n	Loyer Annuel	Cumul des loyers annuels
4	2011	1	400	4800	4800		400	4800	4800
5	2012	2	418	5016	9816		416	4992	9792
6	2013	3	436	5232	15048		433	5192	14984
7	2014	4	454	5448	20496		450	5399	20383
8	2015	5	472	5664	26160		468	5615	25998
9	2016	6	490	5880	32040		487	5840	31838
10	2017	7	508	6096	38136		506	6074	37912
11	2018	8	526	6312	44448		526	6316	44228
12	2019	9	544	6528	50976		547	6569	50797
13	2020	10	562	6744	57720		569	6832	57629
14	2021	11	580	6960	64680		592	7105	64734
15	2022	12	598	7176	71856		616	7389	72124
16	2023	13	616	7392	79248		640	7685	79809
17	2024	14	634	7608	86856		666	7992	87801
18	2025	15	652	7824	94680		693	8312	96113

b) La proposition 1 est plus intéressante que la proposition 2 au bout de 11 années complètes, soit à la fin de 2021.

Chapitre 4. Fonction dérivée

Exercices d'entraînement

Exercice 1

1. Voir figure ci-après $\left(\text{à l'échelle } \frac{1}{2}\right)$.

2. a) $f'(x) = 2x$.

b) $f'(-1) = -2$; $f'(0) = 0$; $f'(1) = 2$.

3. a) Tangente à l'origine O du repère : l'axe des abscisses.

b) et **c)** Voir figure ci-après.

4. On obtient la figure ci-dessous.

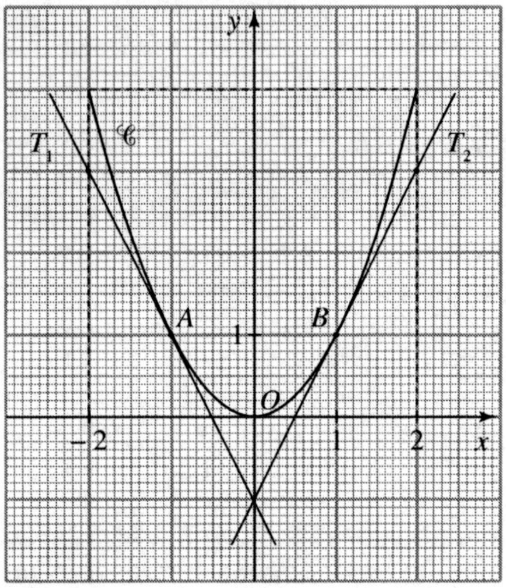

Exercice 2

1. Voir figure ci-après $\left(\text{à l'échelle } \frac{1}{2}\right)$.

2. a) $f'(x) = -\frac{1}{x^2}$.

b) $f'(1) = -1$; $f'(2) = -\frac{1}{4}$.

3. et **4.** On obtient la figure ci-dessous.

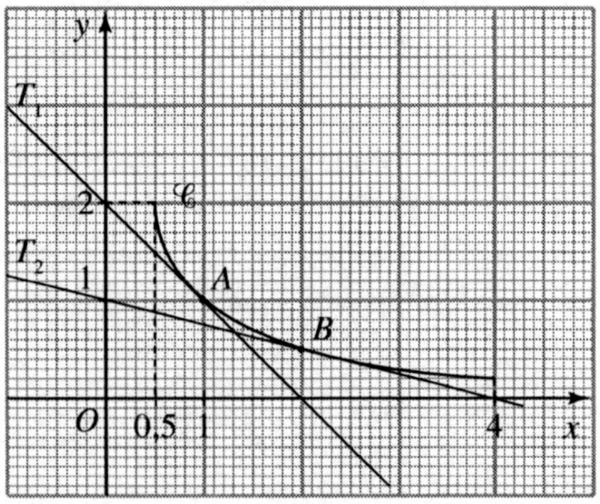

Exercice 3

1. • Coefficient directeur de T_1 : T_1 passe par $M(3 ; 2)$.

$a = \frac{y_M - y_A}{x_M - x_A} = \frac{2-1}{3-1}$; $a = \frac{1}{2}$ donc $f'(1) = \frac{1}{2}$.

• Coefficient directeur de T_2 : T_2 passe par $N(0 ; 1)$;

$a = \frac{y_N - y_B}{x_N - x_B} = \frac{1-2}{0-4}$; $a = \frac{1}{4}$ donc $f'(2) = \frac{1}{4}$.

2. a) $f'(x) = \frac{1}{2\sqrt{x}}$.

b) $f'(1) = \frac{1}{2\sqrt{1}} = \frac{1}{2}$;

$f'(4) = \frac{1}{2\sqrt{4}} = \frac{1}{4}$.

Exercice 4

1. $f'(x) = 3x^2$.

2. a) $f(1) = 1$; $f'(1) = 3$.

b) L'équation est de la forme $y = 3x + p$.

En écrivant que T passe par $A(1 ; 1)$, on obtient $1 = 3 + p$, d'où $p = -2$.

Équation réduite de T : $y = 3x - 2$.

3. On obtient l'écran ci-dessous.

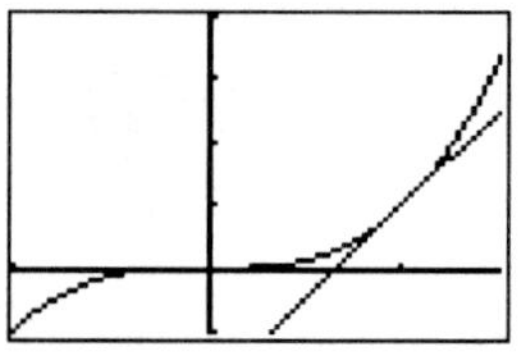

Avec la fonction trace, on vérifie bien que T est tangente à $\mathscr{C}$ en $A(1 ; 1)$.

Exercice 5

a) $f'(x) = -4$; **b)** $f'(x) = \frac{1}{2}x$.

Exercice 6

a) $f'(x) = 3$; **b)** $f'(x) = 15x^2$.

Exercice 7

a) $f'(x) = -\frac{3}{x^2}$. **b)** $f'(x) = 4x - 5$.

Exercice 8

a) $f'(x) = \frac{2}{x^2}$. **b)** $f'(x) = \frac{1}{2}x - 6$.

Exercice 9

a) $f'(x) = 2x + 3$. **b)** $f'(x) = 3 - \frac{1}{x^2}$.

Exercice 10

a) $f'(x) = 2x + \frac{1}{x^2}$. **b)** $f'(x) = 2x + 3$.

Exercice 11

$f'(x) = 3x^2 - 8x + 5$.

Exercice 12

a) $f'(x) = 8x - 5$. **b)** $f'(x) = 6x + \frac{5}{x^2}$.

Exercice 13

$f'(x) = x^2 - 8x + 6$.

Exercice 14

a) $f'(x) = 3x^2 + 1$. **b)** $f'(x) = -\frac{4}{x^2} - \frac{2}{3}x$.

Exercice 15

a) $f'(x) = 2x + 3$. **b)** $f'(x) = -\frac{3}{4x^2} - 5x$.

Exercice 16

a) $f'(x) = x^2 + 2$. **b)** $f'(x) = 4x - \frac{3}{x^2}$.

Exercice 17

a) $f'(x) = \frac{1}{\sqrt{x}}$. **b)** $f'(x) = -x + 2{,}5$.

Exercice 18

a) $f'(x) = 6x - \frac{2}{\sqrt{x}}$. **b)** $f'(x) = \frac{1}{2}x^2 + 8x$.

Exercice 19

1. $f(x) = x^2 + x - 2$.
2. $f'(x) = 2x + 1$.

Exercice 20

1. $f(x) = 2x + \frac{3}{x}$.
2. $f'(x) = 2 - \frac{3}{x^2}$.

Savez-vous…
…calculer une dérivée ?

1. $f'(x) = 10x$.
2. $f'(x) = \frac{3}{2\sqrt{x}} - \frac{1}{x^2}$.
3. $f'(x) = -6x^2 + 8x + 1$.

Exercice 21

1. a) $f'(x) = -2x + 4$.
b) $f'(0) = 4$; $f'(3) = -2$.
2. *Voir le document-réponse.*
– La tangente en A est la droite (AM), où M est le point de coordonnées $(1 ; 1)$.
– La tangente en B est la droite (BN), où N est le point de coordonnées $(4 ; -2)$.

Exercice 22

1. a) $f'(x) = 4x - 8$.
b) $f'(0) = -8$; $f'(4) = 8$.
2. *Voir le document-réponse.*
– Le point de $\mathscr{C}$ d'abscisse 0 est l'origine O du repère. La tangente en O à $\mathscr{C}$ est la droite (OM), où M est le point de coordonnées $(1 ; -8)$.
– La tangente en A à $\mathscr{C}$ est la droite (AN), où N est le point de coordonnées $(5 ; 8)$.

Exercice 23

1. a) $f'(x) = \frac{1}{\sqrt{x}}$.
b) $f'(1) = 1$.
2. L'équation est de la forme $y = x + p$.
En écrivant que T passe par $A(1 ; 3)$, on obtient $3 = 1 + p$, d'où $p = 2$.
Équation de T : $y = x + 2$.
3. À l'aide de trace, on vérifie que T est tangente à $\mathscr{C}$ au point $A(1 ; 3)$.

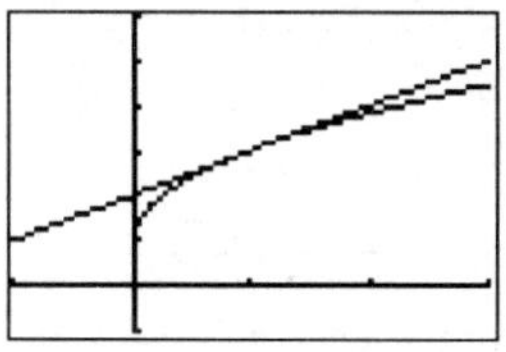

Exercice 24

1. a) $f'(x) = -2x + 4$.
b) $f'(0) = 4$.
2. L'équation est de la forme $y = 4x + p$.
En écrivant que T passe par $A(0 ; -3)$ on obtient : $-3 = p$.
Équation de T : $y = 4x - 3$.
3. On vérifie que T est bien tangente à $\mathscr{C}$ en A.

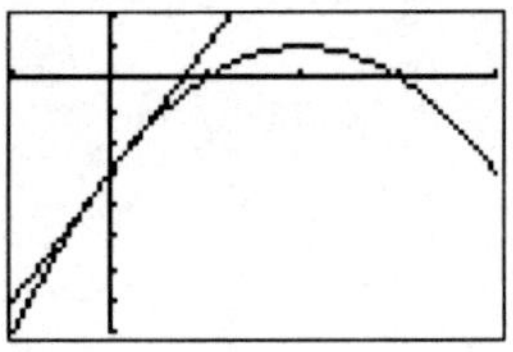

Exercice 25

1. a) On obtient l'écran ci-dessous.

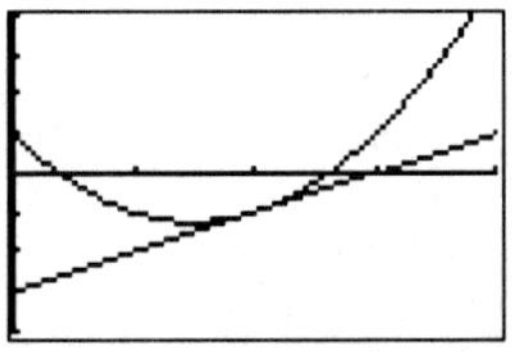

b) On observe que D est tangente à $\mathscr{C}$ au point de coordonnées $(2 ; -1)$.

c) Le coefficient directeur de D est 1 donc $f'(2) = 1$.

2. a) $f'(x) = 2x - 3$.

b) $f'(2) = 1$.

Exercice 26

1. a) On obtient l'écran ci-dessous.

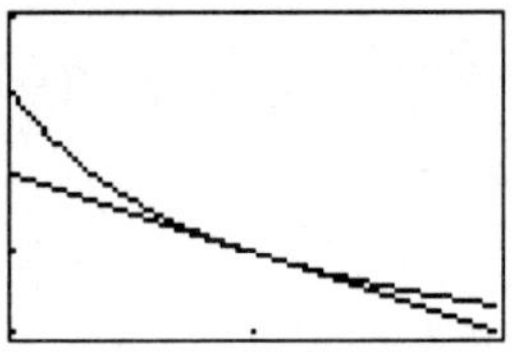

b) On observe que D est tangente à $\mathscr{C}$ au point de coordonnées $(2 ; 2)$.

c) Le coefficient directeur de D est -1 donc $f'(2) = -1$.

2. a) $f'(x) = -\dfrac{4}{x^2}$.

b) $f'(2) = -1$.

Exercice 27

1. a) On obtient l'écran ci-dessous.

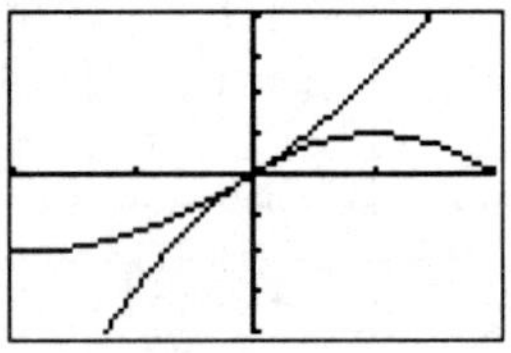

b) Les deux courbes semblent avoir la même tangente en O.

2. a) $f'(x) = 2x + 2 ; f'(0) = 2$.

b) $g'(x) = -4x + 2 ; g'(0) = 2$.

c) Les deux courbes ont O pour point commun ; les deux fonctions ont même nombre dérivé pour $x = 0$; donc les deux courbes sont « tangentes » en O.

Exercice 28

1. On vérifie que $f\left(\dfrac{1}{2}\right) = g\left(\dfrac{1}{2}\right) = \dfrac{1}{4}$.

2. $f'(x) = -2x ; f'\left(\dfrac{1}{2}\right) = -1$.

3. $g'(x) = 2x - 2 ; g'\left(\dfrac{1}{2}\right) = -1$.

4. $f'\left(\dfrac{1}{2}\right) = g'\left(\dfrac{1}{2}\right)$.

Puisque $f\left(\dfrac{1}{2}\right) = g\left(\dfrac{1}{2}\right) = \dfrac{1}{4}$, les courbes $\mathscr{C}$ et $\mathscr{C}'$ ont le point $I\left(\dfrac{1}{2} ; \dfrac{1}{4}\right)$ comme point commun.

Puisque $f'\left(\dfrac{1}{2}\right) = g'\left(\dfrac{1}{2}\right)$, les courbes $\mathscr{C}$ et $\mathscr{C}'$ admettent en I la même tangente.

Exercice 29

1. $f'(x) = 2x$.

2. et **3.**

x	-3		0		3
Signe de $f'(x)$		$-$	0	$+$	
Variation de f	5	↘	-4	↗	5

f admet pour $x = 0$ un minimum égal à -4.

Exercice 30

1. $f'(x) = x + 2$.

2. et **3.**

x	-4		-2		2
Signe de $f'(x)$		$-$	0	$+$	
Variation de f	0	↘	-2	↗	6

f admet pour $x = -2$ un minimum égal à -2.

Exercice 31

1. $f'(x) = -x + 3$.

2. et **3.**

x	0		3		4
Signe de $f'(x)$		$+$	0	$-$	
Variation de f	1	↗	$5{,}5$	↘	5

f admet pour $x = 3$ un maximum égal à $5{,}5$.

Exercice 32

1. $f'(x) = 3x + 9$.

2. Dans $\mathbb{R}$, l'inéquation $3x + 9 > 0$ s'écrit $x > -3$ donc, sur $[-2 ; 2]$ on a $f'(x) > 0$.

x	-2		2
Signe de $f'(x)$		+	
Variation de f	-17	$\nearrow$	19

Exercice 33

1. $f'(x) = -4x + 4$.

2. et **3.**

x	-1		1		5
Signe de $f'(x)$		+	0	−	
Variation de f	-7	$\nearrow$	1	$\searrow$	-31

f admet pour $x = 1$ un maximum égal à 1.

Exercice 34

1. $f'(x) = -2x + 3$.

2. Dans $\mathbb{R}$, l'inéquation $-2x + 3 > 0$ s'écrit $2x < 3$, soit $x < \frac{3}{2}$; donc sur $[-4 ; 1]$, on a $f'(x) > 0$.

x	-4		1
Signe de $f'(x)$		+	
Variation de f	-23	$\nearrow$	7

Exercice 35

1. $f'(x) = 4x - 6$.

2. et **3.**

x	-1		$\frac{3}{2}$		4
Signe de $f'(x)$		−	0	+	
Variation de f	9	$\searrow$	$-3{,}5$	$\nearrow$	9

f admet pour $x = \frac{3}{2}$ un minimum égal à $-3{,}5$.

Exercice 36

1. $f'(x) = \frac{2}{x^2}$.

2. et **3.**

x	1		10
Signe de $f'(x)$		+	
Variation de f	3	$\nearrow$	$4{,}8$

Exercice 37

1. $f'(x) = -\frac{1}{x^2}$.

2. et **3.**

x	1		5
Signe de $f'(x)$		−	
Variation de f	$0{,}8$	$\searrow$	0

Exercice 38

1. $f'(x) = 2 + \frac{1}{2\sqrt{x}}$.

2. Sur $[1 ; 9]$, $f'(x) > 0$.

3.

x	1		9
Signe de $f'(x)$		+	
Variation de f	2	$\nearrow$	21

Exercice 39

1. $f'(x) = 2 - \frac{1}{2\sqrt{x}} = \frac{4\sqrt{x} - 1}{2\sqrt{x}}$.

2. $f'(x) = \frac{2}{\sqrt{x}}\left(\sqrt{x} - \frac{1}{4}\right)$.

Pour $x > 1$, on a $\sqrt{x} > 1$ donc $\sqrt{x} - \frac{1}{4} > 0$.

Donc sur l'intervalle $[1 ; 9]$, on a $f'(x) > 0$.

3.

x	1		9
Signe de $f'(x)$		+	
Variation de f	1	$\nearrow$	15

Exercice 40

1. $f'(x) = 1 - \frac{1}{x^2}$.

2. $f'(x) = \frac{x^2 - 1}{x^2} = \frac{(x-1)(x+1)}{x^2}$.

Sur I, on a $x + 1 > 0$ donc $f'(x)$ a le signe de $x - 1$.

3.

x	$0{,}5$		1		5
Signe de $f'(x)$		−	0	+	
Variation de f	$2{,}5$	$\searrow$	2	$\nearrow$	$5{,}2$

Savez-vous…
…étudier les variations d'une fonction ?

1. Le troisième tableau.
2. Un minimum.

Exercice 41

1. $f'(x) = 3x^2$; $f'(0) = 0$.
2. Sur $[-1 ; 0[$ et sur $]0 ; 1]$ on a $f'(x) > 0$.
3. a)

x	-2		0		2
Signe de $f'(x)$			0		
Variation de f	-8	↗	0	↗	8

b) f n'admet pas d'extremum sur I.
$f'(x)$ s'annule pour $x = 0$ mais ne s'annule pas en changeant de signe ; il n'y a pas d'extremum pour $x = 0$.

Exercice 42

$f'(x) = 6x^2$.
Tableau de variation

x	-3		0		3
Signe de $f'(x)$		$+$	0	$+$	
Variation de f	-55	↗	-1	↗	53

Exercice 43

1. $f'(x) = 3x^2 + 4$.
2.

x	-2		1
Signe de $f'(x)$		$+$	
Variation de f	-17	↗	4

Exercice 44

1. $f'(x) = 3x^2 - 3 = 3(x^2 - 1)$.
2.

x	-2		-1		1		2
Signe de $x^2 - 1$		$+$	0	$-$	0	$+$	

3. $f'(x)$ a le signe de $x^2 - 1$, d'où le tableau suivant.

x	-2		-1		1		2
Signe de $f'(x)$		$+$	0	$-$	0	$+$	
Variation de f	-1	↗	3	↘	-1	↗	3

Exercice 45

1. $f'(x) = x^2 - 6x + 9$.
2.

x	0		3		6
Signe de $x^2 - 6x + 9$		$+$	0	$+$	

3.

x	0		3		6
Signe de $f'(x)$		$+$	0	$+$	
Variation de f	-4	↗	5	↗	4

f n'admet pas d'extremum sur $[0 ; 6]$.

Exercice 46

1. $f'(x) = 3x^2 - 6x = 3(x^2 - 2x)$.
2. a) On obtient l'écran ci-dessous.

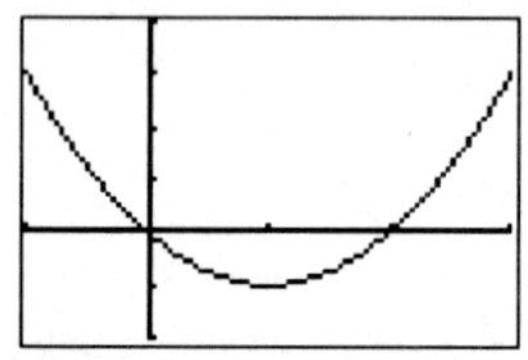

b) À partir de l'observation du graphique, on obtient le tableau suivant.

x	-1		0		2		3
Signe de $x^2 - 2x$		$+$	0	$-$	0	$+$	

3. $f'(x)$ a le signe de $x^2 - 2x$, d'où le tableau suivant.

x	-1		0		2		3
Signe de $f'(x)$		$+$	0	$-$	0	$+$	
Variation de f	-6	↗	-2	↘	-6	↗	-2

Exercice 47

1. $f'(x) = -3x^2 + 3x + 6 = -3(x^2 - x - 2)$.
2. a) On obtient l'écran ci-dessous.

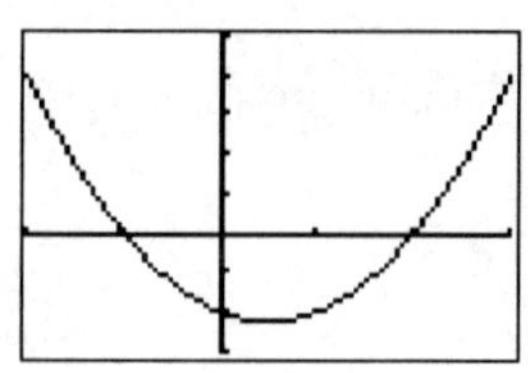

b) À partir de l'observation du graphique, on obtient le tableau suivant.

x	-2		-1		2		3
Signe de $x^2 - x - 2$		$+$	0	$-$	0	$+$	

3. $f'(x)$ a le signe contraire de $x^2 - x - 2$, d'où le tableau ci-après.

x	-2		-1		2		3
Signe de $f'(x)$		$-$	0	$+$	0	$-$	
Variation de f	-3	↘	$-8,5$	↗	5	↘	-5

Exercice 48

1.

x	-2		0		2		5
$f'(x)$		$+$	0	$-$	0	$+$	
$f(x)$	-1	↗	3	↘	-2	↗	4

2. Sur $[-2\,;5]$, l'équation $f(x)$ a 3 solutions x_1, x_2, x_3.
On a $-2 < x_1 < 0$; $0 < x_2 < 2$; $2 < x_3 < 5$.

Exercice 49

1. $f'(x) = 3x^2 + 2$.

2.

x	0		1
$f'(x)$		$+$	
$f(x)$	-1	↗	2

3. a) f est croissante d'une valeur négative -1 à une valeur positive 2. Sur l'intervalle $[0\,;\,1]$ elle prend une fois la valeur zéro.

b) En observant l'extrait de la table de valeurs ci-dessous, on peut conclure que : $0,4 < x_0 < 0,5$.

x	$f(x)$
…	…
0,3	−0,373
0,4	−0,136
0,5	0,125
0,6	0,416
…	…

Exercice 50

x	-1		1		2
$f'(x)$	0	$-$	0	$+$	
$f(x)$	2	↘	-2	↗	2

Exercice 51

1. f admet pour $x = -1$ un maximum égal à 5.

2. $f'(0) < 0$.

3. $f(0) = 4$; le point de $\mathscr{C}$ d'abscisse 0 est le point $A(0\,;4)$.
$f'(0) = -1$, donc l'équation de la tangente T_1 en A à $\mathscr{C}$ est $y = -x + 4$.

4. Une courbe possible.

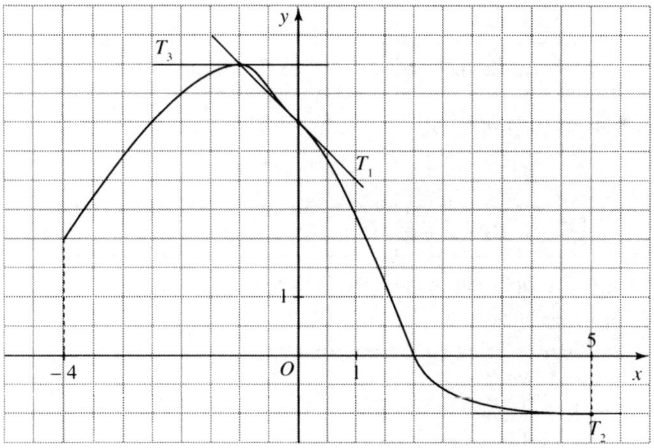

Problèmes

Problème 52

1. $f'(x) = -x + 3$.

2. a) Figure ci-dessous $\left(\text{à l'échelle } \dfrac{1}{2}\right)$.

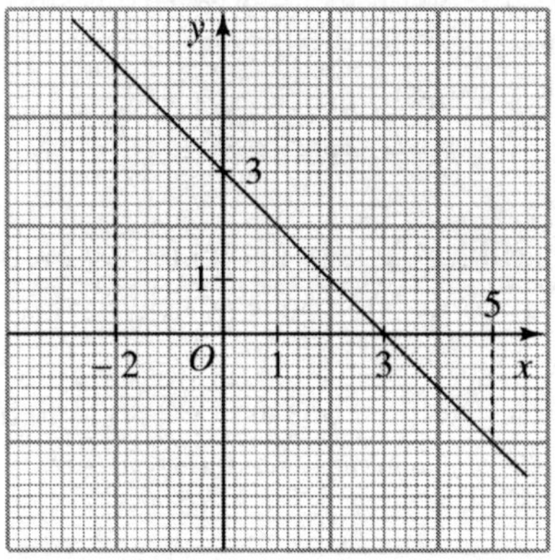

b) On lit sur le graphique le signe de $-x + 3$.

x	-2		3		5
Signe de $f'(x)$		$+$	0	$-$	

3.

x	-2		3		5
Variation de f	-7	↗	$5,5$	↘	$3,5$

Problème 53

1. $f'(0) = -1$.

2. • Sur D_1, pour $x = 0$ on lit $y = 1$; or $f'(0) = -1$ donc D_1 ne convient pas.

• Pour D_2 et D_3, à partir du graphique, on détermine si l'on note $y = ax + b$ l'équation de la droite, le signe de $y = ax + b$.

On obtient pour D_2 :

x	-1		1		4
Signe de $ax + b$		$-$	0	$+$	

On obtient pour D_3 :

x	-1		4
Signe de $ax + b$	0	$-$	

D'après l'observation de $\mathscr{C}$, le tableau de variation de f est le suivant.

x	-1		1		4
Variation de f	$1,5$	↘	$-0,5$	↗	4

Ce tableau correspond au signe de $f'(x)$ obtenu pour D_2. Donc la représentation graphique de f' est un segment de D_2. Les droites qui ne conviennent pas sont D_1 et D_3.

Problème 54

Partie A

1. Coût de fabrication de 10 articles : 192 €.
Coût de fabrication de 30 articles : 252 €.

2. Prix de vente de 10 articles : 150 €.
Prix de vente de 30 articles : 450 €.

3. $P(n) = 15n$.

4. Pour 10 articles, le prix de vente est inférieur au coût de fabrication, donc Monsieur Martin ne réalisera pas de bénéfice.
Pour 30 articles, le prix de vente est supérieur au coût de fabrication, donc Monsieur Martin réalisera un bénéfice.

Partie B

1. $f'(x) = 0,06\,(2x) + 0,6 = 0,12x + 0,6$.

2. a) On écrit $0,12x > -0,6$, d'où $x > \dfrac{-0,6}{12}$, soit $x > -0,05$.

b) Sur $[0\,;\,30]$, on a $f'(x) > 0$.

c) Sur $[0\,;\,30]$, f est croissante.

3. a) L'équation $f(x) = g(x)$ peut s'écrire :
$0,06x^2 + 0,6x + 180 - 15x = 0$,
soit $0,06x^2 - 14,4x + 180 = 0$.

b) $\Delta = (-14,4)^2 - 4 \times 0,06 \times 180 = 164,16$, d'où les solutions sur $\mathbb{R}$:
$x_1 = \dfrac{14,4 - \sqrt{164,16}}{0,12} \approx 13,2\,;\; x_2 = \dfrac{14,4 + \sqrt{164,16}}{0,12} \approx 226,8$.
Sur l'intervalle $[0;\ 30]$, l'équation a une solution : $x_1 \approx 13,2$.

4. a) On obtient l'écran suivant.

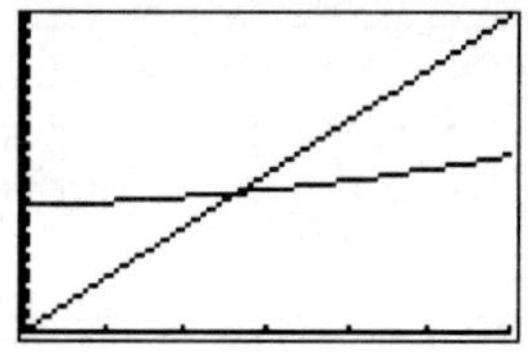

b) Avec trace, on détermine un encadrement de l'abscisse x_1 du point commun à la courbe et à la droite.
On lit $X = 13.085106$; $Y = 198.12426$;
$X = 13.404255$; $Y = 198.823$;
d'où $13,08 < x_1 < 13,4$.
L'ensemble des solutions de l'inéquation $f(x) \leqslant g(x)$ est l'intervalle $[x_1\,;\,30]$.

5. D'après la question **3.b)** on sait que $x_1 \approx 13,2$.
Pour que la fabrication soit rentable il faut fabriquer et vendre par jour 14 cache-pots.

Problème 55

Partie A

1. $f'(x) = -2(2x) + 28 = -4x + 28$.

2. L'inéquation $f'(x) > 0$ peut s'écrire successivement $-4x > -28\,;\; x < \dfrac{-28}{-4}$, d'où $x < 7$.

3.

x	1		7		10
Signe de $f'(x)$		$+$	0	$-$	
Variation de f	65	↗	137	↘	119

4. f admet un maximum pour $x = 7$.

5. $f(7) = 137$.

6. a) On obtient l'écran suivant.

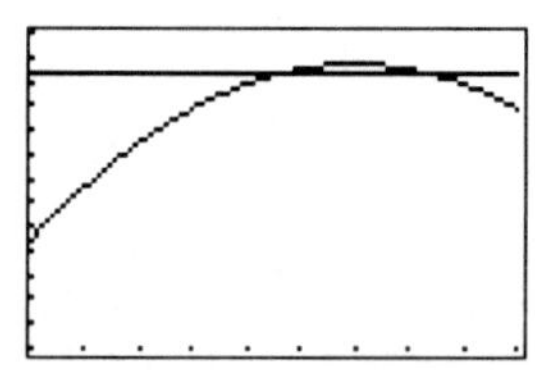

b) Avec trace, on détermine les abscisses x_1 et x_2 des points d'intersection de la courbe et de la droite.
On obtient :
$X = 5.787234$; $Y = 134.0584$, d'où $x_1 \approx 5,8$.
$X = 8.1808511$; $Y = 134.21118$, d'où $x_2 \approx 8,2$.
On observe que l'on a $f(x) \geqslant 134$ pour $x_1 \leqslant x \leqslant x_2$.
L'équation $f(x) \geqslant 134$ a pour solution l'intervalle $[x_1\,;\,x_2]$.

Partie B

1. L'année 2015 correspond à $x = 5$; $f(5) = 129$.
Estimation du bénéfice en 2015 : 129 millions d'euros.

2. Le bénéfice sera maximal en 2017 ; bénéfice maximal : 137 milliers d'euros.

3. On a $f(x) \geqslant 134$ pour les valeurs entières de x telles que $6 \leqslant x \leqslant 8$.

Donc le bénéfice sera supérieur à 134 000 € pour les années 2016, 2017 et 2018.

Problème 56

Partie A

1. $\mathscr{A}_1 = 98 \times 48 = 4\,704$ m^2.

2. $\mathscr{A}(x) = (100 - 2x)(50 - 2x)$.

En développant on obtient $\mathscr{A}(x) = 4x^2 - 300x + 5\,000$.

Partie B

1. $f'(x) = 4(2x) - 300 = 8x - 300$.

2. On obtient $8x \geqslant 300$, d'où $x \geqslant \dfrac{300}{8}$, soit $x \geqslant 37{,}5$.

3. Sur l'intervalle [0 ; 25], puisque $37{,}5 > 25$ on a $f'(x) < 0$.

4. f est décroissante.

5. À l'écran de la calculatrice, on trace la courbe représentative de f et la droite d'équation $y = 4\,000$.

Avec trace, on obtient une valeur approchée de la solution x_1 de l'équation $f(x) = 4\,000$.

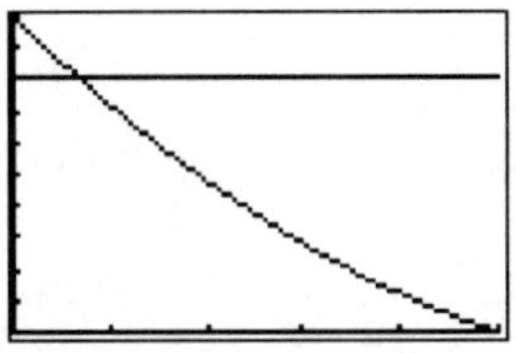

On lit $X = 3.4574468$; $Y = 4010.5817$, d'où $x_1 \approx 3{,}5$.

6. a) L'équation $4x^2 - 300x + 5\,000 = 4\,000$ s'écrit :

$4x^2 - 300x + 5\,000 - 4\,000 = 0$, soit $4x^2 - 300x + 1\,000 = 0$.

b) $\Delta = (-300)^2 - 4 \times 4 \times 1\,000 = 74\,000$, d'où les solutions sur $\mathbb{R}$:

$x_1 = \dfrac{300 - \sqrt{74\,000}}{8}$; $x_1 \approx 3{,}5$;

$x_2 = \dfrac{300 + \sqrt{74\,000}}{8}$; $x_2 \approx 71{,}5$.

Sur l'intervalle [0 ; 25] l'équation a une solution : $x_1 \approx 3{,}5$.

7. Largeur de la bordure qu'il faut conserver : $\ell \approx 3{,}5$ m.

Problème 57

Partie A

1. a) 343 500 €.

b) 480 000 €.

c) 136 500 €.

2. a) $C(n) = 288\,000$ peut s'écrire :

$151\,500 + 76n + 0{,}01n^2 - 288\,000 = 0$,

soit $0{,}01n^2 + 76n - 136\,500 = 0$.

b) $\Delta = (76)^2 - 4 \times 0{,}01 \times (-136\,500) = 11\,236$; $\sqrt{\Delta} = 106$, d'où les solutions sur $\mathbb{R}$:

$n_1 = \dfrac{-76 - 106}{0{,}02} = -9\,100$; $n_2 = \dfrac{-76 + 106}{0{,}02} = 1\,500$.

Sur l'intervalle [1 000 ; 3000] l'équation $C(n) = 288\,000$ a une solution : $n = 1\,500$.

c) 1 500 sacs.

Partie B

1. $B(n) = 320n - 0{,}04n^2 - (151\,500 + 76n + 0{,}01n^2)$, d'où $B(n) = -0{,}05n^2 + 244n - 151\,500$.

2. a) $f'(x) = -0{,}05(2x) + 244 = -0{,}1x + 244$.

b) On obtient $-0{,}1x = -244$, d'où $x = \dfrac{-244}{-0{,}1} = 2\,440$.

c) L'inéquation $f'(x) > 0$ s'écrit $-0{,}1x > -244$, d'où $x < \dfrac{244}{0{,}1}$, soit $x < 2\,440$.

On obtient alors le tableau suivant.

x	1 000	2 440	3 000
Signe de f'(x)	+	0	–
Variation de f	42 500 ↗	146 180	↘ 130 500

3. a) 2 440 sacs.

b) 146 180 €.

Problème 58

Partie A

1. 129 m.

2. a) L'équation $0{,}007v^2 + 0{,}8v = 91$ s'écrit :

$0{,}007v^2 + 0{,}8v - 91 = 0$.

b) $\Delta = (0{,}8)^2 - 4 \times 0{,}007 \times (-91) = 3{,}188$, d'où les solutions dans $\mathbb{R}$:

$v_1 = \dfrac{-0{,}8 - \sqrt{3{,}188}}{0{,}014}$; $v_1 \approx -185$.

$v_2 = \dfrac{-0{,}8 + \sqrt{3{,}188}}{0{,}014}$; $v_2 \approx 70$.

Vitesse recherchée : 70 km/h.

Partie B

1. $f'(x) = 0{,}007(2x) + 0{,}8 = 0{,}014x + 0{,}8$.

2. Sur l'intervalle [50 ; 130] on a $x > 0$ donc $f'(x) > 0$.

On en déduit que f est croissante.

3. a) On obtient l'écran suivant.

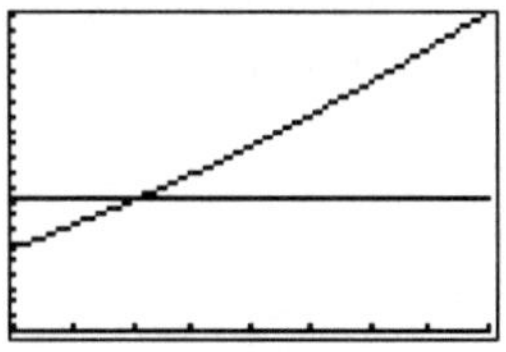

b) Avec trace, on lit :

$X = 70.425532$; $Y = 91.058714$.

L'équation $f(x) = 91$ a une solution : $x \approx 70{,}4$.

Partie C

1. Pour 90 km/h, la distance de freinage est 129 m ; cette distance est supérieure à 91 m, donc la collision ne peut être évitée.

2. Le chauffeur doit laisser une distance supérieure à 129 m.

Pour 1 bande, $d' = 39$ m.
Pour 2 bandes, $d' = 39 + 13 + 39 = 91$ m.
Pour 3 bandes, $d' = 39 + 13 + 39 + 13 + 39 = 143$ m.
Le chauffeur doit laisser entre son camion et le véhicule qui le précède 3 bandes blanches.

Problème 59

1. 67 °C.
2. a) $f'(t) = -0{,}01(2t) + 2 = -0{,}02t + 2$.
b) L'inéquation $-0{,}02t + 2 > 0$ s'écrit $-0{,}02t > -2$, d'où $t < \dfrac{-2}{-0{,}02}$ soit $t < 100$, d'où les résultats suivants :

– pour $0 \leqslant t < 100$ on a $f'(t) > 0$;
– pour $100 < t \leqslant 150$ on a $f'(t) < 0$;
– $f'(100) = 0$.

3.

t	0		100		150
Signe de $f'(t)$		+	0	–	
Variation de f	16	↗	116	↘	91

4. On trace la courbe représentative de f et la droite d'équation $y = 110$.

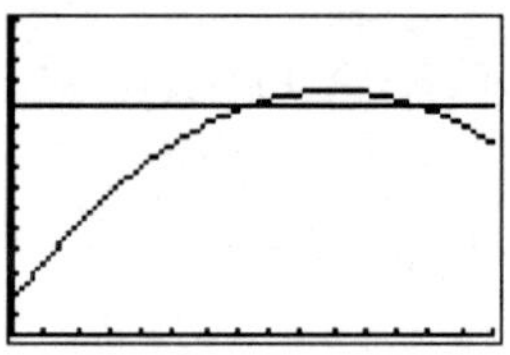

Avec trace, on lit, pour les points communs :
• $X = 75$; $Y = 109.75$;
$X = 76.595745$; $Y = 110.52241$.
Pour plus de précision, en tapant 75.5 [entrer] on lit $Y = 109.9975$, d'où la solution $t_1 \approx 75{,}5$.
• $X = 124.46809$; $Y = 110.01313$,
d'où la solution $t_2 \approx 124{,}5$.
5. a) Température maximale : 116 °C. Cette température est atteinte au bout de 100 minutes.
b) 76 minutes (valeur arrondie à la minute), soit 1 heure et 16 minutes.

Problème 60

Partie A

1. Aire de la base : $1{,}5^2$ soit $2{,}25$ m^2.
Volume de la cuve : $2{,}25 \times 2$ soit $4{,}5$ m^3.
b) $B = (2 - x)^2 = x^2 - 4x + 4$.
$V = (x^2 - 4x + 4)(1 + 2x) = (x^2 - 4x + 4) + (2x^3 - 8x^2 + 8x)$,
d'où $V = 2x^3 - 7x^2 + 4x + 4$.

Partie B

1. $f'(x) = 2(3x^2) - 7(2x) + 4 = 6x^2 - 14x + 4$,
soit $f'(x) = 2(3x^2 - 7x + 2)$.

2. $\Delta = (-7)^2 - 4 \times 3 \times 2 = 25$; $\sqrt{\Delta} = 5$, d'où les solutions sur $\mathbb{R}$:
$x_1 = \dfrac{7-5}{6} = \dfrac{1}{3}$; $x_2 = \dfrac{7+5}{6} = 2$.
Sur l'intervalle [0 ; 2] l'équation a deux solutions :
$x_1 = \dfrac{1}{3}$; $x_2 = 2$.
3. a) À partir de l'observation du graphique, on obtient le tableau suivant.

x	0		$\frac{1}{3}$		2
Signe de $3x^2 - 7x + 2$		+	0	–	0

b)

x	0		$\frac{1}{3}$		2
Signe de $f'(x)$		+	0	–	0
Variation de f	4	↗	$f\left(\frac{1}{3}\right)$	↘	0

$f\left(\dfrac{1}{3}\right) \approx 4{,}63$.
4. À l'écran de la calculatrice, on trace la courbe représentative de f et la droite d'équation $y = 2{,}6$.
Avec trace, pour le point d'intersection on lit :
$X = 1.106383$; $Y = 2.5655587$;
$X = 1.0851064$; $Y = 2.6535642$;
d'où la solution $x \approx 1{,}1$.

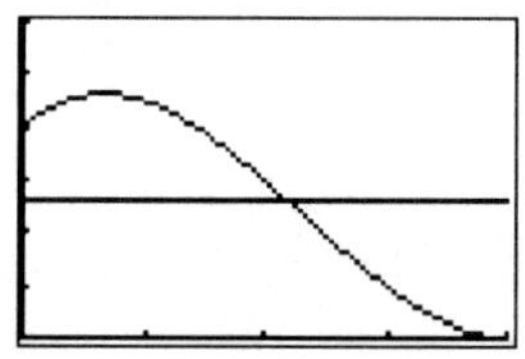

5. a) Le volume de la cuve est maximum pour $x = \dfrac{1}{3}$.
Valeur arrondie au centième du volume maximum : $4{,}63$ m^3.
La cuve est un cube de côté $\dfrac{5}{3}$.
b) $x \approx 1{,}1$ m.
Dimensions de la cuve : base de côté 0,9 m ; hauteur 3,2 m.

Problème 61

Partie A

Nombre de pièces : n	15	25	50	60	65	70	80	100	160
Coût moyen C_m (en €)	157,1	77,4	30,8	27,5	27	27,2	28,8	35,7	68,4

Partie B

1. a) $f'(x) = 0{,}75 - \dfrac{3\,267}{x^2}$.

b) $f'(x) = \dfrac{0{,}75x^2 - 3\,267}{x^2}$.

2. a) On obtient l'écran suivant.

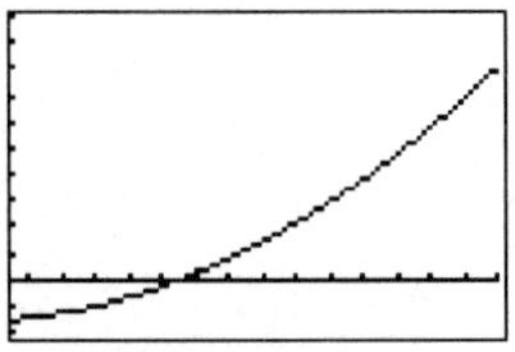

b) D'après le tableau, la courbe coupe l'axe des abscisses au point d'abscisse $x = 66$; on peut vérifier ce résultat avec la fonction trace de la calculatrice. À partir de l'observation de la figure, on obtient le tableau suivant.

x	15		66		160
Signe de $0{,}75x^2 - 3\,267$		–	0	+	

3. $f'(x)$ a le signe de $0{,}75x^2 - 3\,267$.

x	15		66		160
Signe de $f'(x)$		–	0	+	
Variation de f	157,1	↘	27	↗	68,4

4. a) On obtient l'écran suivant.

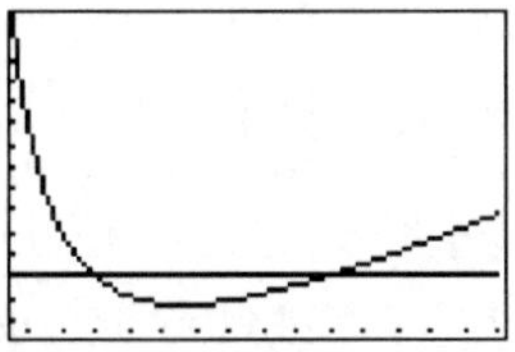

b) À l'aide de trace, on détermine des valeurs approchées des abscisses x_1 et x_2 des deux points communs à la courbe et à la droite.
On obtient :
$X = 39.680851$; $Y = 40.092542$, d'où $x_1 \approx 39{,}7$.
$X = 109.09574$; $Y = 39.767981$, d'où $x_2 \approx 109$.
Ensemble des solutions de l'inéquation $f(x) < 40$: l'intervalle $]x_1 ; x_2[$.

Partie C

1. Pour obtenir un coût minimum, il faut fabriquer 66 platines.
Coût minimum : 27 euros.
2. Le nombre de platines fabriquées est un entier.
Pour obtenir un coût inférieur à 40 euros il faut fabriquer un nombre n de platines tel que $40 \leqslant n \leqslant 109$.

Problème 62

Partie A

1. $D'C' = HK + 2D'H$, soit $D'C' = 8 + 1{,}6x$.

$$\mathcal{A} = \frac{1}{2}(8 + 8 + 1{,}6x) \times x = (8 + 0{,}8x) \times x,$$

soit $\mathcal{A}(x) = 8x + 0{,}8x^2$.
2. $V = 50 \times (8x + 0{,}8x^2) = 400x + 40x^2$.
3. a) 6 m.
b) Volume maximal : 3 840 m^3.

Partie B

1. $f'(x) = 40 \times (2x) + 400 = 80x + 400$.
2. Sur l'intervalle $[0 ; 6]$, on a $x \geqslant 0$,
donc $80x + 400 \geqslant 400$, c'est-à-dire,
a fortiori, $80x + 400 > 0$.
Sur l'intervalle $[0 ; 6]$, on a donc $f'(x) > 0$.
3. f est croissante.
4. À l'écran de la calculatrice, on trace la courbe représentative de f et la droite d'équation $y = 1\,920$.

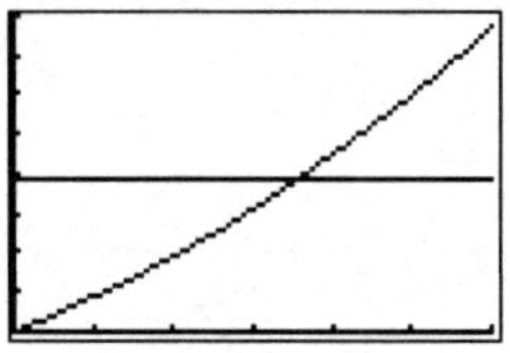

Avec trace, on lit pour le point commun :
$X = 3.5744681$; $Y = 1940.8601$;
$X = 3.5106383$; $Y = 1897.2386$;
d'où la solution : $x \approx 3{,}5$.
5. $\Delta = (400)^2 - 4 \times 40 \times (-1\,920) = 467\,200$, d'où les solutions sur $\mathbb{R}$:

$$x_1 = \frac{-400 - \sqrt{467\,200}}{80} ; x_1 \approx 13{,}54.$$

$$x_2 = \frac{-400 + \sqrt{467\,200}}{80} ; x_2 \approx 3{,}54.$$

Sur l'intervalle $[0 ; 6]$ l'équation a une solution : $x \approx 3{,}54$.
6. a) $V_1 = 1\,920$ m^3.
b) 3,54 m.

Problème 63

1. $f'(x) = -2(3x^2) + 55(2x) - 210$,
c'est-à-dire $f'(x) = -6x^2 + 110x - 210$.
2. $\Delta = (-110)^2 - 4 \times (-6) \times (-210)$; $\Delta = 7\,060$.
D'où les solutions :

$$x_1 = \frac{-110 - \sqrt{7\,060}}{2 \times (-6)} = \frac{110 + \sqrt{7\,060}}{12} ; x_1 \approx 16{,}17.$$

$$x_2 = \frac{-110 + \sqrt{7\,060}}{2 \times (-6)} = \frac{110 - \sqrt{7\,060}}{12} ; x_2 \approx 2{,}16.$$

3.

x	4		x_1		23
Signe de $-6x^2 + 110x - 210$		+	0	–	

4.

x	4		x_1		23
Signe de $f'(x)$		+	0	–	
Variation de f	98	↗	$f(x_1)$	↘	117

$x_1 \approx 16{,}17$; $f(x_1) \approx 2\,715$.

5. a)

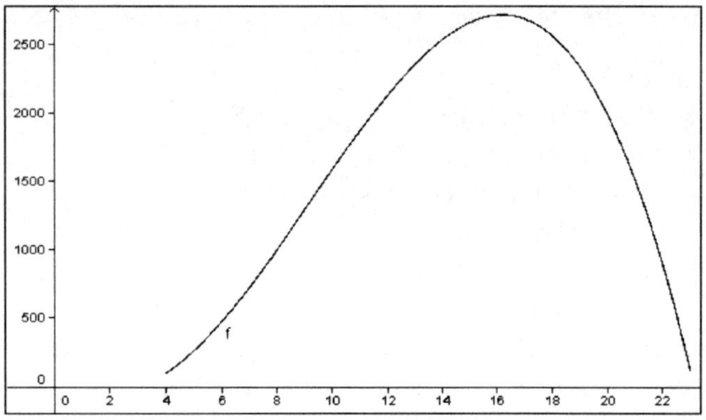

b)

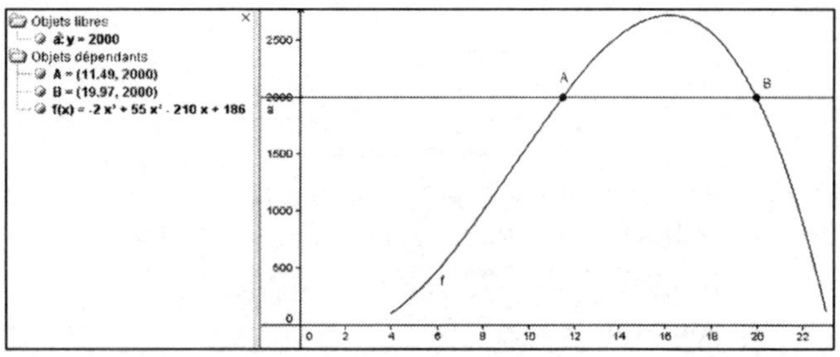

Les abscisses des points A et B sont respectivement 11,49 et 19,97.

6. a) La puissance maximale de l'éolienne est obtenue pour un vent de vitesse de l'ordre de 16,17 m/s.

b) Vitesses du vent qui permettent d'obtenir une puissance de 2 000 W : $v_1 \approx 11{,}5$ m/s ; $v_2 \approx 20$ m/s.

Problème 64

1. $f'(x) = 8 \times (3x^2) - 192 \times (2x) + 1\,152$
$= 24x^2 - 384x + 1\,152.$

2. $f'(x) = 24(x^2 - 16x + 48).$

3. a) On obtient l'écran ci-dessous.

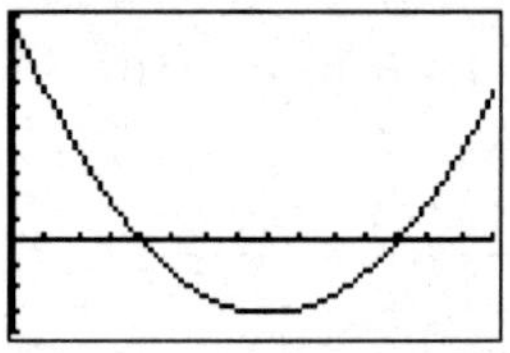

b) On observe que la courbe coupe l'axe des abscisses aux points d'abscisses 4 et 12.

x	0		4		12		15
Signe de $x^2 - 16x + 48$		+	0	–	0	+	

4. $f'(x)$ a le signe de $x^2 - 16x + 48$.

x	0		4		12		15
Signe de $f'(x)$		+	0	–	0	+	
Variation de f	200	↗	2 248	↘	200	↗	1 280

5. Nombre de lots à fabriquer pour obtenir le coût minimal : 12.
Coût minimal : 200 €.

Problème 65

Partie A

1.

Nombre de raquettes fabriquées	Charges fixes (en €)	Matière première (en €)	Emballage et stockage (en €)	Coût total (en €)
1 000	20 000	8 000	1 000	29 000
2 000	20 000	16 000	4 000	40 000
10 000	20 000	80 000	100 000	200 000
x	20 000	$8x$	$0{,}001x^2$	$0{,}001x^2 + 8x + 20\,000$

2. a) $C_{mu}(x) = \dfrac{0{,}001x^2 + 8x + 20\,000}{x}$

$C_{mu}(x) = 0{,}001x + 8 + \dfrac{20\,000}{x}.$

b) $C_{mu}(5\,000) = 17$

Partie B

1. On obtient le tableau suivant (valeurs exactes ou arrondies au dixième).

x	1 000	2 000	3 000	4 000	5 000	6 000	7 000	8 000
$C_{mu}(x)$	29	20	17,7	17	17	17,3	17,9	18,5

Le coût moyen unitaire minimum se situe dans l'intervalle [4 000 ; 5 000].

2. a) $f'(x) = -\dfrac{20\,000}{x^2} + 0{,}001 = \dfrac{-20\,000 + 0{,}001x^2}{x^2}.$

b) On obtient l'écran ci-dessous.

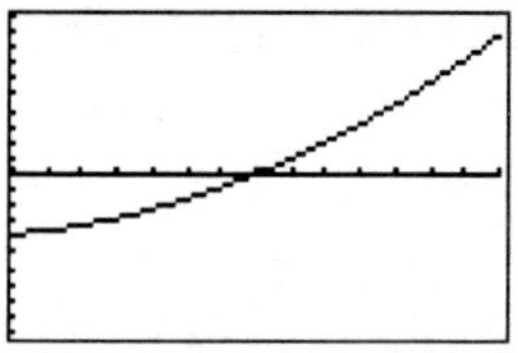

Sachant d'après le tableau que $f'(4\,472) = 0$, on obtient le signe de $0{,}001x^2 - 20\,000$.

x	1 000		4 472		8 000
Signe de $0{,}001x^2 - 20\,000$		–	0	+	

c) Sur [1 000 ; 8 000], $f'(x)$ a le signe de $0{,}001x^2 - 20\,000$.

x	1 000		4 472		8 000
Signe de $f'(x)$		–	0	+	
Variation de f	29	↘	≈ 16,94	↗	18,5

3. Pour que le coût moyen unitaire soit minimum, il faut fabriquer 4 472 raquettes. Valeur du coût moyen unitaire minimum : 16,94 € (valeur arrondie au centime).

Problème 66

Partie A

1.

n	30	60	90
C_p (en €)	384	192	128
C_c (en €)	200	350	500
C_t (en €)	584	542	628

2. $C_t(n) = 5n + 50 + \dfrac{11\,520}{n}$.

Partie B

1. a) $f'(x) = -\dfrac{11\,520}{x^2} + 5$.

b) $f'(x) = \dfrac{-11\,520 + 5x^2}{x^2}$.

c) On obtient $5x^2 = 11\,520$; $x^2 = \dfrac{11\,520}{5}$,

d'où, puisque $x > 0$, $x = \sqrt{\dfrac{11\,520}{5}} = \sqrt{2\,304}$; $x = 48$.

2.

x	30		48		90
Signe de $5x^2 - 11\,520$		−	0	+	

3.

x	30		48		90
Signe de $f'(x)$		−	0	+	
Variation de f	564	↘	530	↗	628

4. Le coût total de gestion est minimum pour 48 commandes. Valeur du coût minimum : 530 €.

Problème 67

Partie A

1. Aire de la surface disponible : $\dfrac{1}{2} \times 6 \times 2 = 6$ m^2.

2. La surface disponible est un triangle rectangle dont les côtés de l'angle droit ont pour mesure, en m, $9 - x$ et $x - 1$.

$\mathcal{A}(x) = \dfrac{1}{2} \times (9 - x)(x - 1)$; en développant on obtient :

$\mathcal{A}(x) = \dfrac{1}{2} \times (-x^2 + 10x - 9)$, soit $\mathcal{A}(x) = -0{,}5x^2 + 5x - 4{,}5$.

Partie B

1. $f'(x) = -0{,}5(2x) + 5 = -x + 5$.

2. Solution : $x = 5$.

3. L'inéquation $f'(x) > 0$ s'écrit $-x > -5$, d'où $x < 5$.

On obtient le tableau suivant.

x	1		5		6
Signe de $f'(x)$		+	0	−	
Variation de f		↗		↘	

4. a) On obtient l'écran suivant.

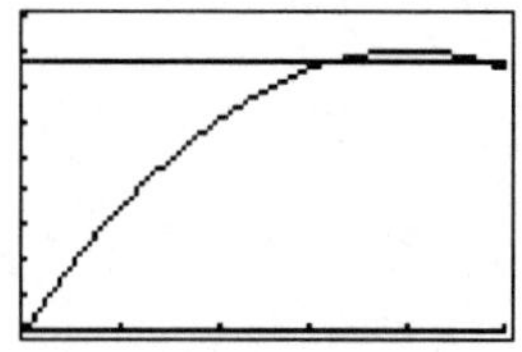

b) La courbe et la droite ont deux points communs.
Avec trace on lit $X = 5.787234$; $Y = 7.6901313$;
$X = 4.2446809$; $Y = 7.7147465$;
d'où les solutions : $x_1 \approx 5{,}8$; $x_2 \approx 4{,}2$.

Partie C

1. Valeurs arrondies au dm de AM : 4,2 m ; 5,8 m.

2. 5,8 m.

Problème 68

Partie A

1. $f'(x) = 0{,}001(2x) - 0{,}16 = 0{,}002x - 0{,}16$.

2. $f'(x) > 0$ peut s'écrire $0{,}002x > 0{,}16$,

d'où $x > \dfrac{0{,}16}{0{,}002}$ soit $x > 80$.

L'ensemble des solutions de l'inéquation est l'intervalle $]80 ; 130]$.

3.

x	20		80		130
Signe de $f'(x)$		−	0	+	
Variation de f	8,6	↘	5	↗	7,5

4. À l'écran de la calculatrice, on trace la courbe représentative de f et la droite d'équation $y = 7$.

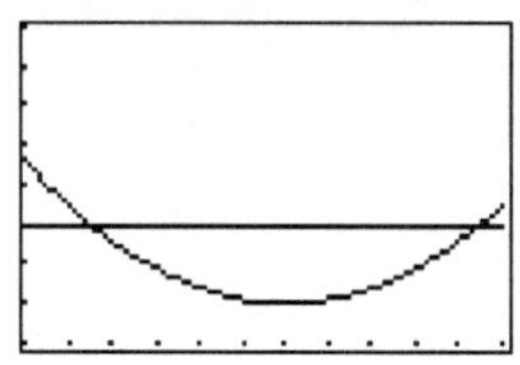

Avec trace, on lit $X = 35.212766$; $Y = 7.0058963$;
$X = 125.31915$; $Y = 7.0538253$;
d'où les solutions : $x_1 \approx 35$; $x_2 \approx 125$.

5. a) On écrit $0{,}001x^2 - 0{,}16x + 11{,}4 - 7 = 0$,
soit $0{,}001x^2 - 0{,}16x + 4{,}4 = 0$.

b) $\Delta = (-0{,}16)^2 - 4 \times 0{,}001 \times 4{,}4 = 0{,}008$; d'où les solutions :

$x_1 = \dfrac{0{,}16 - \sqrt{0{,}008}}{0{,}002}$; $x_1 \approx 35$;

$x_2 = \dfrac{0{,}16 + \sqrt{0{,}008}}{0{,}002}$; $x_2 \approx 125$.

Partie B

1. a) 80 km/h.

b) 5 litres aux 100 km.

2. 35 km/h ou 125 km/h.

Document-réponse de l'exercice 21

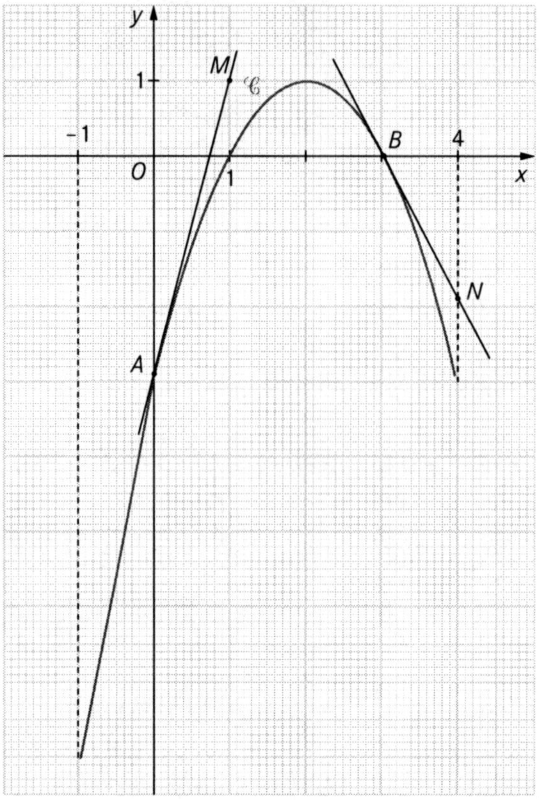

Document-réponse de l'exercice 22

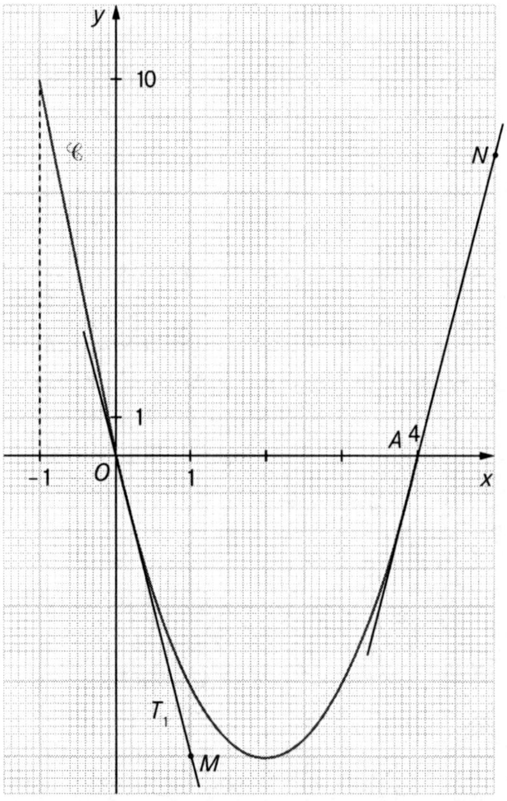

Chapitre 5. Fonctions exponentielles Fonction logarithme décimal

Exercices d'entraînement

Exercice 1

a) 1,32.
b) 0,64.
c) 0,16.

Exercice 2

a) 0,05.
b) 0,13.
c) 0,43.

Exercice 3

a) 1,21.
b) 184,03.
c) 27,08.

Exercice 4

a) $10^5 = 100\,000$.
b) $10^{-2} = 0{,}01$.
c) $10^6 = 1\,000\,000$.
d) $10^{-3} = 0{,}001$.
e) $10^3 = 1\,000$.

Exercice 5

a) $2^9 = 512$.
b) $2^{-5} = 0{,}031\,25$.
c) $2^6 = 64$.
d) $2^4 = 16$.

Exercice 6

a) $1\,000 \times 10^x$.
b) $0{,}1 \times 10^x$.
c) $(10^x)^2$.

Exercice 7

a) $(2^x)^5$.
b) $(2^x)^2$.
c) $(2^x)^5$.

Exercice 8

a) $3^{0,4} \times 3^{1,2} = 3^{1,6}$; $3^{1,6} \approx 5{,}80$.
b) $((1{,}5)^{-2})^2 = (1{,}5)^{-4}$; $(1{,}5)^{-4} \approx 0{,}2$.
c) $\dfrac{(2{,}5)^3}{(2{,}5)^{0,8}} = (2{,}5)^{2,2}$; $(2{,}5)^{2,2} \approx 7{,}51$.

Exercice 9

a) $2^{2,1} \times 2^{0,7} = 2^{2,8}$; $2^{2,8} \approx 6{,}96$.
b) $((3{,}3)^{2,2})^2 = 3{,}3^{4,4}$; $3{,}3^{4,4} \approx 191{,}19$.
c) $\dfrac{4^{5,5}}{4^3} = 4^{2,5}$; $4^{2,5} = 32$.

Exercice 10

x	−2	−1,5	−1	−0,5	0	0,5	1	1,5	2
f(*x*)	0,25	0,35	0,5	0,71	1	1,41	2	2,83	4

Exercice 11

1. On obtient la courbe ci-dessous.

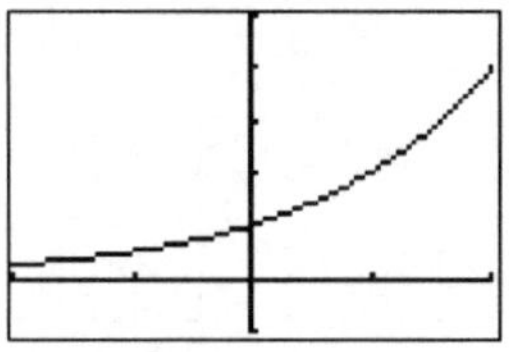

2. a) La fonction *f* est croissante.

b)

x	−2	2
Variation de *f*	0,25 ↗	4

Exercice 12

1. On obtient la courbe ci-dessous.

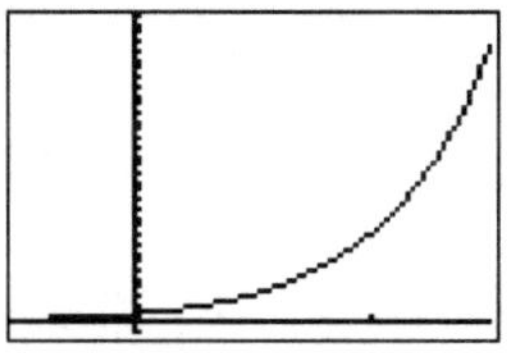

2. a) *f* est croissante.

b)

x	−0,5	1,5
Variation de *f*	≈ 0,32 ↗	≈ 31,6

Exercice 13

x	-2	$-1{,}5$	-1	$-0{,}5$	0	$0{,}5$	1	$1{,}5$	2
$f(x)$	4	2,83	2	1,41	1	0,71	0,5	0,35	0,25

Exercice 14

1. On obtient la courbe ci-dessous.

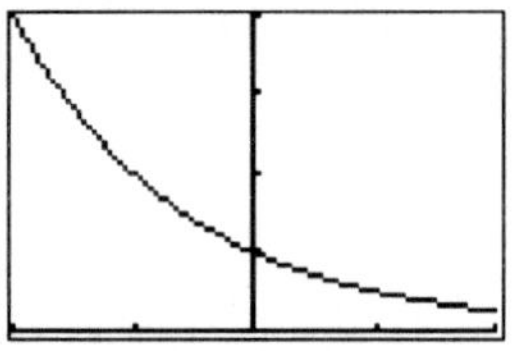

2. a) f est décroissante.

b)

x	-2	2
Variation de f	4 ↘	0,25

Savez-vous…
…utiliser les propriétés opératoires d'une fonction exponentielle ?

1. $1{,}5^{2{,}4}$.
2. $(0{,}8)^{0{,}9}$.
3. $(0{,}9)^{3{,}6}$.

Exercice 15

a)

x	$-12{,}8$	$-4{,}5$	0	1	$2{,}6$	$5{,}4$	18
log (x)	ERR.	ERR.	ERR.	0	0,415	0,732	1,255

b) Pour zéro et pour les nombres négatifs, la calculatrice affiche « Erreur ». Zéro et les nombres négatifs n'ont pas de logarithme décimal ; la fonction $x \mapsto \log(x)$ est définie pour $x > 0$.

Exercice 16

a) $\log(0{,}55) \approx -0{,}26$.
b) $\log(3{,}25) \approx 0{,}51$.
c) $\log(3{,}9) \approx 0{,}59$.
d) $\log\left(\frac{15}{7}\right) \approx 0{,}33$.

Exercice 17

1. a) $\log(5 \times 9) \approx 1{,}653$.
b) $\log\left(\frac{5}{9}\right) \approx -0{,}255$.
c) $\log(5^3) \approx 2{,}097$.
2. a) $\log(5 \times 9) = \log(5) + \log(9)$; $\log(5) + \log(9) \approx 1{,}653$.
b) $\log\left(\frac{5}{9}\right) = \log(5) - \log(9)$; $\log(5) - \log(9) \approx -0{,}255$.
c) $\log(5^3) = 3\log(5)$; $3\log(5) \approx 2{,}097$.

Exercice 18

1. a)

x	0,001	0,01	0,1	1	10	100	1 000
log (x)	-3	-2	-1	0	1	2	3

b)

x	0,001	0,01	0,1	1	10	100	1 000
Écriture sous la forme 10^n	10^{-3}	10^{-2}	10^{-1}	10^0	10^1	10^2	10^3

On note que, pour n entier compris entre -3 et 3, on a $\log(10^n) = n$.

2. On peut écrire $\log(10^n) = n\log(10)$, d'où, puisque $\log(10) = 1$, $\log(10^n) = n$.

Exercice 19

a) $\log(6) = \log(2 \times 3)$; $\log(6) = \log(2) + \log(3)$.
b) $\log(18) = \log(2 \times 3^2) = \log(2) + \log(3^2)$;
$\log(18) = \log(2) + 2\log(3)$.
c) $\log\left(\frac{27}{4}\right) = \log\left(\frac{3^3}{2^2}\right) = \log(3^3) - \log(2^2)$;
$\log\frac{27}{4} = 3\log(3) - 2\log(2)$.

Exercice 20

1. a) $4 = 2^2$.
b) $0{,}5 = 2^{-1}$.
c) $256 = 2^8$.
2. a) $\log(4) = 2\log(2)$.
b) $\log(0{,}5) = -\log(2)$.
c) $\log(256) = 8\log(2)$.

Exercice 21

$X = \log\left(\frac{5}{3} \times \frac{7}{15}\right) = \log\left(\frac{7}{9}\right)$;

$X \approx -0{,}109$ (valeur arrondie au millième).

$Y = \log\left(\dfrac{\frac{4}{3}}{\frac{9}{7}}\right) = \log\left(\frac{4}{3} \times \frac{7}{9}\right) = \log\left(\frac{28}{27}\right)$;

$Y \approx 0{,}158$ (valeur arrondie au millième).

Exercice 22

1. Puisque $\left(\sqrt{10}\right)^2 = 10$, on a $\log\left(\sqrt{10}\right)^2 = \log(10)$, c'est-à-dire $\log\left(\sqrt{10}\right)^2 = 1$.
D'autre part, $\log\left(\sqrt{10}\right)^2 = 2\log\left(\sqrt{10}\right)$, d'où $2\log\left(\sqrt{10}\right) = 1$.
On en déduit : $\log\left(\sqrt{10}\right) = \frac{1}{2}$.

2. D'une part $\log(90) = \log(3^2 \times 10) = \log(3^2) + \log(10)$, d'où $\log(90) = 2\log(3) + 1$.

D'autre part $\log\left(3\sqrt{10}\right) = \log(3) + \log\left(\sqrt{10}\right) = \log(3) + \frac{1}{2}$.
On en déduit :
$a = \left(2\log(3) + 1\right) + \left(\log(3) + \frac{1}{2}\right) = 3\log(3) + \frac{3}{2}$.

Exercice 23

$a = \log\left(\frac{(3{,}6)^4}{5}\right) = \log(3{,}6)^4 - \log(5) = 4\log(3{,}6) - \log(5)$.
$a \approx 1{,}526$.

Exercice 24

1. On obtient la courbe ci-dessous.

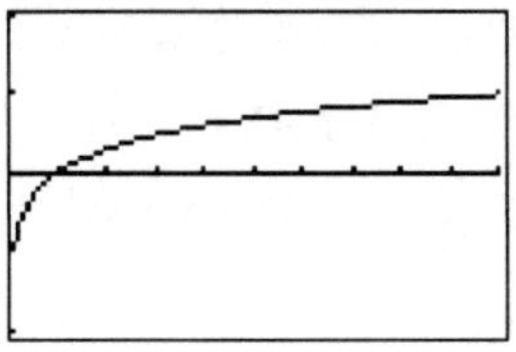

2.

x	0,1	10
log(x)	– 1 ↗	1

Exercice 25

1.

x	0,5	1	2,5	5	7,5	10	12,5	15
$f(x)$	0,18	0,48	0,88	1,18	1,35	1,48	1,57	1,65
$g(x)$	0,18	0,48	0,88	1,18	1,35	1,48	1,57	1,65

2. Pour les valeurs arrondies notées on obtient $f(x) = g(x)$.
Justification : $\log(3x) = \log(3) + \log(x)$, donc $f(x) = g(x)$.

Exercice 26

1. On obtient l'écran ci-dessous.

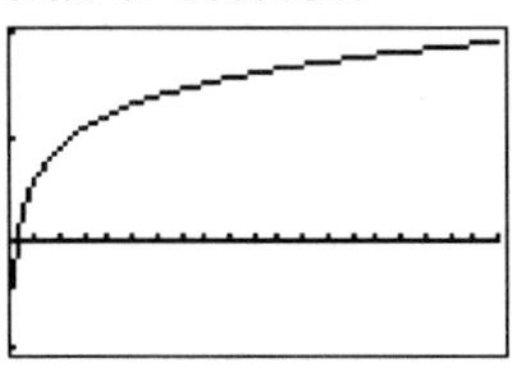

2. Les deux courbes sont confondues.
Justification : $\log(4x) = \log(4) + \log(x)$, soit $f(x) = g(x)$.

Exercice 27

1. On obtient l'écran ci-dessous.

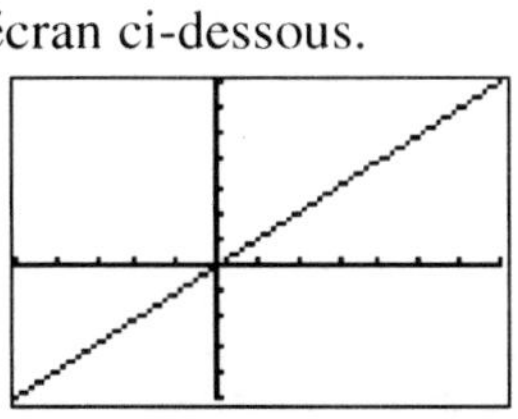

2. a) La courbe obtenue est une droite passant par l'origine du repère.

b) En appuyant sur trace, on observe que la droite passe par le point de coordonnées $X = 1$; $Y = 1$.
On en déduit que l'équation de la droite est $Y = X$.
c) On en déduit que $\log(10^x) = x$.

Savez-vous…
…utiliser les propriétés opératoires de la fonction logarithme décimal ?

1. $\log(5) - \log(7)$.

2. $\log\left(\frac{8}{25}\right)$.

Exercice 28

a) On écrit $\log(2^x) = \log(5)$; $x\log(2) = \log(5)$,
d'où la solution : $x = \frac{\log(5)}{\log(2)}$; $x \approx 2{,}32$.
b) On écrit successivement :
$\log\left(\frac{1}{2}\right)^x = \log(3)$; $x\log\left(\frac{1}{2}\right) = \log(3)$; $-x\log(2) = \log(3)$,
d'où la solution : $x = -\frac{\log(3)}{\log(2)}$; $x \approx -1{,}58$.
c) On écrit : $\log(3^x) = \log(4)$; $x\log(3) = \log(4)$,
d'où la solution : $x = \frac{\log(4)}{\log(3)}$; $x \approx 1{,}26$.

Exercice 29

a) On écrit : $\log(1{,}3)^x = \log(4{,}2)$; $x\log(1{,}3) = \log(4{,}2)$,
d'où la solution : $x = \frac{\log(4{,}2)}{\log(1{,}3)}$; $x \approx 5{,}47$.
b) On écrit : $\log(0{,}8)^x = \log(4)$; $x\log(0{,}8) = \log(4)$,
d'où la solution : $x = \frac{\log(4)}{\log(0{,}8)}$; $x \approx -6{,}21$.
c) On écrit : $\log(10^x) = \log(2{,}3)$; $x\log(10) = \log(2{,}3)$, soit $x = \log(2{,}3)$,
d'où la solution : $x = \log(2{,}3)$; $x \approx 0{,}36$.

Exercice 30

a) On écrit $\log(10^x) \geqslant \log(1{,}2)$; $x\log(10) \geqslant \log(1{,}2)$,
d'où $x \geqslant \log(1{,}2)$.
Ensemble des solutions : l'intervalle $[\log(1{,}2) ; +\infty[$.
$\log(1{,}2) \approx 0{,}079$ (valeur arrondie au millième).
b) On écrit $\log(0{,}75)^x \leqslant \log(0{,}5)$; $x\log(0{,}75) \leqslant \log(0{,}5)$,
d'où, puisque $\log(0{,}75) < 0$, $x \geqslant \frac{\log(0{,}5)}{\log(0{,}75)}$.
Ensemble des solutions : l'intervalle $\left[\frac{\log(0{,}5)}{\log(0{,}75)} ; +\infty\right[$.
$\frac{\log(0{,}5)}{\log(0{,}75)} \approx 2{,}41$.
c) On écrit $\log(1{,}05)^x \geqslant \log(2)$; $x\log(1{,}05) \geqslant \log(2)$,
d'où, puisque $\log(1{,}05) > 0$, $x \geqslant \frac{\log(2)}{\log(1{,}05)}$.

Ensemble des solutions : l'intervalle $\left[\frac{\log(2)}{\log(1{,}05)} ; +\infty\right[$.

$\frac{\log(2)}{\log(1{,}05)} \approx 14{,}21$.

Exercice 31

a) On écrit $\log(0{,}95^x) \leqslant \log(0{,}25)$; $x\log(0{,}95) \leqslant \log(0{,}25)$,
d'où, puisque $\log(0{,}95) < 0$, $x \geqslant \frac{\log(0{,}25)}{\log(0{,}95)}$.
Ensemble des solutions : l'intervalle $\left[\frac{\log(0{,}25)}{\log(0{,}95)} ; +\infty\right[$.
$\frac{\log(0{,}25)}{\log(0{,}95)} \approx 27{,}03$.

b) On écrit $\log(1{,}1^x) \geqslant \log(3)$; $x\log(1{,}1) \geqslant \log(3)$,
d'où, puisque $\log(1{,}1) > 0$, $x \geqslant \frac{\log(3)}{\log(1{,}1)}$.
Ensemble des solutions : l'intervalle $\left[\frac{\log(3)}{\log(1{,}1)} ; +\infty\right[$.
$\frac{\log(3)}{\log(1{,}1)} \approx 11{,}53$.

c) On écrit $\log(2{,}4^x) \geqslant \log(100)$; $x\log(2{,}4) \geqslant 2$,
d'où, puisque $\log(2{,}4) > 0$, $x \geqslant \frac{2}{\log(2{,}4)}$.
Ensemble des solutions : l'intervalle $\left[\frac{2}{\log(2{,}4)} ; +\infty\right[$.
$\frac{2}{\log(2{,}4)} \approx 5{,}26$.

Exercice 32

a) On écrit $\log(x) = \log(10^{1{,}5})$, d'où la solution : $x = 10^{1{,}5}$, $x \approx 31{,}62$.
b) On écrit $\log(x) = \log(10^3)$,
d'où la solution : $x = 10^3 = 1\,000$.
c) On écrit $\log(x) = \log(10^{-3{,}6})$,
d'où la solution : $x = 10^{-3{,}6}$; $x \approx 2{,}51 \times 10^{-4}$.

Exercice 33

a) On écrit $\log(x) = \log\left(10^{\frac{2}{3}}\right)$, d'où la solution : $x = 10^{\frac{2}{3}}$; $x \approx 4{,}64$.
b) On écrit $\log(x) = \log(10^{-2})$,
d'où la solution : $x = 10^{-2} = 0{,}01$.
c) On écrit $\log(x) = \log(10^{-1{,}9})$,
d'où la solution : $x = 10^{-1{,}9}$; $x \approx 0{,}013$.

Exercice 34

a) On écrit $\log(x) \leqslant \log(10^{10})$, d'où $0 < x \leqslant 10^{10}$.
Ensemble des solutions : l'intervalle $]0 ; 10^{10}]$.
b) On écrit $\log(x) \geqslant \log(10^{-0{,}3})$, d'où $x \geqslant 10^{-0{,}3}$.
Ensemble des solutions : l'intervalle $[10^{-0{,}3} ; +\infty[$;
$10^{-0{,}3} \approx 0{,}501$.
c) On écrit $\log(x) \leqslant \log(10^{3{,}2})$, d'où $0 < x \leqslant 10^{3{,}2}$.
Ensemble des solutions : l'intervalle $]0 ; 10^{3{,}2}]$;
$10^{3{,}2} \approx 1\,584{,}89$.

Exercice 35

a) On écrit $\log(x) \geqslant \log(10^{2{,}6})$, d'où $x \geqslant 10^{2{,}6}$.
Ensemble des solutions : l'intervalle $[10^{2{,}6} ; +\infty[$;
$10^{2{,}6} \approx 398{,}11$.
b) On écrit $\log(x) \leqslant \log(10^{6{,}9})$, d'où $0 < x \leqslant 10^{6{,}9}$.
Ensemble des solutions : l'intervalle $]0 ; 10^{6{,}9}]$;
$10^{6{,}9} \approx 7\,943\,282{,}35$.
c) On écrit $\log(x) \leqslant \log(10^{0{,}5})$, d'où $0 < x \leqslant 10^{0{,}5}$.
Ensemble des solutions : l'intervalle $]0 ; 10^{0{,}5}]$;
$10^{0{,}5} \approx 3{,}16$.

Savez-vous…
…résoudre une équation ou une inéquation avec des logarithmes décimaux ou des exponentielles ?

1. 3,80.
2. 50,12.
3. $\left]-\infty ; \frac{1}{\log(0{,}4)}\right]$.
4. $[10^{1{,}6} ; +\infty[$.

Problèmes

Problème 36

1. Les fonctions f et g sont du type $x \mapsto k\log(x)$.
• Pour f, on a $k = 3$, donc $k > 0$; la fonction f a donc même sens de variation que la fonction log ; elle est donc croissante.
• Pour g, on a $k = -2$, donc $k < 0$; la fonction g et la fonction log ont des sens de variation contraires ; g est donc décroissante.
2. On obtient l'écran suivant ; on peut repérer chacune des courbes à l'aide de la touche trace. On retrouve bien les sens de variation indiqués à la question 1.

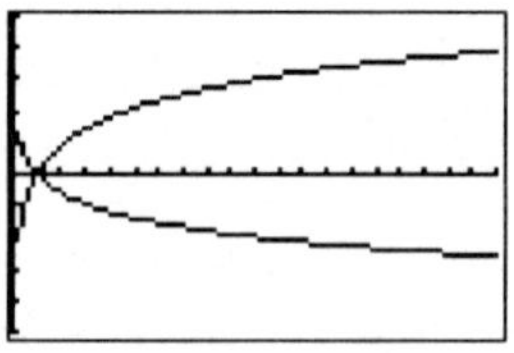

Problème 37

1. On obtient l'écran suivant.
On peut repérer chacune des courbes à l'aide de la fonction trace de la calculatrice.

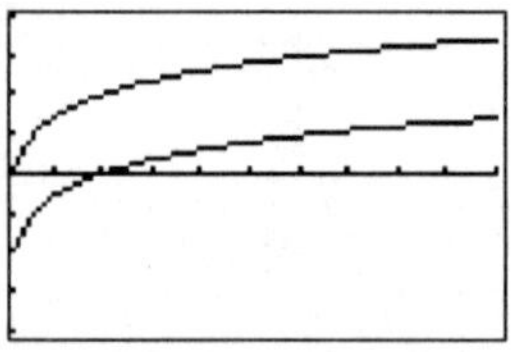

2. Il semble possible d'obtenir $\mathscr{C}'$ à partir de $\mathscr{C}$ en effectuant un glissement vertical d'amplitude 1.
3. a) $\log(10x) = \log(10) + \log(x)$, soit $g(x) = 1 + f(x)$.
b) L'égalité précédente justifie le résultat annoncé à la question 2.

Problème 38

1. On obtient l'écran suivant.

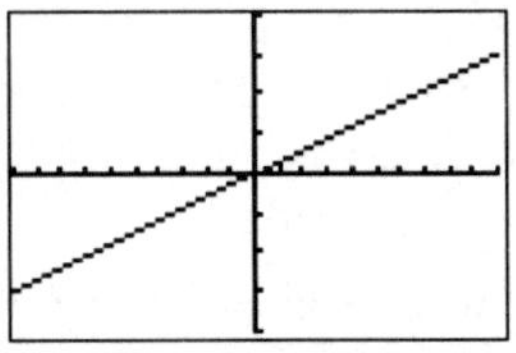

2. a) On obtient une seule droite ; à l'aide de trace on peut parcourir cette droite et à l'aide des flèches ▼ ou ▲ constater qu'elle représente les fonctions f et g.
b) On en déduit que $f(x) = g(x)$,
c'est-à-dire que $\log(2^x) = x\log(2)$.

Problème 39

Partie A

1.

x	1	2	4	6	10	15	20	25	30	35
$f(x)$	22	35	50	59	70	80	87	92	96	100

2. La figure suivante donne l'allure de la courbe à l'échelle $\frac{1}{2}$.

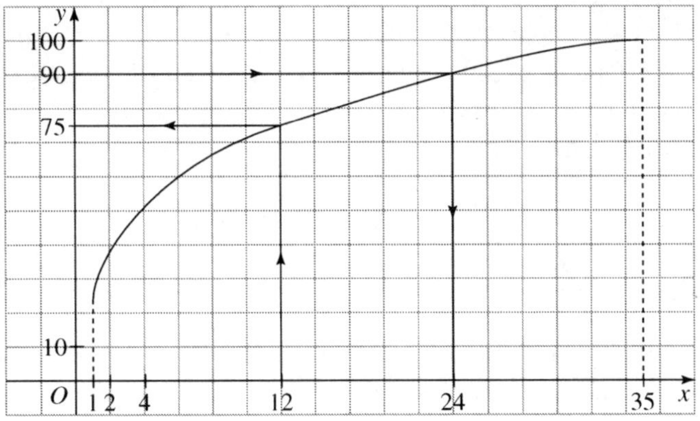

Partie B

1. Au bout de 12 heures de traitement, l'efficacité est de l'ordre de 75 %.
2. Le seuil de rejets est atteint au bout de 24 heures de traitement.

Problème 40

• Pour une magnitude de 9,5 : $\frac{A}{A_0} = 10^{9,5}$.

• Pour une magnitude de 7,2 : $\frac{A}{A_0} = 10^{7,2}$.

• Pour une magnitude de 7,3 : $\frac{A}{A_0} = 10^{7,3}$.

Problème 41

Pour une magnitude de 5 : $\frac{A}{A_0} = 10^5$, d'où $A = 10^5 A_0$.

Pour une magnitude de 4 : $\frac{A'}{A_0} = 10^4$, d'où $A' = 10^4 A_0$;

on en déduit $A = 10A'$.

Problème 42

Partie A

1. $P_1 = 10\,000 \times 1{,}09 = 10\,900$.
$P_2 = 10\,900 \times 1{,}09 = 11\,881$.
$P_3 = 11\,881 \times 1{,}09 \approx 12\,950$.
2. On a $P_{n+1} = P_n \times 1{,}09$, donc la suite est une suite géométrique de raison 1,09 ; le premier terme est $P_0 = 10\,000$.

Partie B

1. • L'inéquation $10\,000 \times (1{,}09)^n \geqslant 20\,000$ équivaut à $(1{,}09)^n \geqslant \frac{20\,000}{10\,000}$, c'est-à-dire à $(1{,}09)^n \geqslant 2$.

• $(1{,}09)^n \geqslant 2$ équivaut à $\log(1{,}09)^n \geqslant \log(2)$, c'est-à-dire, puisque $\log(1{,}09)^n = n\log(1{,}09)$, à $n\log(1{,}09) \geqslant \log(2)$.
On obtient, puisque $\log(1{,}09) > 0$, $n \geqslant \frac{\log(2)}{\log(1{,}09)}$.

2. $\frac{\log(2)}{\log(1{,}09)} \approx 8{,}04$. Le plus petit entier n tel que $n \geqslant 8{,}04$ est $n = 9$. La production de l'entreprise aura doublé en 2011 + 9, c'est-à-dire en 2020.
On obtient : $10\,000 \times (1{,}09)^9 = 21\,719$.

Problème 43

Partie A

1. $P_1 = 500\,000 \times 0{,}88 = 440\,000$.
$P_2 = 440\,000 \times 0{,}88 = 387\,200$.
$P_3 = 387\,200 \times 0{,}88 = 340\,736$.
2. On a $P_{n+1} = P_n \times 0{,}88$, la suite est donc une suite géométrique de raison 0,88 ; son premier terme est $P_0 = 500\,000$.

Partie B

1. • L'inéquation $500\,000 \times (0{,}88)^n \leqslant 50\,000$ s'écrit $(0{,}88)^n \leqslant \frac{50\,000}{500\,000}$, c'est-à-dire $(0{,}88)^n \leqslant 0{,}1$.

• L'inéquation $(0{,}88)^n \leqslant 0{,}1$ équivaut à :
$\log(0{,}88)^n \leqslant \log(0{,}1)$, c'est-à-dire,
puisque $\log(0{,}88)^n = n\log(0{,}88)$ à $n\log(0{,}88) \leqslant \log(0{,}1)$.
On obtient, puisque $\log(0{,}88) < 0$, $n \geqslant \frac{\log(0{,}1)}{\log(0{,}88)}$
c'est-à-dire $n \geqslant \frac{-1}{\log(0{,}88)}$.

2. $\frac{-1}{\log(0{,}88)} \approx 18{,}01$.
Le plus petit entier n tel que $n \geqslant 18{,}01$ est $n = 19$.

Donc la production aura atteint 50 000 unités en 2011 + 19, c'est-à-dire en 2030.
On obtient $500\,000 \times (0{,}88)^{19} \approx 44\,070$.

Problème 44

1. 2010 : CA = 2 milliards d'euros.
2011 : CA = 2 × 1,20 = 2,4 milliards d'euros.
2012 : CA = 2,4 × 1,20 = 2,88 milliards d'euros.

2. a) $\frac{2{,}88}{2{,}4} = \frac{2{,}4}{2} = 1{,}2$.

2 ; 2,4 et 2,88 sont les premiers termes d'une suite géométrique de raison 1,2 et de premier terme $u_1 = 2$.

b) $u_n = u_1 \times q^{n-1}$, donc $u_n = 2 \times 1{,}2^{n-1}$.

c) 2010 correspond à u_1, donc 2015 correspond à u_6.
$u_6 = 2 \times 1{,}2^5 \approx 5$.
En 2015, le chiffre d'affaires prévu est de 5 milliards d'euros.

3. On cherche n tel que $u_n > 12$, donc $2 \times 1{,}2^{n-1} > 12$.
Donc $1{,}2^{n-1} > 6$ et $n - 1 > \frac{\log(6)}{\log(1{,}2)}$.
On obtient $n - 1 > 9{,}8$, soit $n > 10{,}8$.
Il faut attendre la 11e année, soit 2020, pour que le chiffre d'affaires prévu dépasse 12 milliards d'euros.

Problème 45

1. $\frac{C_2}{C_1} = \frac{89\,600}{80\,000} = 1{,}12$; $\frac{C_3}{C_2} = \frac{100\,352}{89\,600} = 1{,}12$.

2. a) Comme $\frac{C_2}{C_1} = \frac{C_3}{C_2} = 1{,}12$, les termes C_1, C_2 et C_3 forment une suite géométrique de raison 1,12.

b) L'augmentation de ce capital est donc de 12 % chaque année.

3. $C_n = C_1 \times q^{n-1}$, donc $C_n = 80\,000 \times 1{,}12^{n-1}$.

4. a) On doit avoir $C_n > 270\,000$,
donc $80\,000 \times 1{,}12^{n-1} > 270\,000$.
On obtient $1{,}12^{n-1} > 3{,}375$.

b) On a alors : $n - 1 > \frac{\log(3{,}375)}{\log(1{,}12)}$, donc $n - 1 > 10{,}73$, d'où $n \geqslant 12$.

c) C'est la 12e année que le capital de l'entreprise dépassera 270 000 €, c'est-à-dire en 2021.

Problème 46

1. a) $n = 6 \times 12 = 72$.

b) $a = \frac{V_0 \times t}{1 - (1 + t)^{-n}} = \frac{230\,000 \times 0{,}004}{1 - 1{,}004^{-72}} \approx 3\,682{,}83$ €.

2. $A_1 = 2\,762{,}83$; $q = 1{,}004$.
$A_2 = 2\,762{,}83 \times 1{,}004 \approx 2\,773{,}88$ €.
$A_3 = 2\,762{,}82 \times 1{,}004^2 \approx 2\,784{,}98$ €.

3. $S_{36} = A_1 \frac{q^{36} - 1}{q - 1} = 2\,762{,}83 \times \frac{1{,}004^{36} - 1}{0{,}004} \approx 106\,751$ €.

4. a) $S_n \geqslant \frac{V_0}{2}$, soit $2\,762{,}83 \times \frac{1{,}004^n - 1}{1{,}004 - 1} \geqslant 115\,000$.

b) $1{,}004^x \geqslant 1{,}166\,5$, donc $x \geqslant \frac{\log(1{,}166\,5)}{\log(1{,}004)}$, d'où $x \geqslant 38{,}58$.

c) On en déduit que $n = 39$. À partir du 39e mois, la moitié du capital au moins sera remboursé.
Vérification : $S_{39} \approx 116\,358$ €.

Problème 47

1. $u_1 = 150$.

a) $u_2 = u_1 \times 1{,}15 = 150 \times 1{,}15 = 172{,}5 \approx 173$.

b) $u_3 = 172{,}5 \times 1{,}15 = 198{,}375 \approx 198$.

2. a) $u_{n+1} = u_n \times q = u_n \times 1{,}15$.

b) (u_n) est une suite géométrique de raison 1,15.

3. a) $u_n = u_1 \times q^{n-1} = 150 \times 1{,}15^{n-1}$.

b) $u_7 = 150 \times 1{,}15^6 \approx 347$.

4. a) Les formules qui conviennent dans la cellule C2 sont : =C2*(1+$D$2) et =C2*1,15.

b)

	A	B	C	D
1	Année	Rang de l'année	Un	Pourcentage d'évolution
2	2012	1	150	15
3	2013	2	173	
4	2014	3	198	
5	2015	4	228	
6	2016	5	262	

5. a) On cherche n tel que $u_n \geqslant 500$.
Donc $150 \times 1{,}15^{n-1} \geqslant 500$, d'où $1{,}15^{n-1} \geqslant 3{,}33$.

b) $1{,}15^{n-1} \geqslant 3{,}33$ devient $n - 1 \geqslant \frac{\log(3{,}33)}{\log(1{,}15)}$, soit $n - 1 \geqslant 8{,}6$, d'où $n \geqslant 9{,}6$.

c) On en déduit que l'année à partir de laquelle le prix du baril dépassera 500 dollars est la 10e année, soit en 2021.

Problème 48

1. $t_{\text{mensuel}} = \frac{t_{\text{annuel}}}{12} = \frac{0{,}054}{12} = 0{,}004\,5$.

2. $a = \frac{V_0 \times t}{1 - (1 + t)^{-n}} = \frac{56\,000 \times 0{,}004\,5}{1 - 1{,}004\,5^{-48}} \approx 1\,299{,}81$ €.

3. Somme des annuités = 48 × 1 299,81 = 62 390,88 €.
Coût du crédit = 62 390,88 – 56 000 = 6 390,88 €.

4.

Mois	Capital restant dû	Amortissement	Intérêt	Annuité
1	56 000	1 047,81	252	1 299,81
2	54 952,19	1 052,53	247,28	1 299,81
3	53 899,66	1 057,26	242,55	1 299,81

5. a) $\frac{1\,052{,}53}{1\,047{,}81} \approx 1{,}004\,5$, $\frac{1\,057{,}26}{1\,052{,}53} \approx 1{,}004\,5$.

Les amortissements forment une suite géométrique de premier terme 1 047,81 et de raison 1,004 5.

b) Durée : 4 ans = 48 mois.
$S_{48} = u_1 \frac{1 - q^{48}}{1 - q} = 1\,047{,}81 \frac{1 - 1{,}004\,5^{48}}{1 - 1{,}004\,5}$; $S_{48} \approx 56\,000$.

La somme des amortissements sur la durée de l'emprunt est égale au capital emprunté V_0.

6. a) On cherche n pour lequel $a = 1\,000$,

donc $56\,000 = 1\,000 \dfrac{1 - 1{,}0045^{-n}}{0{,}0045}$,

d'où $(1 - 1{,}0045^{-n}) = 56 \times 0{,}0045$

et $1{,}0045^{-n} = 1 - 0{,}252$, d'où $1{,}0045^{-n} = 0{,}748$.

b) De $1{,}0045^{-n} = 0{,}748$, on obtient :

$-n = \dfrac{\log(0{,}748)}{\log(1{,}0045)} \approx -64{,}67$.

Par conséquent $n \approx 65$.

c) La durée de remboursement pour des mensualités de 1 000 € est de 65 mois, soit 5 années et 5 mois.

Problème 49

1.

x	1	2	3	4	5	6	7	8	9	10
7,5 log(x)	0	2,26	3,58	4,52	5,24	5,84	6,34	6,77	7,16	7,5

2. Si l'on note f la fonction $x \mapsto 7{,}5 \log(x)$, on constate que $A_1A_2 = f(2)$, $A_1A_3 = f(3)$, ..., $A_1A_{10} = f(10)$.

Problème 50

1. et **2.** *Voir le document-réponse.*

3. Par lecture graphique, on obtient les estimations suivantes :

– après 7 années d'utilisation 2 100 € ;

– après 8 années d'utilisation 1 680 €.

4. Par le calcul, on obtient les valeurs suivantes :

– après 7 années d'utilisation : $10\,000 \times (0{,}8)^7 \approx 2\,097$ € ;

– après 8 années d'utilisation : $10\,000 \times (0{,}8)^8 \approx 1\,678$ €.

Problème 51

1. Le nuage de points est représenté ci-dessous.

En abscisse, l'unité est ici 1 cm.

La forme du nuage ne suggère pas un ajustement affine.

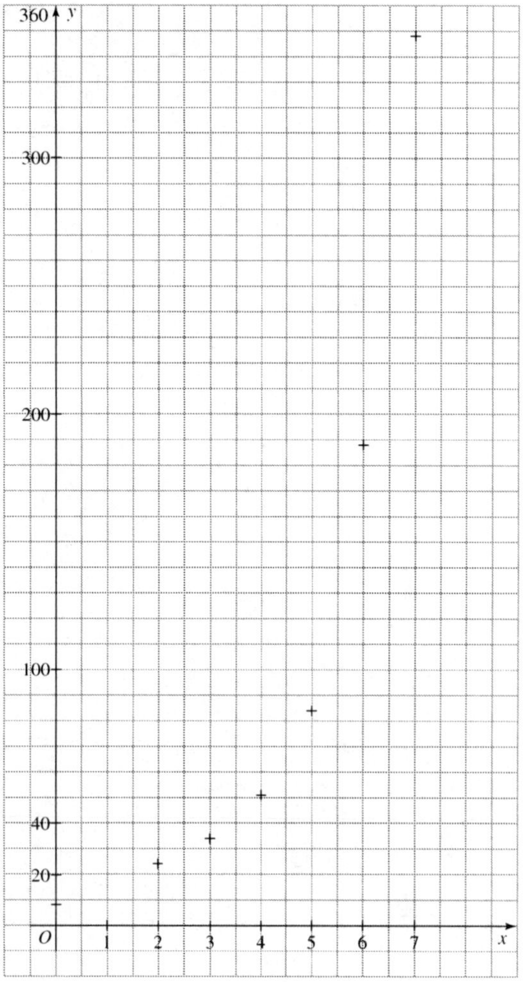

2. *Voir document-réponse.*

À l'aide de la droite D, on obtient pour 2009 une estimation de 1 000 Ktep.

Document-réponse du problème 50

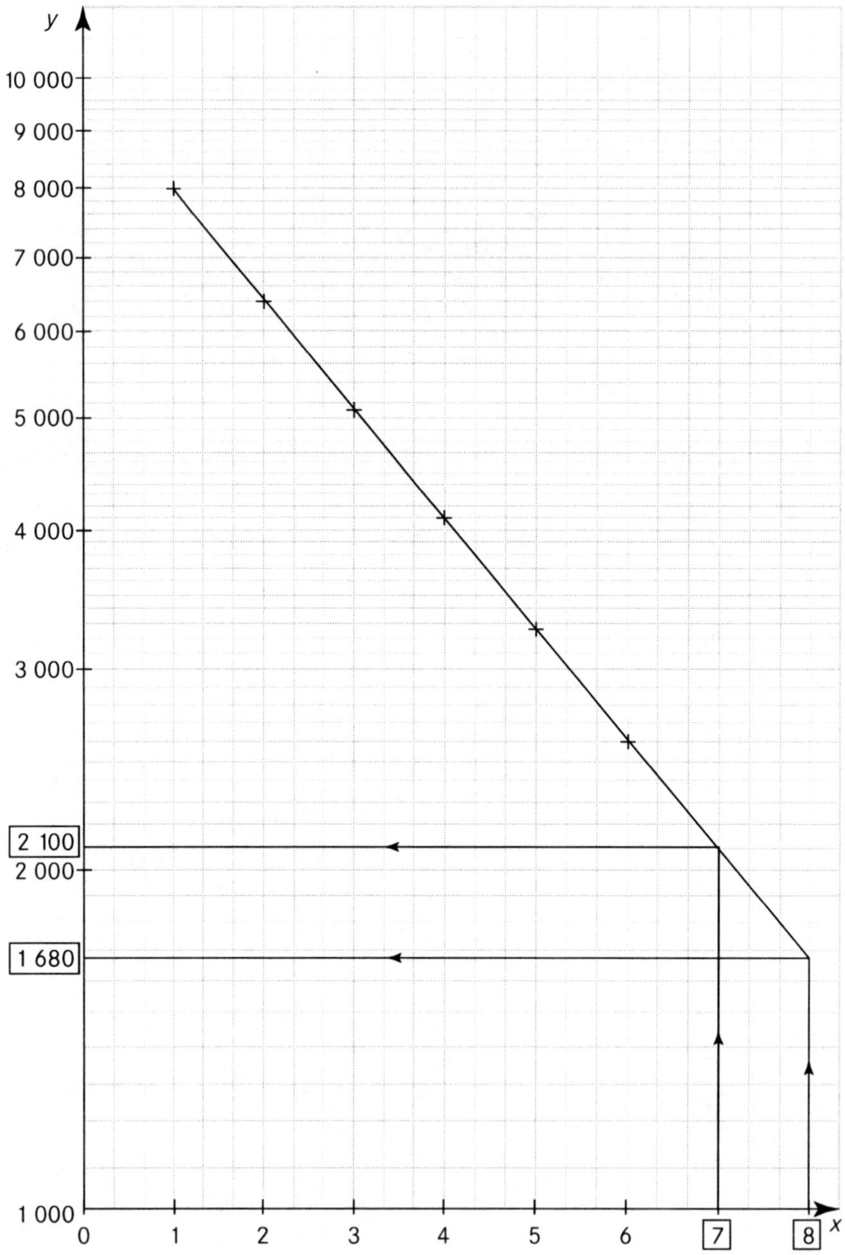

Document-réponse du problème 51

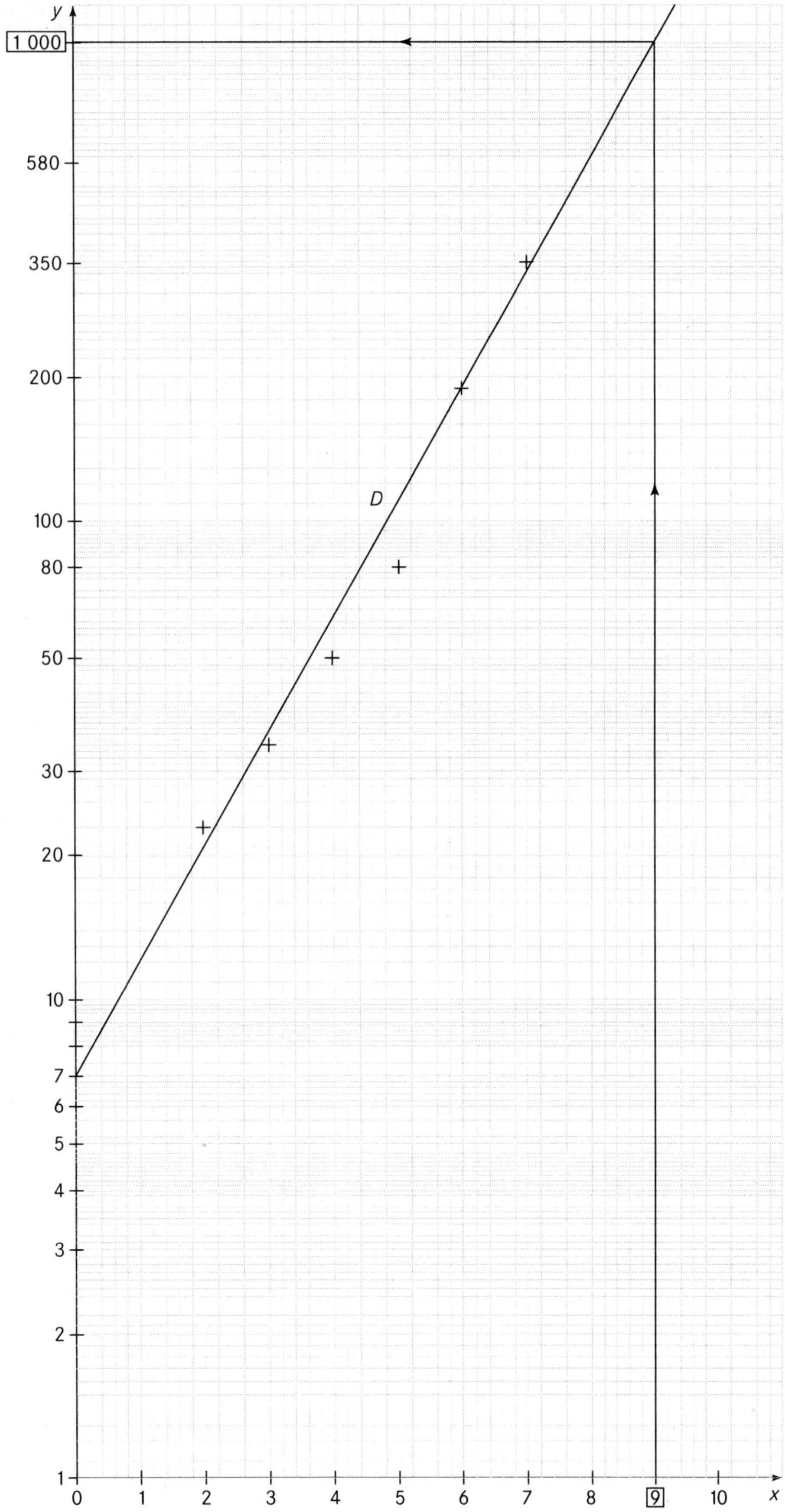

Chapitre 6. Fonctions logarithme népérien et exponentielle de base e

Exercices d'entraînement

Exercice 1

a) On obtient le tableau suivant (valeurs arrondies au millième).

x	– 15,5	– 2,6	0	1	2,5	4	16
ln (x)	ERR	ERR	ERR	0	0,916	1,386	2,773

b) Pour zéro et les nombres négatifs, la calculatrice affiche un message d'erreur. C'est normal puisque la fonction ln est définie sur l'intervalle $]0\,;+\infty[$.

Exercice 2

$\ln(10) \approx 2{,}30$; $\ln(30{,}7) \approx 3{,}42$; $\ln(0{,}69) \approx -0{,}37$; $\ln(2\,011) \approx 7{,}61$.

Exercice 3

1. $\ln(5 \times 8) \approx 3{,}689$; $\ln\left(\frac{5}{8}\right) \approx -0{,}470$; $\ln(5^2) \approx 3{,}219$.

2. On écrit :
$\ln(5 \times 8) = \ln(5) + \ln(8)$; $\ln\left(\frac{5}{8}\right) = \ln(5) - \ln(8)$;
$\ln(5^2) = 2\ln(5)$.
On retrouve les résultats précédents.

Exercice 4

$\ln(e^4) = 4\ln(e) = 4$; $\ln\left(\frac{1}{e^2}\right) = -\ln(e^2)$, d'où

$\ln\left(\frac{1}{e^2}\right) = -2\ln(e) = -2$.

Exercice 5

$\ln\left(\frac{1}{2}\right) = -\ln(2)$.

$\ln(4) - \ln(2) = \ln\left(\frac{4}{2}\right) = \ln(2)$.

$\ln\left(\frac{1}{4}\right) = -\ln(4) = -2\ln(2)$.

Exercice 6

$9 = 3^2$; $\ln(9) = 2\ln(3)$.

$\ln\left(\frac{1}{3}\right) = -\ln(3)$.

$\ln(27) - \ln(9) = \ln\left(\frac{27}{9}\right) = \ln(3)$.

Exercice 7

a) $a = \ln(4) + 3\ln(8) = \ln(2^2) + 3\ln(2^3)$, d'où
$a = 2\ln(2) + 9\ln(2) = 11\ln(2)$.

b) $a \approx 7{,}62$.

Exercice 8

$18 = 2 \times 3^2$, d'où $\ln(18) = \ln(2) + 2\ln(3)$.

$\frac{16}{81} = \frac{2^4}{3^4}$, d'où $\ln\left(\frac{16}{81}\right) = 4\ln(2) - 4\ln(3)$.

$\frac{2}{27} = \frac{2}{3^3}$, d'où $\ln\left(\frac{2}{27}\right) = \ln(2) - 3\ln(3)$.

$24 = 3 \times 2^3$, d'où $\ln(24) = \ln(3) + 3\ln(2)$.

Exercice 9

$10 = 2 \times 5$, d'où $\ln(10) = \ln(2) + \ln(5)$.

$100 = 10^2 = 2^2 \times 5^2$, d'où $\ln(100) = 2\ln(2) + 2\ln(5)$.

$0{,}1 = \frac{1}{10} = \frac{1}{2 \times 5}$, d'où $\ln(0{,}1) = -\ln(2) - \ln(5)$.

$0{,}01 = \frac{1}{100} = \frac{1}{2^2 \times 5^2}$, d'où $\ln(0{,}01) = -2\ln(2) - 2\ln(5)$.

$50 = 2 \times 5^2$, d'où $\ln(50) = \ln(2) + 2\ln(5)$.

$\ln(10^3) = 3\ln(10) = 3\ln(2 \times 5)$, d'où
$\ln(10^3) = 3\ln(2) + 3\ln(5)$.

Exercice 10

1. De $(\sqrt{e})^2 = e$, on déduit $\ln(\sqrt{e})^2 = \ln(e)$, c'est-à-dire $2\ln(\sqrt{e}) = 1$. Donc $\ln(\sqrt{e}) = \frac{1}{2}$.

2. $\ln(8e) = \ln(8) + \ln(e) = \ln(2^3) + 1$,
soit $\ln(8e) = 3\ln(2) + 1$.

$\ln(4\sqrt{e}) = \ln(4) + \ln(\sqrt{e}) = \ln(2^2) + \frac{1}{2}$,

soit $\ln(4\sqrt{e}) = 2\ln(2) + \frac{1}{2}$.

On en déduit : $a = 5\ln(2) + \frac{3}{2}$.

Exercice 11

$\ln(a^3) = 3\ln(a)$; $\ln(a^{-2}) = -2\ln(a)$;
$\ln(a^3b^2) = 3\ln(a) + 2\ln(b)$;

$\ln\left(\frac{b^2}{a}\right) = 2\ln(b) - \ln(a)$.

Exercice 12

1. • $f : x \mapsto 2 \ln (x)$: f est de la forme $x \mapsto k \ln (x)$ avec $k > 0$, donc f est croissante.

• $f : x \mapsto -3 \ln (x)$: f est de la forme $x \mapsto k \ln (x)$ avec $k < 0$, donc f est décroissante.

2. On obtient les courbes ci-dessous.

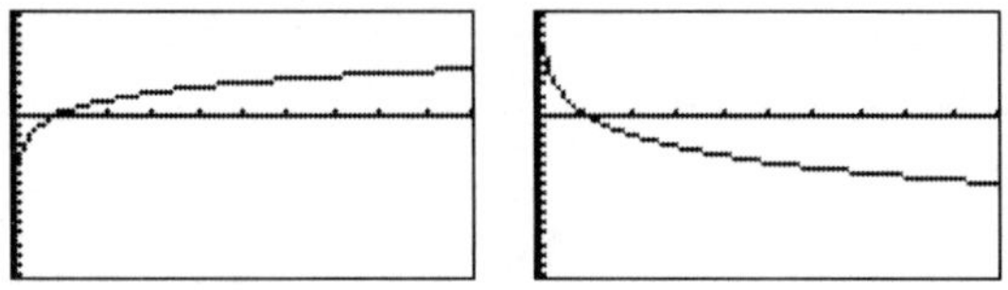

Exercice 13

1. On obtient l'écran ci-dessous.

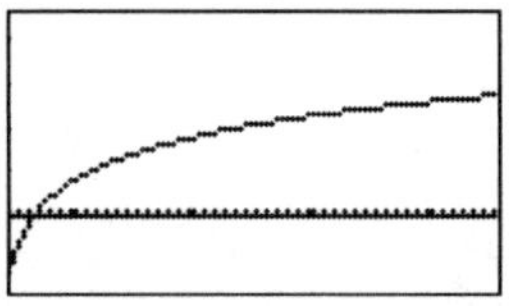

2. On a obtenu une seule courbe à l'écran.
Justification : pour tout $x > 0$, on a $f(x) = g(x)$.

Exercice 14

1.

x	0,5	1	1,5	2	2,5	3	3,5	4	4,5	5
$f(x)$	0,92	1,61	2,01	2,30	2,53	2,71	2,86	3	3,11	3,22
$g(x)$	0,92	1,61	2,01	2,30	2,53	2,71	2,86	3	3,11	3,22

2. On obtient pour $f(x)$ et $g(x)$ les mêmes valeurs arrondies.
Justification : pour tout $x > 0$, on a $f(x) = g(x)$.

Exercice 15

1. On obtient les courbes ci-dessous.

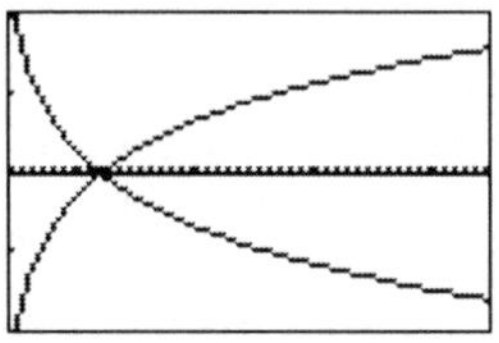

2. On observe que les deux courbes sont symétriques par rapport à l'axe des abscisses.
Justification : Pour tout $x > 0$, $\ln \left(\frac{1}{x}\right) = -\ln (x)$.

Exercice 16

1. On obtient, avec trace, l'écran suivant.

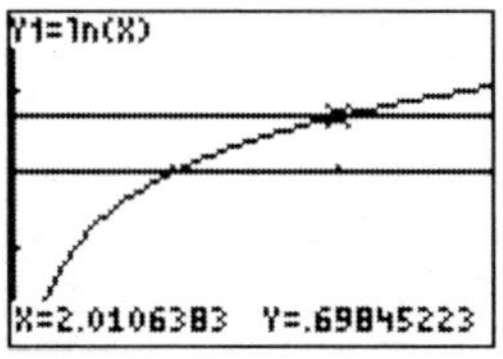

L'équation $\ln (x) = 0,7$ a pour solution $x \approx 2,01$.

2. a) $e^{0,7} \approx 2,014$ (valeur arrondie au millième).
b) On obtient $\ln (e^{0,7}) = 0,7$.
Le nombre $e^{0,7}$ est la solution de l'équation $\ln (x) = 0,7$.

Exercice 17

1. On obtient, avec trace, l'écran suivant.

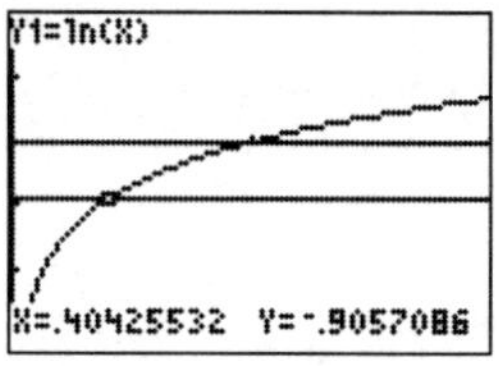

L'équation $\ln (x) = -0,9$ a pour solution : $x \approx 0,4$.
2. a) $e^{-0,9} \approx 0,407$ (valeur arrondie au millième).
b) On obtient $\ln (e^{-0,9}) = -0,9$.
Le nombre $e^{-0,9}$ est la solution de l'équation $\ln (x) = -0,9$.

Savez-vous… …utiliser les propriétés opératoires de la fonction logarithme népérien ?

1. $\ln (7) - \ln (3)$.

2. $\ln \left(\frac{9}{8}\right)$.

Exercice 18

$e \approx 2,718$; $e^2 \approx 7,389$; $e^{-3} \approx 0,050$; $e^{1,25} \approx 3,490$.

Exercice 19

$e^{0,5} \approx 1,649$; $e^{-0,1} = 0,905$; $e^{\frac{1}{4}} \approx 1,284$; $e^{-0,7} \approx 0,497$.

Exercice 20

On obtient le tableau suivant.

x	−3	−0,8	0	0,5	1	2,6	6,4
e^x	0,050	0,449	1	1,649	2,718	13,464	601,845

Exercice 21

1. On obtient l'écran suivant.

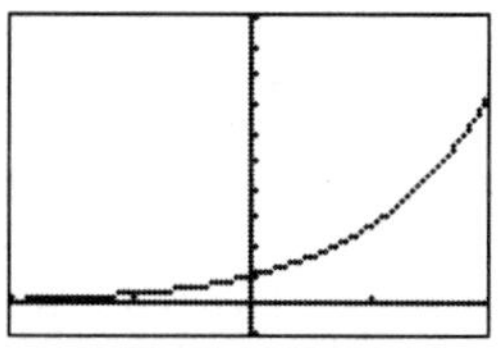

2. a) • En tapant [trace] − 2 [entrer],
on lit : $X = -2$; $Y = 0,135\,335\,28$
d'où $f(-2) \approx 0,135$.
• En tapant ensuite 2 [entrer] on lit :
$X = 2$; $Y = 7,389\,056\,1$
d'où $f(2) \approx 7,389$.

b)

x	-2	2
$f(x) = e^x$	$\approx 0{,}135$ ↗	$\approx 7{,}389$

Exercice 22

1. a) On obtient l'écran suivant.

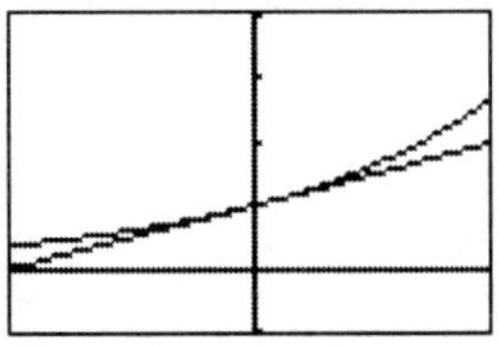

b) La droite D est tangente à la courbe $\mathscr{C}$ en son point d'abscisse zéro.

On en déduit : $f'(0) = 1$.

2. $f'(x) = e^x$; $f'(0) = e^0 = 1$.

Exercice 23

1. a) On obtient l'écran suivant.

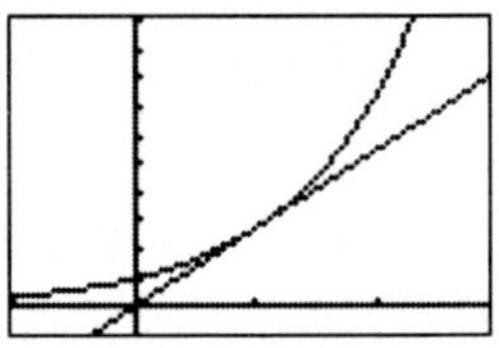

b) La droite D est tangente à la courbe $\mathscr{C}$ en son point d'abscisse 1. On en déduit : $f'(1) = e$.

2. $f'(x) = e^x$; $f'(1) = e^1 = e$.

Exercice 24

$e^3 \times e^5 = e^8$; $e^8 \approx 2\,980{,}96$.

$\dfrac{e^2}{e^3} = e^{-1}$; $e^{-1} \approx 0{,}37$.

$(e^2)^3 = e^6$; $e^6 \approx 403{,}43$.

Exercice 25

$e^{1,5} \times e^{0,5} = e^2$; $e^2 \approx 7{,}39$.

$\dfrac{e^{3,7}}{e^2} = e^{1,7}$; $e^{1,7} \approx 5{,}47$.

$(e^{1,2})^2 = e^{2,4}$; $e^{2,4} \approx 11{,}02$.

Exercice 26

a) $\ln(a) = \ln(2)$; $\ln(b) = -\ln(3)$; $\ln(c) = 2\ln(5)$.

b) $a = 2$; $b = \dfrac{1}{3}$; $c = 25$.

Exercice 27

1. $f'(x) = 1{,}5e^{1,5x}$.

2.

x	-2	2
Signe de $f'(x)$	+	
Variation de f	$f(-2)$ ↗	$f(2)$

$f(-2) \approx 0{,}050$.

$f(2) \approx 20{,}086$.

Exercice 28

1. $f'(x) = -e^{-x}$.

2.

x	-3	3
Signe de $f'(x)$	–	
Variation de f	e^3 ↘	e^{-3}

$e^3 \approx 20{,}086$.

$e^{-3} \approx 0{,}050$.

Exercice 29

1. $f'(x) = -2{,}5e^{-2,5x}$.

2.

x	-1	1
Signe de $f'(x)$	–	
Variation de f	$e^{2,5}$ ↘	$e^{-2,5}$

$e^{2,5} \approx 12{,}182$. $e^{-2,5} \approx 0{,}082$.

Exercice 30

1. On obtient l'écran suivant.

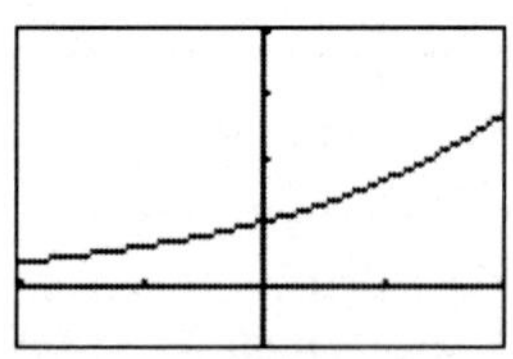

2. On observe que f est croissante.

Exercice 31

1. On obtient l'écran suivant.

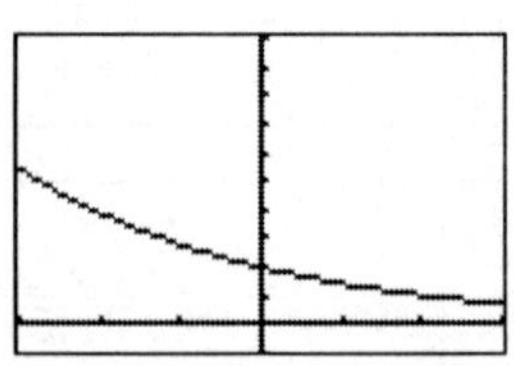

2. On observe que f est décroissante.

3. a) $f'(x) = 2 \times \left(-\frac{1}{3}\right)e^{-\frac{x}{3}} = -\frac{2}{3}e^{-\frac{x}{3}}$.

b) Sur l'intervalle $[-3\,;\,3]$, on a $f'(x) < 0$, donc f est décroissante.

Savez-vous…
…utiliser les propriétés des fonctions exponentielles ?

1. $-\ln(5)$.

2. e^{a+3b}.

3. $f'(x) = 6e^{3x}$.

Exercice 32

a) Solution : $x = e^{2,6}$; $x \approx 13,46$ (valeur arrondie à 0,01).

b) On obtient $\ln(x) = \frac{9}{2} = 4,5$, d'où la solution : $x = e^{4,5}$; $x \approx 90,02$ (valeur arrondie à 0,01).

c) On obtient $3\ln(x) = -7$; $\ln(x) = -\frac{7}{3}$, d'où la solution $x = e^{-\frac{7}{3}}$; $x \approx 0,097$ (valeur arrondie à 0,001).

Exercice 33

a) On obtient $(2x) = e^{-2,5}$, d'où la solution : $x = \frac{1}{2}e^{-2,5}$; $x \approx 0,041$.

b) On obtient $1,5x = e^{1,6}$, d'où la solution : $x = \frac{e^{1,6}}{1,5}$; $x \approx 3,302$.

c) On obtient $4\ln(3x) = -1$; $\ln(3x) = -\frac{1}{4}$; $3x = e^{-\frac{1}{4}}$, d'où la solution : $x = \frac{e^{-0,25}}{3}$; $x \approx 0,260$.

Exercice 34

a) On obtient $x \geqslant e^{-2}$; $e^{-2} \approx 0,135$.
Ensemble des solutions : $[e^{-2}\,;\,+\infty[$.

b) On obtient $\ln x \leqslant \frac{5}{2}$, d'où $0 < x \leqslant e^{\frac{5}{2}}$; $e^{\frac{5}{2}} \approx 12,182$.

Ensemble des solutions : $\left]0\,;\,e^{\frac{5}{2}}\right]$.

c) On obtient $4\ln(x) \geqslant -3$; $\ln(x) \geqslant -\frac{3}{4}$, d'où $x \geqslant e^{-\frac{3}{4}}$.

Ensemble des solutions : $\left[e^{-\frac{3}{4}}\,;\,+\infty\right[$; $e^{-\frac{3}{4}} \approx 0,472$.

Exercice 35

a) On obtient $0 < 1,5x \leqslant e^5$; $0 < x \leqslant \frac{e^5}{1,5}$.

Ensemble des solutions : $\left]0\,;\,\frac{e^5}{1,5}\right]$; $\frac{e^5}{1,5} \approx 98,94$.

b) On obtient $\ln(2x) \geqslant \frac{3}{4}$; $2x \geqslant e^{\frac{3}{4}}$ d'où $x \geqslant \frac{e^{\frac{3}{4}}}{2}$.

Ensemble des solutions : $\left[\frac{e^{\frac{3}{4}}}{2}\,;\,+\infty\right[$; $\frac{e^{\frac{3}{4}}}{2} \approx 1,06$.

c) On obtient $2\ln(3x) \leqslant -5$; $\ln(3x) \leqslant -\frac{5}{2}$; $0 < 3x \leqslant e^{-\frac{5}{2}}$,

d'où $0 < x \leqslant \frac{e^{-\frac{5}{2}}}{3}$.

Ensemble des solutions : $\left]0\,;\,\frac{e^{-\frac{5}{2}}}{3}\right]$; $\frac{e^{-\frac{5}{2}}}{3} \approx 0,027$.

Exercice 36

a) Solution : $x \approx \ln(0,7)$; $x \approx -0,36$.

b) On obtient $e^x = \frac{3,5}{2}$, d'où la solution : $x = \ln\left(\frac{3,5}{2}\right)$; $x \approx 0,56$.

c) On obtient $-3e^x = -5$; $e^x = \frac{5}{3}$, d'où la solution : $x = \ln\left(\frac{5}{3}\right)$; $x \approx 0,51$.

Exercice 37

a) On obtient $0,5x = \ln(2)$, d'où la solution : $x = \frac{\ln(2)}{0,5} = 2\ln 2$; $x \approx 1,386$.

b) On obtient $e^{3x} = \frac{7}{1,4} = 5$; $3x = \ln(5)$, d'où la solution : $x = \frac{\ln(5)}{3}$; $x \approx 0,536$.

c) On obtient $10e^{-2x} = 3$; $e^{-2x} = 0,3$; $-2x = \ln(0,3)$, d'où la solution $x = -\frac{\ln(0,3)}{2}$; $x \approx 0,602$.

Exercice 38

a) On obtient $x \leqslant \ln(9)$; $\ln(9) \approx 2,197$.
Ensemble des solutions : $]-\infty\,;\,\ln(9)]$.

b) On obtient $e^x \geqslant \frac{10}{3}$, d'où $x \geqslant \ln\left(\frac{10}{3}\right)$; $\ln\left(\frac{10}{3}\right) \approx 1,204$.

Ensemble des solutions : $\left[\ln\left(\frac{10}{3}\right)\,;\,+\infty\right[$.

c) On obtient $4e^x \geqslant 5$; $e^x \geqslant \frac{5}{4}$ d'où $x \geqslant \ln\left(\frac{5}{4}\right)$; $\ln\left(\frac{5}{4}\right) \approx 0,223$.

Ensemble des solutions : $\left[\ln\left(\frac{5}{4}\right)\,;\,+\infty\right[$.

Exercice 39

a) On obtient $7x \geqslant \ln(5)$, d'où $x \geqslant \frac{\ln(5)}{7}$; $\frac{\ln(5)}{7} \approx 0,230$.

Ensemble des solutions : $\left[\frac{\ln(5)}{7}\,;\,+\infty\right[$.

b) On obtient $e^{-x} \leqslant \frac{9}{2}$ c'est-à-dire $e^{-x} \leqslant 4,5$; $-x \leqslant \ln(4,5)$, d'où $x \geqslant -\ln(4,5)$; $-\ln(4,5) \approx -1,504$.
Ensemble des solutions : $[-\ln(4,5)\,;\,+\infty[$.

c) On obtient $e^{3x} \geqslant \frac{6}{5}$ c'est-à-dire $e^{3x} \geqslant 1{,}2$; $3x \geqslant \ln(1{,}2)$,

d'où $x \geqslant \frac{\ln(1{,}2)}{3}$; $\frac{\ln(1{,}2)}{3} \approx 0{,}061$.

Ensemble des solutions : $\left[\frac{\ln(1{,}2)}{3} ; +\infty\right[$.

Savez-vous…
…résoudre une équation du type $\ln(ax) = b$, $e^{ax} = b$?

1. 2,46. **2.** 0,73.

…résoudre une inéquation du type $\ln(ax) \geqslant b$, $e^{ax} \geqslant b$?

1. $\left[\frac{e^3}{2} ; +\infty\right[$. **2.** $\left]-\infty ; -\frac{\ln(5)}{4}\right]$.

Problèmes

Problème 40

1. a) $f'(x) = -\frac{4}{x}$.

b)

x	1	6
Signe de $f'(x)$	–	
Variation de f	3 ↘	$f(6)$

$f(6) \approx -4{,}17$.

2. Avec trace, on lit $X = 2.1170213$.

$Y = -4.017$ E–5.

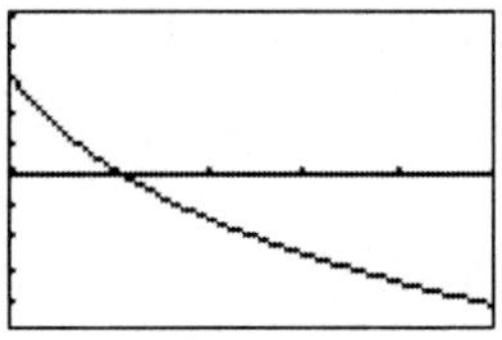

L'équation $3 - 4\ln(x) = 0$ a pour solution : $x \approx 2{,}12$.

3. On écrit $4\ln(x) = 3$; $\ln(x) = \frac{3}{4} = 0{,}75$, d'où la solution : $x = e^{0{,}75}$; $x \approx 2{,}12$ (valeur arrondie à 0,01).

Problème 41

Partie A

1. a) $f'(x) = -\frac{8\,310}{x}$.

b) *Voir le document-réponse.*

2. a) *Voir le document-réponse.*

b) *Voir le document-réponse.*

Partie B

1. $f(0{,}25) \approx 11\,520$.

L'âge d'un fossile qui contient encore $\frac{25}{100}$ de son carbone est 11 500 ans (valeur arrondie à la centaine).

2. Pour $x = 0{,}25$, on lit $y \approx 11\,500$.

Problème 42

Partie A

1. 946 €.

2. 943,45 €.

3. Le transport routier est le moins coûteux.

Partie B

1. Avec trace, on obtient pour le point commun aux deux courbes :

$X = 489.3617$; $Y = 947.87234$

d'où la solution de l'équation $f(x) = g(x)$: $x \approx 490$.

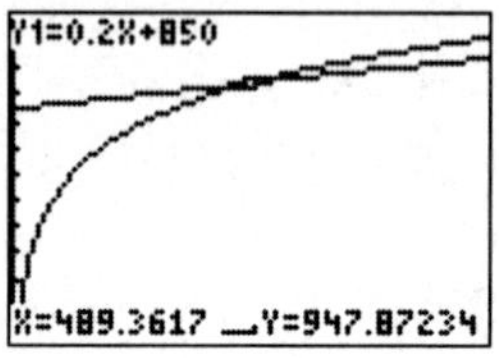

2. On a $g(x) \geqslant f(x)$ pour $490 \leqslant x \leqslant 1\,000$.

Partie C

a) Le transport ferroviaire est le plus avantageux pour un trajet compris entre 490 km et 1 000 km.

b) Le transport routier est le plus avantageux pour un trajet compris entre 100 km et 490 km.

Problème 43

Partie A

1. Pour $t = 0$ on a $\theta = C - 30$; de $\theta = 5$ on déduit $C = 35$.

2. Pour $\theta = 1$ on a $\theta = 35e^{-k} - 30$;

de $\theta = -23$, on déduit $35e^{-k} = 7$; $e^{-k} = \frac{7}{35}$,

d'où $-k = \ln\left(\frac{7}{35}\right)$, $k = -\ln\left(\frac{7}{35}\right)$; $k \approx 1{,}6$.

Partie B

1. a) $f'(x) = 35 \times (-1{,}6)e^{-1{,}6x} = -56e^{-1{,}6x}$.

b) $f'(x) < 0$.

2. f est décroissante.

x	0	3
Variation de f	5 ↘	– 29,7

3. On obtient l'écran ci-dessous.

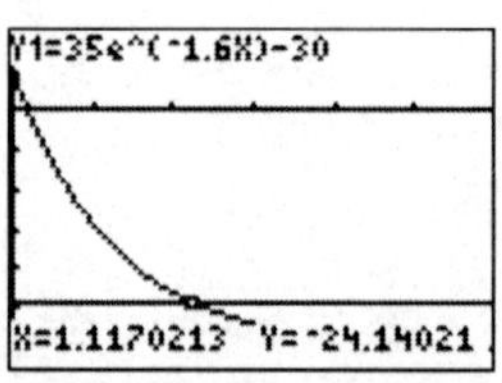

Avec trace, on lit les coordonnées du point commun :
$X = 1.1170213$; $Y = -24.14021$
Solution de l'équation $f(x) = -24$: $x \approx 1{,}1$.
4. De $35e^{-1{,}6x} - 30 = -24$, on déduit successivement :
$35e^{-1{,}6x} = 6$; $e^{-1{,}6x} = \dfrac{6}{35}$; $-1{,}6x = \ln\left(\dfrac{6}{35}\right)$; d'où
$x = -\dfrac{1}{1{,}6}\ln\left(\dfrac{6}{35}\right)$; $x = 1{,}1$ (valeur arrondie au dixième).

Partie C
1. Pour atteindre la température de – 24 °C, il faut environ 1,1 heure soit 1 heure et 6 minutes.
2. On choisira une vitesse de 80 m/h.

Problème 44

Partie A
1. a) $f'(x) = 19 \times \ln(0{,}81) \times e^{(\ln(0{,}81))x}$.
b) $\ln(0{,}81) < 0$ donc $f'(x) < 0$.
c) f est décroissante.

x	0	6
Variation de f	19 ↘	5,4

2. On obtient l'écran ci-dessous.

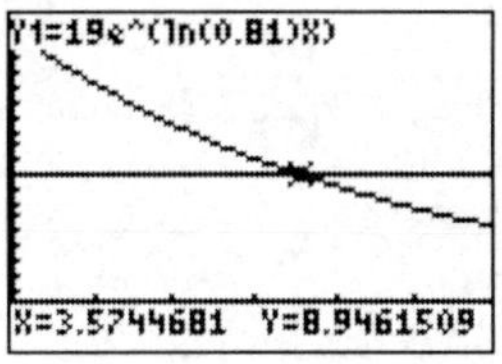

Avec trace, on lit les coordonnées du point commun :
$X = 3.5744681$; $Y = 8{,}9461509$
Solution de l'équation : $x \approx 3{,}6$.
3. De $19e^{(\ln(0{,}81))x} = 9$, on déduit :
$e^{(\ln(0{,}81))x} = \dfrac{9}{19}$; $(\ln(0{,}81))x = \ln\left(\dfrac{9}{19}\right)$, d'où
$x = \dfrac{\ln\left(\dfrac{9}{19}\right)}{\ln(0{,}81)}$; $x \approx 3{,}55$ (valeur arrondie au centième).

Partie B
Pour obtenir un abaissement de la température de 19 °C à 9 °C, il faut 3,55 heures, c'est-à-dire 3 heures et 33 minutes.

Problème 45

1. a) $f'(t) = 0{,}83 \times (-0{,}5)e^{-0{,}5t} = -0{,}415e^{-0{,}5t}$.
b)

t	0	6
Signe de $f'(t)$	–	
Variation de f	0,83 ↘	0,04

2. On obtient l'écran ci-dessous.

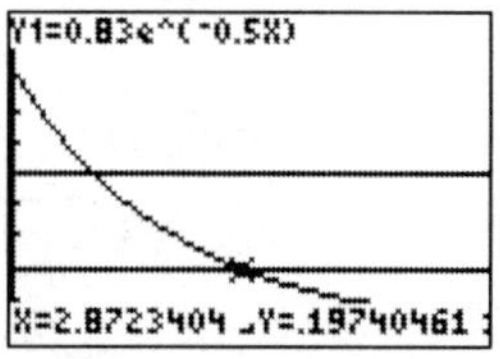

Avec trace, on lit :
$X = 1.0212766$; $Y = 0.4980933$
$X = 2.8723404$; $Y = 0.19740461$
Solution de l'équation $f(t) = 0{,}5$: $t \approx 1$.
Solution de l'équation $f(t) = 0{,}2$: $t \approx 2{,}9$.
3. De $0{,}83e^{-0{,}5t} = 0{,}2$, on déduit : $e^{-0{,}5t} = \dfrac{0{,}2}{0{,}83}$;
$-0{,}5t = \ln\left(\dfrac{0{,}2}{0{,}83}\right)$, d'où $t = -\dfrac{1}{0{,}5}\ln\left(\dfrac{0{,}2}{0{,}83}\right)$; $t \approx 2{,}84$.
4. a) L'alcoolémie est supérieure à 0,5 g · L^{-1} jusqu'à 1 heure.
b) L'alcoolémie est inférieure à 0,2 g · L^{-1} à partir de 2,84 heures soit à partir de 2 heures et 50 minutes.

Problème 46

Partie A
$F = 50e^{0.004 \times 200} + 10 = 50e^{0.8} + 10 \approx 121$.

Partie B
1. a) $f'(x) = 50 \times (0{,}004)e^{0.004x} = 0{,}2e^{0.004x}$.
b) $f'(x) > 0$.
c)

x	0	340
Variation de f	60 ↗	205

2. On obtient l'écran ci-dessous.

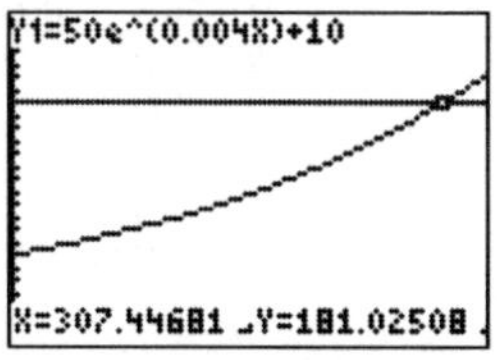

Avec trace, on lit les coordonnées du point commun :
$X = 307.44681$; $Y = 181.02508$
On observe que l'on a $f(x) \leqslant 180$ pour $x \leqslant 307$.
3. L'inéquation $50e^{0.004x} + 10 \leqslant 180$ s'écrit successivement : $50e^{0.004x} \leqslant 170$; $e^{0.004x} \leqslant \dfrac{17}{5}$, soit $e^{0.004x} \leqslant 3{,}4$,
d'où $0{,}004x \leqslant \ln(3{,}4)$, soit $x \leqslant \dfrac{1}{0{,}004}\ln(3{,}4)$.
$\dfrac{1}{0{,}004}\ln(3{,}4) \approx 306$ (valeur arrondie à l'unité).

Partie C
Pour que sa fréquence cardiaque reste inférieure à 180 battements par minute, Tina ne doit pas fournir un effort de puissance supérieure à 306 W.

Document-réponse du problème 41

Tableau de variation de *f*

x	0,2	1
Signe de $f'(x)$	–	
Variation de f	13 400 ↘	0

Tableau de valeurs de *f*

x	0,2	0,3	0,4	0,5	0,6	0,7	0,8	0,9	1
$f(x)$	13 400	10 000	7 600	5 800	4 200	3 000	1 900	900	0

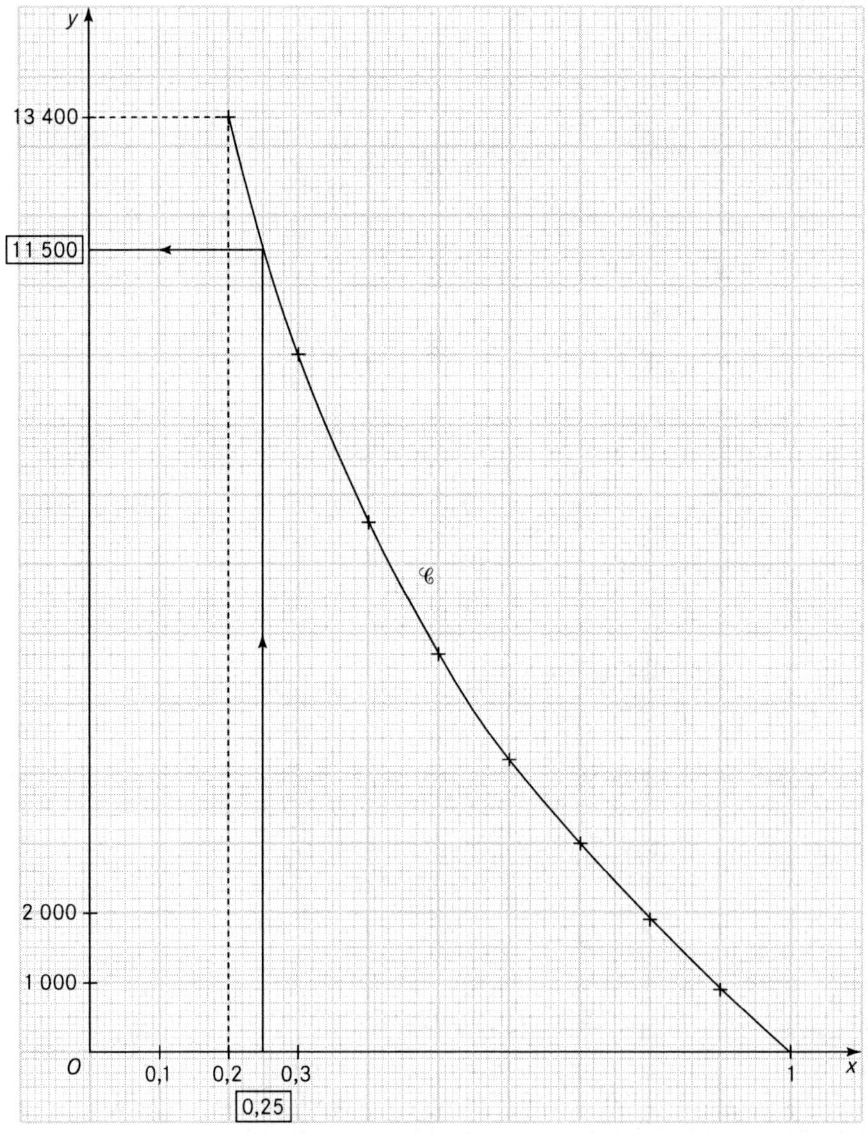

Chapitre 7. Primitives

Exercices d'entraînement

Exercice 1

a) $F'(x) = \frac{3x^2}{3} - \frac{2x}{2} = x^2 - 2x$;

$F'(x) = f(x)$, donc F est une primitive de f.

b) $F'(x) = -2 \times \frac{1}{x} + 2x + 1 = -\frac{2}{x} + 2x + 1$;

$F'(x) = f(x)$, donc F est une primitive de f.

Exercice 2

a) $F'(x) = 4(2x) - 5 = 8x - 5$; on n'a pas $F'(x) = f(x)$, donc F n'est pas une primitive de f.

b) $F'(x) = 2(3x^2) + 3 \times \frac{1}{x} = 6x^2 + \frac{3}{x}$; $F'(x) = f(x)$, donc F est une primitive de f.

Pour les exercices 3 à 10, k désigne un nombre réel quelconque ; on note F les primitives de f et G les primitives de g.

Exercice 3

$F(x) = 3\frac{x^2}{2} - 4x + k$; $G(x) = -x^2 + 5x + k$.

Exercice 4

$F(x) = -\frac{1}{9}x^3 + 7x + k$; $G(x) = x^3 - \frac{5}{2}x^2 + k$.

Exercice 5

$F(x) = x^2 - 7x + k$; $G(x) = -\frac{x^3}{2} + 2x^2 - 9x + k$.

Exercice 6

$F(x) = 2\frac{x^3}{3} + 3\frac{x^2}{2} + k$; $G(x) = 1{,}6\frac{x^4}{4} + 2\frac{x^3}{3} - 5x + k$.

Exercice 7

$F(x) = 3\frac{x^2}{2} - x + k$; $G(x) = \frac{x^2}{2} + x + \ln(x) + k$.

Exercice 8

$F(x) = \frac{x^5}{5} - 3\frac{x^4}{4} - 5\frac{x^2}{2} + k$; $G(x) = \frac{1}{16}x^4 - \frac{4}{3}x^3 + x + k$.

Exercice 9

$F(x) = 3\frac{x^2}{2} + 5\ln(x) + k$; $G(x) = \frac{x^3}{6} - 2x^2 + k$.

Exercice 10

$F(x) = \frac{2x^6}{3} - 16\ln(x) + k$; $G(x) = \frac{x^5}{5} + \frac{3}{2}x^2 - 4x + k$.

Exercice 11

$F(x) = \frac{x^3}{3} - 16x^2 + 100x + k$; $G(x) = 20x^2 + 100\ln(x) + k$.

Exercice 12

$F(x) = \frac{x^2}{2} + 3\ln(x) + \frac{1}{x} + k$; $G(x) = x^5 + \frac{2}{3}x^3 + k$.

Exercice 13

$F(x) = \frac{x^4}{4} + \frac{5}{3}x^3 - 2x^2 + 3x + k$; $G(x) = \frac{x^4}{4} + \frac{1}{2}\ln(x) + k$.

Exercice 14

$F(x) = -\frac{0{,}5}{3}x^3 + 1{,}25x^2 + k$; $G(x) = \frac{1}{9}x^3 + 2x^2 + 7x + k$.

Exercice 15

1. $f(x) = x^2 + 5x + 6$.

2. Les primitives de f sont les fonctions F définies sur $\mathbb{R}$ par $F(x) = \frac{x^3}{3} + \frac{5}{2}x^2 + 6x + k$; k nombre réel quelconque.

Exercice 16

1. On écrit $f(x) = \frac{5x^2}{2x} + \frac{3}{2x}$, soit $f(x) = \frac{5}{2}x + \frac{\frac{3}{2}}{x}$.

2. Les primitives de f sont les fonctions F définies sur $[1 ; 10]$ par $F(x) = \frac{5}{4}x^2 + \frac{3}{2}\ln(x)$; k nombre réel quelconque.

Exercice 17

1. $f(x) = x^2 - 4x + 4$.

2. Les primitives de f sont les fonctions F définies sur $\mathbb{R}$ par $F(x) = \frac{x^3}{3} - 2x^2 + 4x + k$; k nombre réel quelconque.

Exercice 18

1. La fonction F définie par $F(x) = x^2 - 7x$ est une primitive de f.
Donc les primitives de f sont les fonctions G définies par $G(x) = x^2 - 7x + k$.
2. a) $G(1) = 1 - 7 + k = -6 + k$; de $G(1) = 2$, on déduit $-6 + k = 2$, d'où $k = 8$.
b) La primitive F de f telle que $F(1) = 2$ est définie par $F(x) = x^2 - 7x + 8$.

Exercice 19

1. $G(x) = \frac{2}{3}x^3 - 2x^2 + k$; k réel quelconque.
2. $F(x)$ est de la forme $F(x) = \frac{2}{3}x^3 - 2x^2 + k$.
$F(1) = 1$ s'écrit $\frac{2}{3} - 2 + k = 1$, d'où $k = 1 + 2 - \frac{2}{3} = \frac{7}{3}$.
L'expression de $F(x)$ est donc $F(x) = \frac{2}{3}x^3 - 2x^2 + \frac{7}{3}$.

Exercice 20

1. Les primitives de f sont les fonctions G définies pour $x > 0$ par $G(x) = x^2 + \ln(x) + k$; k nombre réel quelconque.
2. $F(x)$ est de la forme $F(x) = x^2 + \ln(x) + k$.
$F(1) = 0$ s'écrit $1 + \ln(1) + k = 0$, c'est-à-dire $1 + k = 0$, d'où $k = -1$.
L'expression de $F(x)$ est donc $F(x) = x^2 + \ln(x) - 1$.

Savez-vous… …déterminer les primitives d'une fonction ?

1. $F(x) = 5\frac{x^3}{3} - 2x^2 + x + 5$.
2. $G(x) = 5\ln(x) - 2x^2 + x + k$.

Problèmes

Problème 21

1. On calcule la dérivée de F.
$F'(x) = \frac{3x^2}{6} - \frac{3}{4}(2x)$, soit $F'(x) = \frac{x^2}{2} - \frac{3}{2}x$.
On a $F'(x) = f(x)$, donc F est une primitive de f.
2. a) Les primitives de f sont les fonctions G définies sur $[-1\,;4]$ par $G(x) = \frac{x^3}{6} - \frac{3}{4}x^2 + k$; k nombre réel quelconque.
b) $F_1(x)$ est de la forme $F_1(x) = \frac{x^3}{6} - \frac{3}{4}x^2 + k$.
$F_1(0) = k$; de $F_1(0) = 2$ on déduit $k = 2$.
Donc F_1 est définie sur $[-1\,;4]$ par $F_1(x) = \frac{x^3}{6} - \frac{3}{4}x^2 + 2$.
3. a) On obtient l'écran suivant.

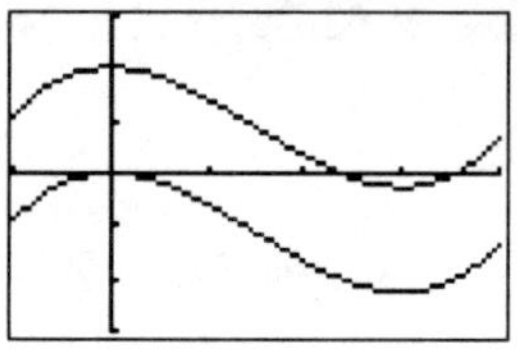

b) Avec trace, on peut parcourir successivement l'une des deux courbes.
On observe que l'on peut obtenir $\mathscr{C}_1$ à partir de $\mathscr{C}$ en effectuant un glissement vertical d'amplitude 2.

Problème 22

Partie A
1. *Voir le document-réponse.*
2. Du tableau de variation de F, on déduit le tableau de signe de la dérivée F' de F.
Sur $[-3\,;-1[$, F est croissante, donc on a $F'(x) > 0$.
Sur $]-1\,;2]$, F est décroissante, donc on a $F'(x) < 0$.

x	-3		-1		2
Signe de $F'(x)$		+	0	−	

On retrouve le tableau de signe obtenu pour f. Donc f est la fonction dérivée de F, c'est dire que F est une primitive de f.

Partie B
1. a) $f(x)$ est de la forme $f(x) = ax + b$.
Le coefficient directeur de la droite est -1, donc $a = -1$.
La droite passe par le point de coordonnées $(0\,;-1)$, donc $b = -1$.
On a donc $f(x) = -x - 1$.
b) Les fonctions G telles que $G(x) = -\frac{x^2}{2} - x + k$; k réel quelconque.
2. a) $g(x)$ est de la forme $g(x) = ax + b$.
Le coefficient directeur de la droite est $\frac{1}{2}$, donc $a = \frac{1}{2}$.
La droite passe par le point de coordonnées $\left(0\,;\frac{1}{2}\right)$, donc $b = \frac{1}{2}$.
On a donc $g(x) = \frac{x}{2} + \frac{1}{2}$.
b) Les fonctions H telles que $H(x) = \frac{x^2}{4} + \frac{x}{2} + k$; k réel quelconque.
3. $F(x)$ est de la forme $F(x) = -\frac{x^2}{2} - x + k$.
$F(0) = k$; de $F(0) = 1$, on déduit $k = 1$.
Donc $F(x) = -\frac{x^2}{2} - x + 1$.

Problème 23

1. *Voir le document-réponse.*
2. *Voir le document-réponse.*
3. Si H désigne une primitive de f, puisque $H'(x) = f(x)$, on obtient le tableau de variation suivant.

x	0		1		2		3
Signe de $H'(x) = f(x)$		+	0	–	0	+	
Variation de H	H(0)	↗	H(1)	↘	H(2)	↗	H(3)

On retrouve le tableau de variation de F, donc F est une primitive de f.
4. Les primitives de f sont les fonctions K définies sur $[0\,;3]$ par $K(x) = 2\dfrac{x^3}{3} - 3x^2 + 4x + k$; k réel quelconque.

$F(x)$ est de la forme $F(x) = \dfrac{2}{3}x^3 - 3x^2 + 4x + k$.

$F(0) = k$; de $F(0) = 1$ on déduit $k = 1$.

On a donc $F(x) = \dfrac{2}{3}x^3 - 3x^2 + 4x + 1$.

5. On obtient l'écran suivant.

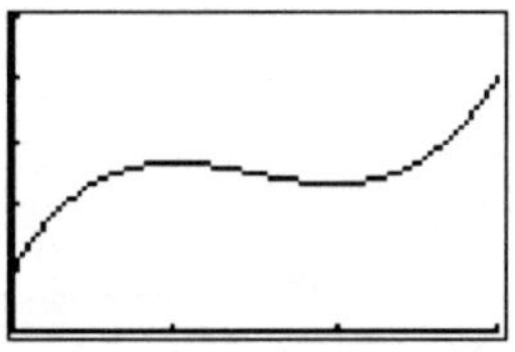

Problème 24

1. a) La fonction f est représentée graphiquement par le segment $[AB]$.

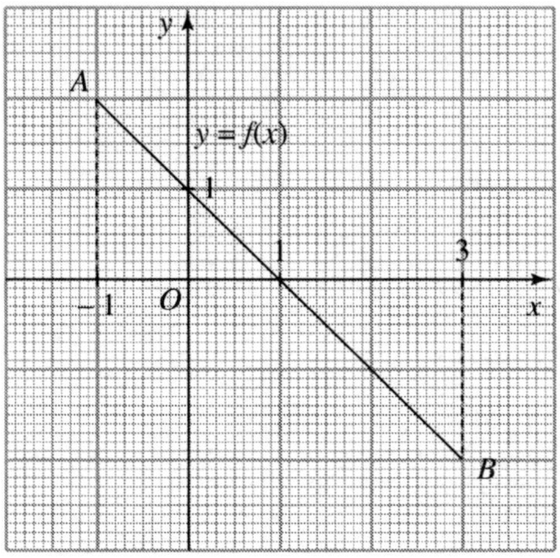

b)

x	– 1		1		3
Signe de $f(x)$		+	0	–	

2.

x	– 1		1		3
Variation de F_1		↘	$F_1(1)$	↗	

3.

x	– 1		1		3
Variation de F_2		↗	$F_2(1)$	↘	

4. Si H est une primitive de f, puisque $H'(x) = f(x)$ on a, d'après le tableau de signe de $f(x)$:
– H croissante sur $[-1\,;1]$;
– H décroissante sur $[1\,;3]$.
C'est le cas de F_2 ; donc F_2 est une primitive de f.
5. a) Primitives de f : les fonctions G définies sur $[-1\,;3]$ par $G(x) = -\dfrac{x^2}{2} + x + k$; k nombre réel quelconque.

b) $F_2(x)$ est de la forme $F_2(x) = -\dfrac{x^2}{2} + x + k$.

$F_2(0) = k$; de $F_2(0) = -2$ on déduit $k = -2$.

Donc $F_2(x) = -\dfrac{x^2}{2} + x - 2$.

Problème 25

1.

x	– 2		– 1		1		2
Signe de $f(x)$		+	0	–	0	+	

2. a) Les primitives de f sont les fonctions G définies sur $[-2\,;2]$ par $G(x) = x^3 - 3x + k$; k nombre réel quelconque.
b) $F(x)$ est de la forme $F(x) = x^3 - 3x + k$.
$F(0) = k$; de $F(0) = 1$, on déduit $k = 1$.
Donc $F(x) = x^3 - 3x + 1$.
3. Puisque $F'(x) = f(x)$, on obtient le tableau suivant.

x	– 2		– 1		1		2
Signe de $F'(x)$		+	0	–	0	+	
Variation de F	– 1	↗	3	↘	– 1	↗	3

Problème 26

1. Les primitives de C_m sont les fonctions F définies sur $[0\,;12]$ par $F(x) = 0{,}03 \times \dfrac{x^3}{3} - 0{,}27 \times \dfrac{x^2}{2} + 0{,}7x + k$; k nombre réel quelconque.
2. $C(x)$ est de la forme

$C(x) = 0{,}03 \times \dfrac{x^3}{3} - 0{,}27 \times \dfrac{x^2}{2} + 0{,}7x + k$.

$C(0) = k$; de $C(0) = 4{,}5$ on déduit $k = 4{,}5$.

Donc $C(x) = 0{,}03 \times \dfrac{x^3}{3} - 0{,}27 \times \dfrac{x^2}{2} + 0{,}7x + 4{,}5$.

Document-réponse du problème 22

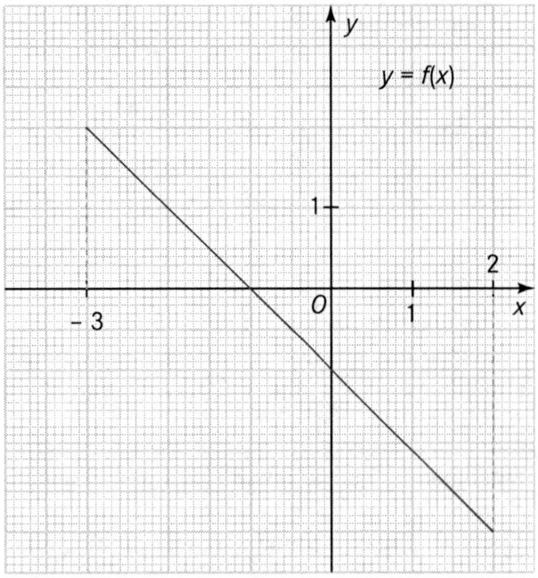

Figure 1

x	– 3		– 1		2
Signe de f(x)		+	0	–	

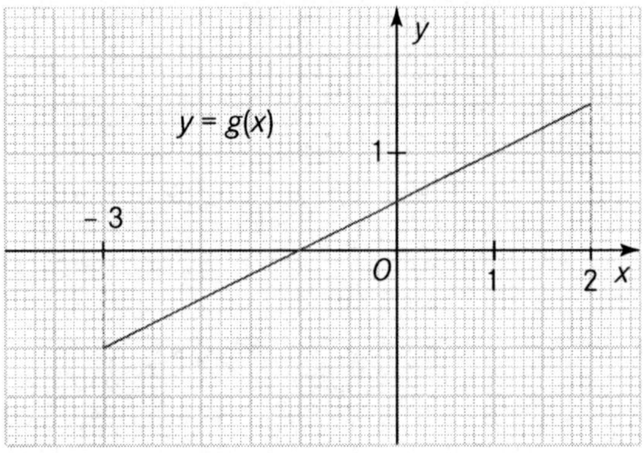

Figure 2

x	– 3		– 1		2
Signe de g(x)		–	0	+	

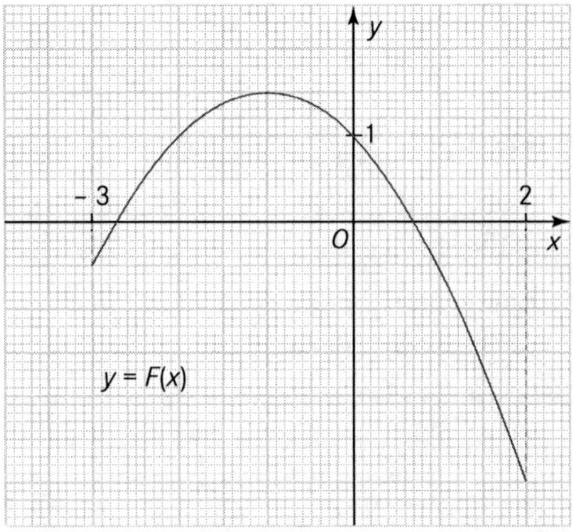

Figure 3

x	– 3		– 1		2
Variation de F	– 0,5	↗	1,5	↘	– 3

Document-réponse du problème 23

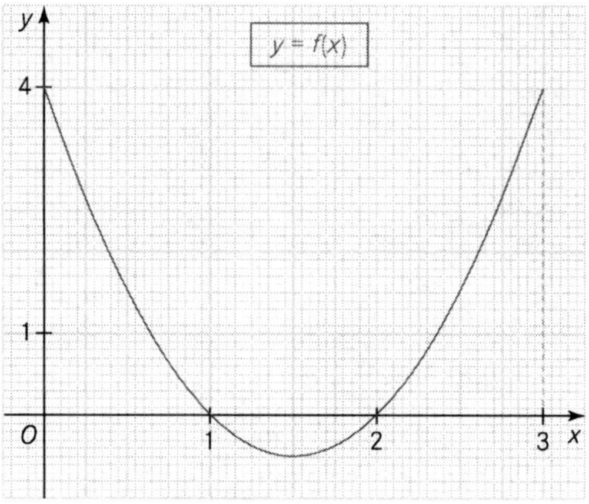

Figure 1

x	0		1		2		3
Signe de $f(x)$		+	0	−	0	+	

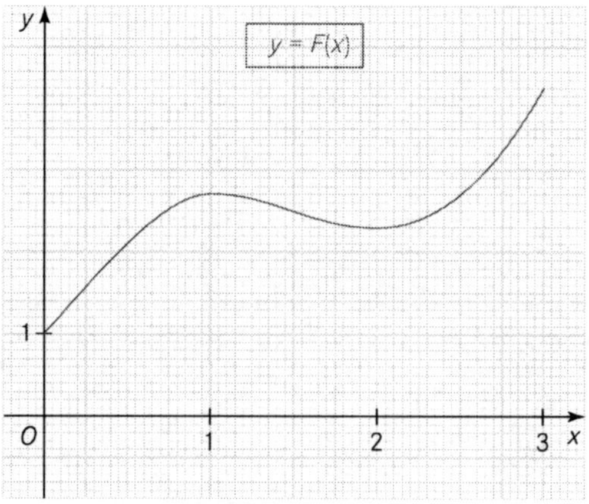

Figure 2

x	0	1	2	3
Variation de F	1	↗ 2,7	↘ 2,3	↗ 4

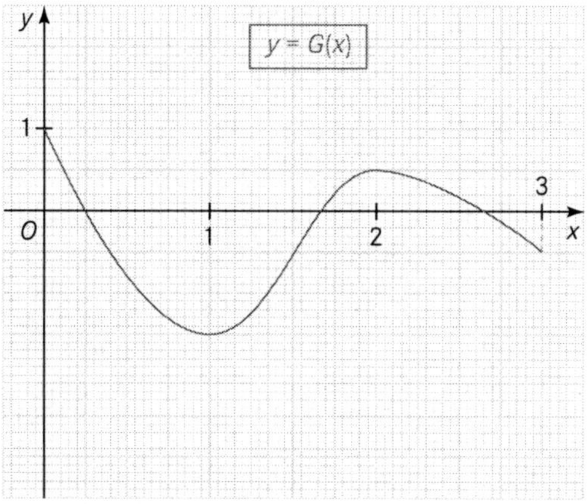

Figure 3

x	0	1	2	3
Variation de G	1	↘ − 1,5	↗ 0,5	↘ − 0,5

N° d'éditeur : 10173535-JPM- Dépôt légal : juillet 2011
Achevé d'imprimer en France sur les presses de JOUVE, Mayenne - N°717124J

Tout va bien

Cahier d'activités 3

Diesterweg

Tout va bien

Cahier d'activités 3

Erarbeitet von
Nicole Bartel, Köln
Anne Boßler-Beaulieu, Gießen
Isa Diedrigkeit, Potsdam
Katrin Feist, Markkleeberg
Dr. Regina Gerber, Potsdam
Anja Reif, Bad Dürkheim
Marie-Hélène Stucky, Plankstadt
Sandra Weißert, Linden
Dr. Antje Willma, Althen

Didaktische Beratung:
Marlies Scholze, Schwerin

Sprachliche Beratung:
Renate Hirsch, Angersdorf
Nathalie Judic, Karlsruhe

Druck A [4] / Jahr 2014
Alle Drucke der Serie A sind im Unterricht parallel verwendbar.

Redaktion: Dr. Swantje Dietsche und Mechthild Piel
Herstellung: Harald Thumser, Frankfurt
Umschlaggestaltung: idüll, Frankfurt
Illustrationen: Andrea Naumann, Aachen und Catherine Beaumont, Vitry-sur-Seine
Layout und Konzeption: Lohse Design, Büttelborn
Realisation: Bibliomania, Frankfurt
Druck und Bindung: westermann druck GmbH, Braunschweig

ISBN 978-3-425-**03632**-8

1 *Sophie raconte le début de ses vacances. Complète le texte avec des substantifs ou des verbes.*

Cette année, ma famille et moi, nous allons passer nos vacances en  ____________________,

dans une  ____________________, mais pas toute la famille, seulement mes parents et

moi! Mon frère Daniel, lui, part en  ____________________ avec ses copains. Mais à Douville en

Auge, il y a la  ____________________ pour moi et la  ____________________ et

les  ____________________ pour mes parents.

Maman a fait une réservation pour avoir une chambre, mais Cécile, la fille des Maertens, a oublié

de la  ____________________! Mais nous avons quand même eu de la  ____________________!

À la ferme, tout le monde doit aider: Mme Maertens est souvent dans la  ____________________,

elle prépare le  ____________________ pour les  ____________________.

Cécile, elle, va à la  ____________________ et met la table. Gilles, le fils de la maison,

doit  ____________________ aux  ____________________

et  ____________________ la  ____________________ aux touristes. Il est de mauvaise

 ____________________.

Les Maertens  ____________________ des réservations sur l' 

____________________,

par la 

____________________ et par  ____________________. Tout est possible!

2 a) *Complète les mots.*

ô u o a i é ê e y

Exemple: bureau

c _ p _ t _ l _   p _ _ s   r _ s _ rv _ t _ _ n   p _ st _   sp _ c _ _ l _ t _

p _ t _ t-d _ j _ _ n _ r   w _ _ k- _ nd   h _ t _   h _ b _ t _ nt

b) *Note les mots de a) avec leur article dans ton cahier. Après, trouve des définitions pour ces mots sans dire le mot cherché. Lis une définition. Tes camarades de classe doivent trouver le mot.*

Exemple: Mme Maertens y est quand la famille Berger arrive. (= le bureau)

3 a) *Dictée. Écoute bien et note les mots dans ton cahier. Puis, cherche l'intrus.*

b) *Qu'est-ce que les autres mots ont en commun?* Was haben die anderen Wörter gemeinsam?

4 a) *Vrai ou faux? Fais une croix dans la bonne case.*

	vrai	faux
1. La Grèce est dans l'ouest de l'Europe.	☐	☐
2. L'Allemagne est au nord-est de la France.	☐	☐
3. L'Espagne est au nord de la France.	☐	☐
4. La Suisse et l'Italie sont des voisins.	☐	☐
5. Le Portugal est à l'ouest de l'Espagne.	☐	☐
6. Le Canada est en Europe.	☐	☐
7. La Pologne est le voisin de la Belgique.	☐	☐
8. L'Angleterre est au sud de la France.	☐	☐
9. L'Autriche est à l'ouest de la Suisse.	☐	☐
10. La Grande-Bretagne est au nord-est de l'Allemagne.	☐	☐

b) *Corrige les phrases qui sont fausses dans ton cahier.*

5 AG § 1

a) *Complète les mots croisés avec les formes du verbe «recevoir».*

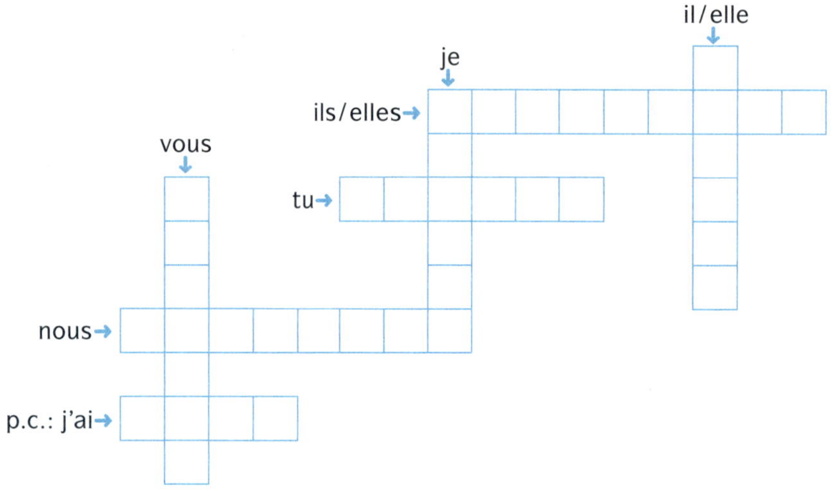

b) *Un journaliste écrit un article sur le travail de Mme Maertens. Complète le texte avec le verbe «recevoir».*

Le journaliste: Mme Maertens, quel est votre travail?

Mme Maertens: Je travaille dans notre ferme, nous y ______________ des touristes.

Le journaliste: Vous ______________ des touristes de pays différents?

Mme Maertens: Oui, je ______________ des demandes d'Allemagne, du Portugal et des États-Unis par exemple.

Le journaliste: Et vous répondez vite?

Mme Maertens: Oui, les touristes ______________ une réponse presque tout de suite parce que j'aime écrire des lettres ou des e-mails. Hier, par exemple, j'______________ une demande de Pologne et j'ai répondu tout de suite.

Le journaliste: Et M. Maertens ______________ des demandes pour des dégustation?

Mme Maertens: Oui, beaucoup! Vous voulez déguster notre cidre?

6 *Complète la carte avec les noms des pays. Trouve la capitale pour chacun de ces pays.*

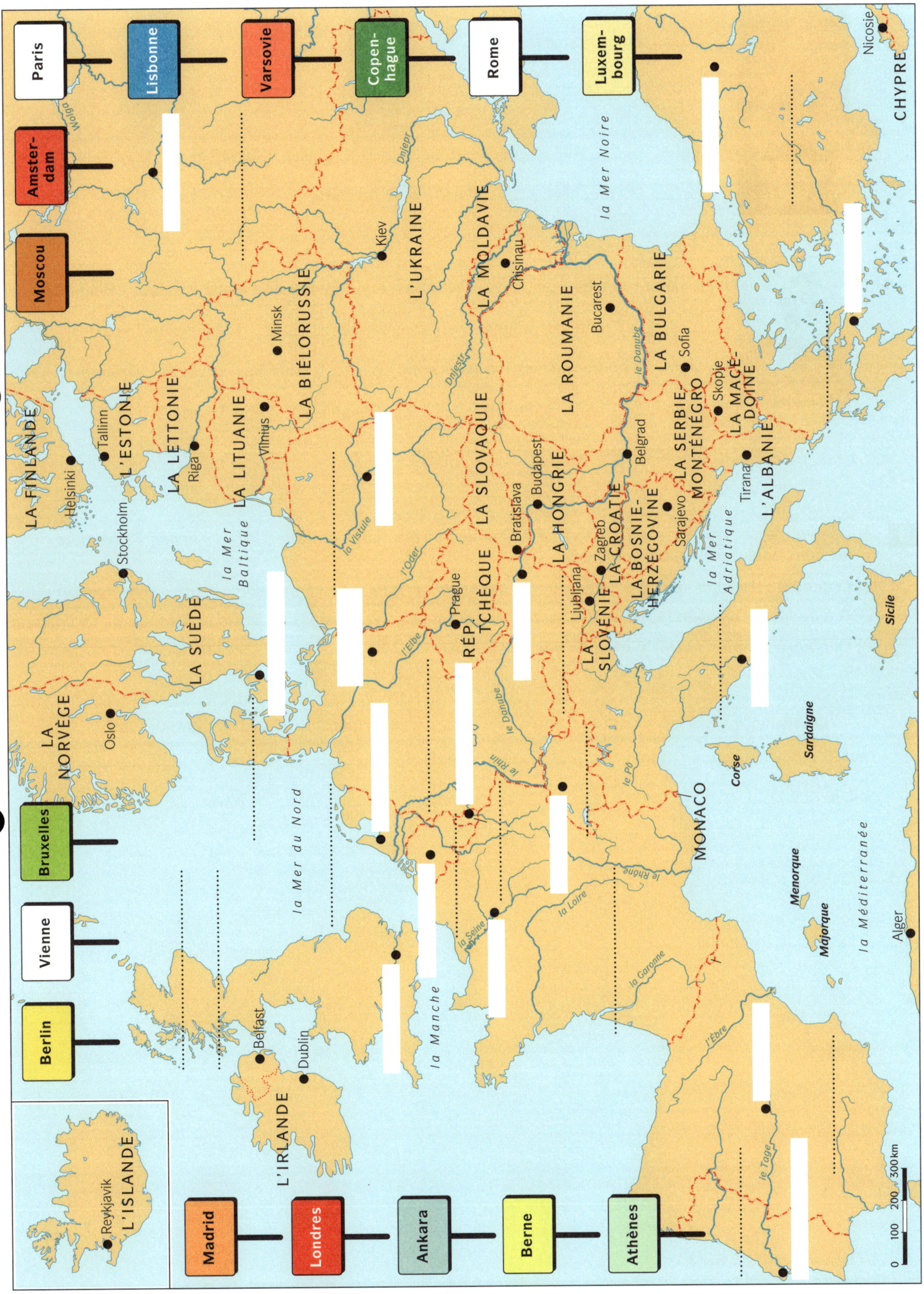

AG § 2

7 *Où sont les prépositions? Complète les textes avec les prépositions «du, d', en, aux» ou «au».*

1. 

Elle vient ________ Canada. Elle habite ________ États-Unis. Elle va souvent ________ France pour chanter.

Qui est-ce? ______________________________

2. 

Il vient ________ Allemagne. Il habite ________ Suisse. Chaque année, il va ________ Portugal et ________ Italie avec sa voiture!

Qui est-ce? ______________________________

3. 

Il est né et il a habité ________ Pays-Bas, mais il a travaillé aussi ________ Belgique et ________ Grande-Bretagne. Il est souvent allé ________ France pour faire des tableaux[1]. Aujourd'hui, ses tableaux sont ________ Pays-Bas, ________ Grande-Bretagne, ________ États-Unis, ________ Canada, ________ France, ________ Danemark et ________ Suisse par exemple.

Qui est-ce? ______________________________

LE, p. 15/9

8 a) *Lis le texte dans ton livre p. 15, exercice 9. D'où est-ce que les parents[2] de David viennent? Complète les pays dans l'arbre généalogique[3].*

b) *Comment est-ce que les parents de David s'appellent? Écoute bien et complète l'arbre généalogique.*

c) *Écoute bien! Complète les noms des tantes, oncles, cousins et cousines de David et les pays où ils habitent.*

d) *Quel(le) parent(e) de David n'habite pas en Europe?*

grand-mère:
nom: ________
pays: ________

grand-père:
nom: ________
pays: ________

grand-mère:
nom: ________
pays: ________
____

grand-père:
nom: ________
pays: ________

oncle:
nom: ________
pays: ________

mère:
nom: ________
pays: ________

père:
nom: ________
pays: ________

tante:
nom: ________
pays: ________

cousin(e):
nom: ________
pays: ________

David

cousin(e):
nom: ________
pays: ________

[1] ***le tableau*** [tablo] – das Gemälde
[2] ***les parents*** *m* [parɑ̃] – *hier:* die Verwandten
[3] ***l'arbre généalogique*** *m* [arbrəʒenealɔʒik] – der Stammbaum

9 a) *Réponds aux questions. Écris les réponses dans ton cahier. Utilise «y».*

AG §3

LE, p. 10–11

Exemple: Est-ce que Mme Maertens est **dans son bureau?** Oui, elle y est.

Est-ce que M. Maertens travaille dans la cuisine? Non, il n'y travaille pas.

1. Est-ce que Daniel va **en Italie**? Oui, il …
2. Est-ce que Daniel va aussi **en Normandie**? Non, il …
3. Est-ce que Sophie va **à la mer**?
4. Est-ce que Gilles est encore **au lit**?
5. Est-ce que M. Maertens travaille souvent **dans la nature**?
6. Est-ce que Gilles peut aller **en discothèque** avec ses amis?
7. Est-ce que les touristes reçoivent des informations **à l'office du tourisme**?
8. Est-ce que les Berger ont réservé une chambre **chez les Maertens**?

b) *Écoute bien! Réponds aux questions. Écris les réponses dans ton cahier. Utilise «en».*

1. Est-ce que Sophie et sa mère reviennent **de la plage**? Oui, elles en reviennent.
2. Est-ce que Cécile revient **de l'étable**[1]?
3. Est-ce que les Berger reviennent **de l'école**?
4. Est-ce que Mme Maertens revient **du bureau**?
5. Est-ce que Gilles revient **de la boulangerie**?
6. Est-ce que les touristes reviennent **du marché**?

c) *Réponds aux questions. Souligne d'abord les mots que tu dois remplacer. Écris les réponses dans ton cahier. Utilise «y» ou «en».*

1. Qui va passer ses vacances en Normandie avec ses parents? Sophie va y passer ses vacances.
2. Qui préfère aller à la mer?
3. Avec qui est-ce que Daniel va aller en Italie?
4. Qui sort du bureau quand les Berger arrivent?
5. Qui est dans la cuisine et prépare le petit-déjeuner pour les hôtes?
6. Qui va à la boulangerie pour acheter du pain et des croissants?
7. Que fait Cécile quand elle revient de la boulangerie?

10 *Tu es un maître de conjugaison?*

AG §4

1. Welche Präsensformen von *croire* klingen gleich? ______________________
2. Welche Präsensformen haben ein *s*? ______________________
3. Welche Präsensformen haben die meisten Buchstaben? ______________________
4. Welche Präsensformen haben ein *y*? ______________________
5. Welche Form von *croire* endet auf *u*? ______________________
6. Welche Form hat zwei *r*? ______________________

11 *Fais des phrases et écris-les dans ton cahier.*

Gilles Tu Vous Les Berger Nous Je On	croire que / qu'	tes parents permettent de faire ça? ils vont venir demain? ils peuvent déguster du fromage chez les Maertens. il va faire beau aujourd'hui. tu as menti. il ne doit pas aider ses parents. je ne peux pas participer à la compétition.

[1] ***l'étable*** *f* [etabl(ə)] – der Stall

12 *Gilles téléphone à son ami Nicolas pour dire qu'il ne peut pas jouer au foot avec lui. Travaillez à deux et faites le dialogue.*

p. 126 auto-contrôle

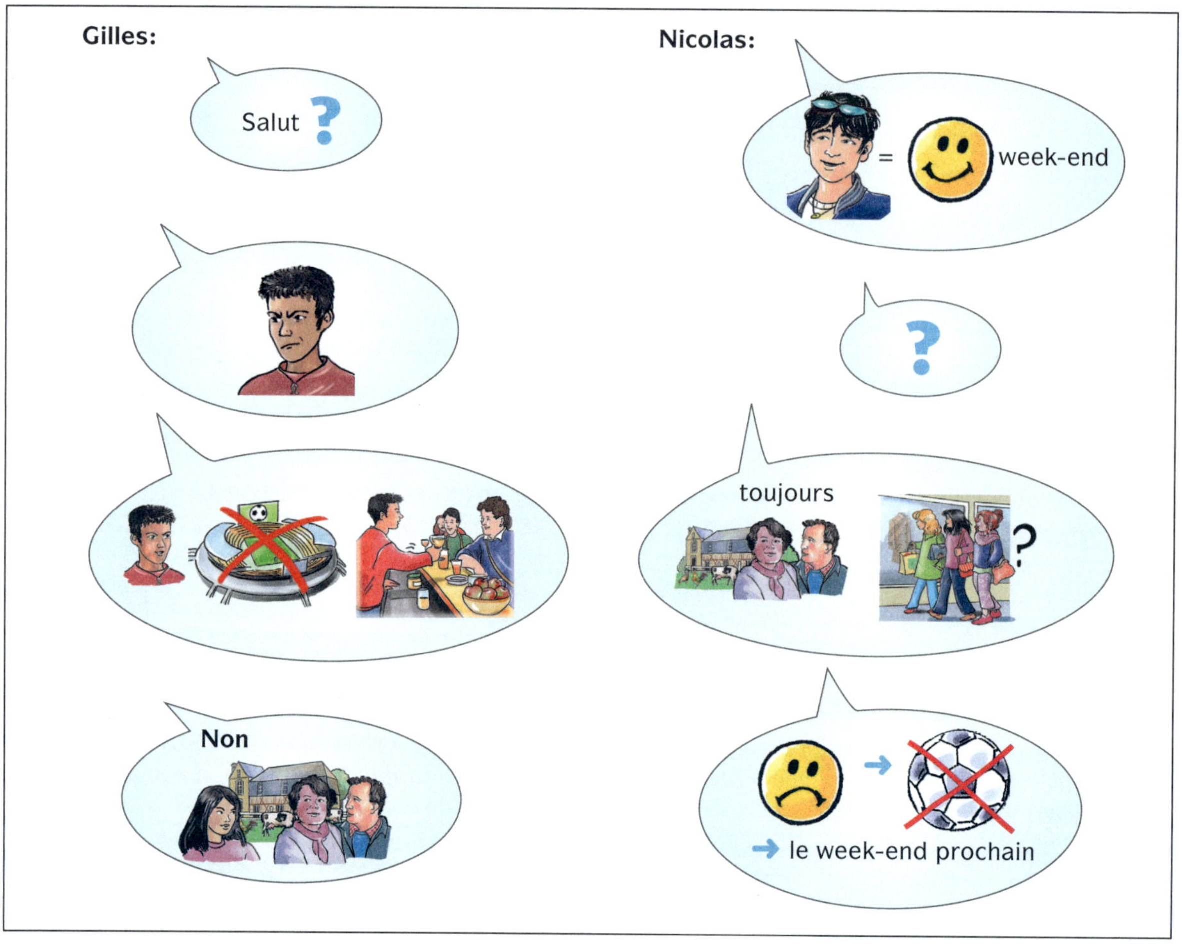

13 a) *Écoute bien les 4 dialogues. Fais une croix dans la bonne case.* Stelle fest, um welchen Dialogtyp es sich handelt.

Dialogue	**1**	**2**	**3**	**4**
Une demande				
Un problème				
Une invitation				

b) *Écoute encore une fois les 4 dialogues et trouve la bonne phrase. Fais une croix dans la bonne case.*

dialogue 1:

a) Les Morin ne peuvent pas venir parce que M. Morin est malade. ☐

b) Les Morin ne peuvent pas venir parce que Mme Morin est malade. ☐

dialogue 2:

a) Robert a perdu la clé et M. Maertens n'a plus de clé pour la chambre. ☐

b) Robert a oublié la clé dans la chambre et la porte est fermée. ☐

dialogue 3:

a) Régine va voir Nicole pour son anniversaire. ☐

b) Régine a invité son amie pour la dégustation le week-end. ☐

dialogue 4:

a) M. Maertens doit acheter des baguettes. ☐

b) M. Maertens veut acheter la voiture de Claude. ☐

1 *Lis les textes dans le livre p. 18–19 et réponds aux questions. Écris les réponses dans ton cahier.*

LE, p. 18–19

1. C'est quel jour?
2. Quels sont les différents programmes de la famille Berger?
3. Qu'est-ce que la famille Berger fait ce jour-là?
4. Qu'est-ce que Mme Vasconcelos achète pour sa famille?
5. Beaucoup d'hôtes écrivent dans le livre d'or de la famille Maertens. Ils viennent de quels pays?
6. Combien coûte une chambre d'hôte chez les Maertens?
7. Quand est-ce que les Schulze veulent venir?
8. De quel pays est-ce que Mme Maertens a reçu un e-mail?
9. Qu'est-ce que les Bergheim veulent apporter?
10. Qui est Mme Paul?

2 a) *Trouve un mot de la même famille (verbe ou nom). N'oublie pas l'article défini pour le nom.*

1. déguster – ______________
2. le fromage – ______________
3. la fin – ______________
4. grec – ______________
5. habiter – ______________
6. l'hôtel – ______________
7. répondre – ______________
8. vendre – ______________
9. réserver – ______________
10. demander – ______________

b) *Travaillez en groupe. Écrivez des phrases avec le plus de mots possibles dans votre cahier. Quel groupe fait la phrase la plus longue?* Welche Gruppe bildet den längsten Satz?

Exemple: J'ai **réservé** une chambre à l'«**Hôtel** de la Plage» où on **vend** du **fromage** et on peut le **déguster**.

3 *Dans quels pays parle-t-on l'allemand, l'anglais, l'arabe, l'espagnol ou le français? Complète les bulles avec les pays «la France, la Grande-Bretagne, le Canada, l'Autriche, les États-Unis, l'Allemagne, l'Espagne, la Suisse, le Luxembourg, la Belgique, le Mexique[1], la Tunisie[2], le Maroc[3]».*

AG § 5

On parle:

1. *l'anglais:* en Grande-Bretagne, ______________

2. *le français:* ______________

3. *l'espagnol:* ______________

4. *l'allemand:* ______________

5. *l'arabe:* ______________

[1] ***le Mexique*** [mɛksik] – Mexiko
[2] ***la Tunisie*** [tynizi] – Tunesien
[3] ***le Maroc*** [marɔk] – Marokko

4 ***Mots mêlés.*** *Trouve les 10 nationalités dans la grille.*

P	O	L	O	N	A	I	S	E	T
E	T	A	N	G	L	A	I	S	G
W	D	A	N	O	I	S	T	P	Z
A	R	Z	U	P	F	Q	W	A	I
F	R	A	N	Ç	A	I	S	G	T
A	L	L	E	M	A	N	D	N	A
Y	G	Z	H	E	G	K	G	O	L
B	E	T	E	S	R	E	R	L	I
N	R	U	S	S	E	Z	J	P	E
A	U	T	R	I	C	H	I	E	N

5 *Travaillez à deux. Après les grandes vacances, en classe, vous parlez des souvenirs que vous avez rapportés avec vous. Posez des questions et répondez.*

Partenaire A	***Partenaire B***
– le chocolat / Belgique? *= Le chocolat* ***vient de Belgique****?* *(– Oui, c'est du chocolat* ***belge****.)*	*(– Le chocolat* ***vient de Belgique****?)* *= – Oui, c'est du chocolat* ***belge****.* 
(– Le fromage **vient d'Italie**?) 	– le fromage / Italie? (– Oui, c'est un fromage **italien.**)
– le thé[1] / Grande-Bretagne? (– Oui, c'est du thé **anglais.**)	(– Le thé[1] **vient de Grande-Bretagne**?) 
(– Les chaussures **viennent des Pays-Bas**?) 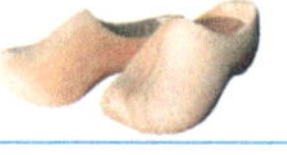	– les chaussures / Pays-Bas? (– Oui, ce sont des chaussures **néerlandaises.**)
– la BD / Belgique? (– Oui, c'est une BD **belge**.)	(– La BD **vient de Belgique**?) 
(– Le CD **vient de Grèce**?) 	– le CD / Grèce? (– Oui, c'est un CD **grec**.)
– le cidre / France? (– Oui, c'est du cidre **français**.)	(– Le cidre **vient de France**?) 
(– Le sac **vient de Turquie**?) 	– le sac / Turquie? (– Oui, c'est un sac **turc**.)
– les stylos / Portugal? (– Oui, ce sont des stylos **portugais**.)	(– Les stylos **viennent du Portugal**?) 
(– Le tee-shirt **vient du Danemark**?) 	– tee-shirt / Danemark? (– Oui, c'est un tee-shirt **danois**.)
– drapeau / France? (– **Non**, c'est un drapeau **espagnol**.)	(– Le drapeau **vient de France**?) 

[1] ***le thé*** [te] – der Tee

6 a) *Écoute bien et complète le tableau.*

prénom	Je viens de / du / des	nationalité de	Je parle	J'apprends
		ma mère: mon père:		
		ma mère: mon père:		
		ma mère: mon père:		
		ma mère: mon père:		

b) *Travaillez à deux. Présentez les jeunes de a). Élève A présente un des personnages, mais sans dire son prénom. Élève B trouve le prénom du personnage.*

7 *Cette semaine, les Maertens ont beaucoup d'hôtes. Tout est complet. M. Maertens veut savoir qui est là. Sa femme l'informe. Aide M. Maertens à comprendre et complète le tableau.*

chambre d'hôtes

	chambre 12	chambre 13	chambre 14	chambre 15	chambre 16
nom					
personnes					
nationalité					
activité					
souvenir					

1. M. et Mme Vasconcelos viennent d'Espagne. Ils habitent au N° 12.
2. Les deux enfants de M. et de Mme Romarin aiment faire du bateau.
3. Une famille aime faire du bateau. Elle habite à côté des Berger, la famille franco-allemande[1].
4. Les Romarin ont acheté des cartes postales.
5. Les Berger, M. et Mme Berger avec Sophie, habitent au N° 13.
6. Les Espagnols aiment nager.
7. Les Danois ont acheté toutes les spécialités de la Normandie pour leur famille.
8. La famille espagnole a acheté du fromage pour les amis.
9. La famille belge habite au N° 14.
10. Marit et Kjeld Folling du Danemark visitent beaucoup de musées en Normandie.
11. Les Berger aiment faire de la planche à voile et déguster du cidre.
12. M. et Mme Keating habitent entre les Romarin et les Folling.
13. Les Anglais aiment faire des promenades. Ils ont acheté de la confiture des Maertens.

[1] ***franco-allemand*** [frɑ̃koalmɑ̃] – französisch-deutsch

8 *À toi maintenant! Présente-toi et présente aussi ta famille dans une fiche portrait comme dans l'exemple. Tu peux ajouter des photos ou des dessins.*

Ma fiche portrait
Je m'appelle Cathleen.
J'ai 15 ans.
Mes parents, mon petit frère et moi, nous habitons à Althen, près de Leipzig. C'est en Allemagne.
Je suis née en Allemagne.
Je suis Allemande.
Je parle allemand, français et anglais.
Les pays voisins de mon pays sont la France, la Belgique, la Pologne, la Suisse, l'Autriche, le Danemark, la République Tchèque et les Pays-Bas.
Mes parents et mes grands-parents sont Allemands aussi.
Ils habitent aussi en Allemagne.

9 a) *Écoute bien la chanson et complète le texte.*

In-Grid: Tu m'as promis (Text: Alberini, Ingrid/ Soucini, Marco)

Tu m'as ____________

Et je t'ai ____________

Tu m'as promis le ____________ en ____________ et un arc en ciel[2]

Tu m'as promis le ____________ doré[3], j'ai ____________ une ____________

Tu m'as promis le ciel[4] et la terre[5] et une vie d'amour[6]

Tu m'as promis ton cœur[7], ton sourire[8], mais j'ai eu[9] des grimaces[10]

Tu m'as ____________

Et je t'ai ____________

Tu es foutu[11] Tu-tu-tu …

____________ ce qui se passe

Mais je ____________ on m'appelle ____________ pas de ____________

savoir vivre

fiche portrait

nom:	Ingrid Emiliana Alberini
pseudo:	In-Grid
anniversaire:	11 septembre
origine[1]:	Italie
frères et sœurs:	une sœur, Sabrina
langues:	français, italien, espagnol (un peu)
hobbies:	cinéma, dessin, animaux, philosophie
animaux:	lièvres, chats, un chien

b) *À toi maintenant! Écris une strophe pour cette chanson dans ton cahier. Tu peux écrire sur les vacances, l'amour[12] ou …*

Exemple: Tu m'as promis une lettre tous les jours …

[1] ***l'origine*** *f* [ɔriʒin] – die Herkunft
[2] ***l'arc-en-ciel*** *m* [arkɑ̃sjɛl] – der Regenbogen
[3] ***doré*** [dɔre] – golden
[4] ***le ciel*** [sjɛl] – der Himmel
[5] ***la terre*** [tɛr] – die Erde
[6] ***la vie d'amour*** [vidamur] – das Leben voller Liebe
[7] ***le cœur*** [kœr] – das Herz
[8] ***le sourire*** [surir] – das Lächeln
[9] ***j'ai eu*** – *hier:* ich habe bekommen
[10] ***la grimace*** [grimas] – die Grimasse
[11] ***foutu*** [futy] – kaputt, erledigt
[12] ***l'amour*** *m* [amur] – die Liebe

10

AG §6, 7

Les verbes en -ir				
	ohne Stammerweiterung		*mit Stammerweiterung*	
infinitif				
je				
tu				
il / elle / on				
nous				
vous				
ils / elles				
p.c.: je / j'				

a) *Complète la première ligne du tableau avec les verbes «partir – choisir – mentir – finir».*

b) *Cherche les formes des verbes dans le «mot» suivant et écris-les dans le tableau.*

choisissentpartmententfinissezfinitpartonschoisimens

c) *Complète le tableau avec les formes qui manquent encore.*

11 *Complète le texte avec les verbes «dormir, partir, sortir, choisir, finir, réfléchir».*

M. Maertens: Chérie, tu as ________________ le travail au bureau?

Mme Maertens: Non, je ________________ encore. Deux hôtes ________________ demain et les jeunes d'Italie ________________ leurs vacances.

M. Maertens: Et où est le problème? Arrête maintenant. Tu sais qu'on ________________ ce soir. Danielle fête son anniversaire.

Mme Maertens: Oui, mais je réponds vite encore à une demande de Belgique et je ________________ les chambres pour les nouveaux hôtes d'Allemagne.

M. Maertens: C'est toujours la même chose. Tu travailles trop et tu ne ________________ pas assez.

12 ***Attention à la prononciation!***

a) *Écoute bien! Souligne les sons* [s] *en rouge et les sons* [z] *en vert.*

La famille Berger passe la journée à Deauville. Après la plage, c'est la visite de la ville. Leur guide est très dynamique[1]! «Vous voici en vacances! Ne pensez plus à l'ascenseur du bureau ou aux leçons et aux zéros et passez un séjour amusant! Vous allez visiter avec moi des places, des églises et des maisons de cette belle ville française. Vous avez des bonnes chaussures? Allez, j'ai déjà assez parlé; avançons[2] maintenant!»

b) *Comment est-ce qu'on peut écrire le son* [s] ? ________________________________

c) *Comment est-ce qu'on peut écrire le son* [z]  ? ________________________________

[1] ***dynamique*** [dinamik] – dynamisch
[2] ***avancer*** [avɑ̃se] – *hier:* weitergehen

LE, p. 24/ savoir faire

13 a) *Quelques élèves de Mme Paul veulent lui faire une surprise. C'est pourquoi Patrick a écrit une lettre à la famille Maertens parce que Mme Maertens n'a pas encore appelé Mme Paul. Lis le texte de la lettre et souligne les expressions qui ne sont pas correctes.*

b) *Corrige les fautes et refais la lettre dans ton cahier. N'oublie pas l'adresse et la date.*

Objet: demande d'une visite
Éric et Régine Maertens
Lieu Roussel
F-14430 Douville en Auge

Patrick Sperber
Daimlerstr. 47
49809 Lingen

Lingen, 19.09.2006

Salut, Madame Maertens,

ça va? Je m'appelle Patrick et j'écris au nom de ma classe. Notre prof de français a laissé un message sur ton répondeur. Tu n'as pas encore rappelé. Pour nous, c'est le premier voyage en Normandie. Nous sommes déjà très curieux. Nous voulons bien venir à ta ferme le 05.03. C'est possible? J'attends ta réponse.

Salut, Patrick Sperber

LE, p. 25/13

14 *Tu es déjà un spécialiste de la Normandie? Fais une croix derrière la réponse correcte. Avec les lettres des réponses correctes, tu peux trouver un mot. C'est la solution.*

1. Où est la Normandie?
   - k dans l'est de la France.
   - l dans le nord de la France.
   - m dans le sud de la France.

2. Le cidre est
   - i une boisson.
   - j un repas.
   - k une ville.

3. La ferme des Maertens se trouve
   - c à Honfleur.
   - d à Rouen.
   - e à Douville en Auge.

4. Un personnage important de Normandie, c'est
   - t Vincent van Gogh.
   - u Guillaume le Conquérant.
   - c Gérard Depardieu.

5. En Normandie, il y a
   - r quatorze cimetières américains.
   - s quatre cimetières américains.
   - t quarante cimetières américains.

6. Quelles sont des régions voisines de la Normandie?
   - m la Bretagne, la Picardie et la Provence
   - n l'Île de France, l'Alsace et le Nord-Pas-de-Calais
   - o la Bretagne, les Pays de la Loire et l'Île de France

7. La place du Vieux-Marché avec l'église «Jeanne d'Arc», on peut la visiter
   - u à Rouen.
   - v à Honfleur.
   - w à Bayeux.

8. Le pont de Normandie est une construction moderne
   - q de 1899 mètres.
   - r de 2335 mètres.
   - s de 2141 mètres.

9. Par le pont de Normandie, on traverse
   - r le Rhône.
   - s la Seine.
   - t la Loire.

10. Le Mont Saint-Michel est
    - c en Normandie.
    - d en Bretagne.
    - e entre la Normandie et la Bretagne.

11. Tu vas dans un magasin et tu achètes un Pont l'Evêque. La vendeuse te donne
    - l un fromage.
    - m une bouteille de vin.
    - n un gâteau.

solution:

1	2	3	4		5	6	7	8	9	10	11

Qu'est-ce que c'est? ______________________________

1 *C'est Lille ou Liège? Fais une croix dans la bonne case. Attention, deux croix à la fois sont possibles!*

LE, p. 28–29, 30/savoir vivre

	OFFICE DU TOURISME LILLE	LIÈGE OFFICE DU TOURISME
La ville est très belle.		
LOSC est le club de foot de la ville.		
Il y a beaucoup de musées dans la ville.		
La ville est jumelée avec Cologne et Liège.		
Le dimanche, il y a beaucoup de monde au marché de la Batte.		
La ville se trouve à 40 km d'Aix-la-Chapelle.		
Un de ses quartiers s'appelle Robermont.		
La ville est jumelée avec Lille et Cologne.		
Dans la ville, on aime les Géants.		
Le quartier moderne de la ville s'appelle EURALILLE.		

2 a) *Vrai ou faux? Lis d'abord le «savoir vivre» dans ton livre, p. 30. Ensuite, regarde les images et lis le texte. Vérifie les informations à l'aide de livres ou de l'internet. Souligne les fautes et corrige le texte dans ton cahier.*

LE, p. 30/ savoir vivre

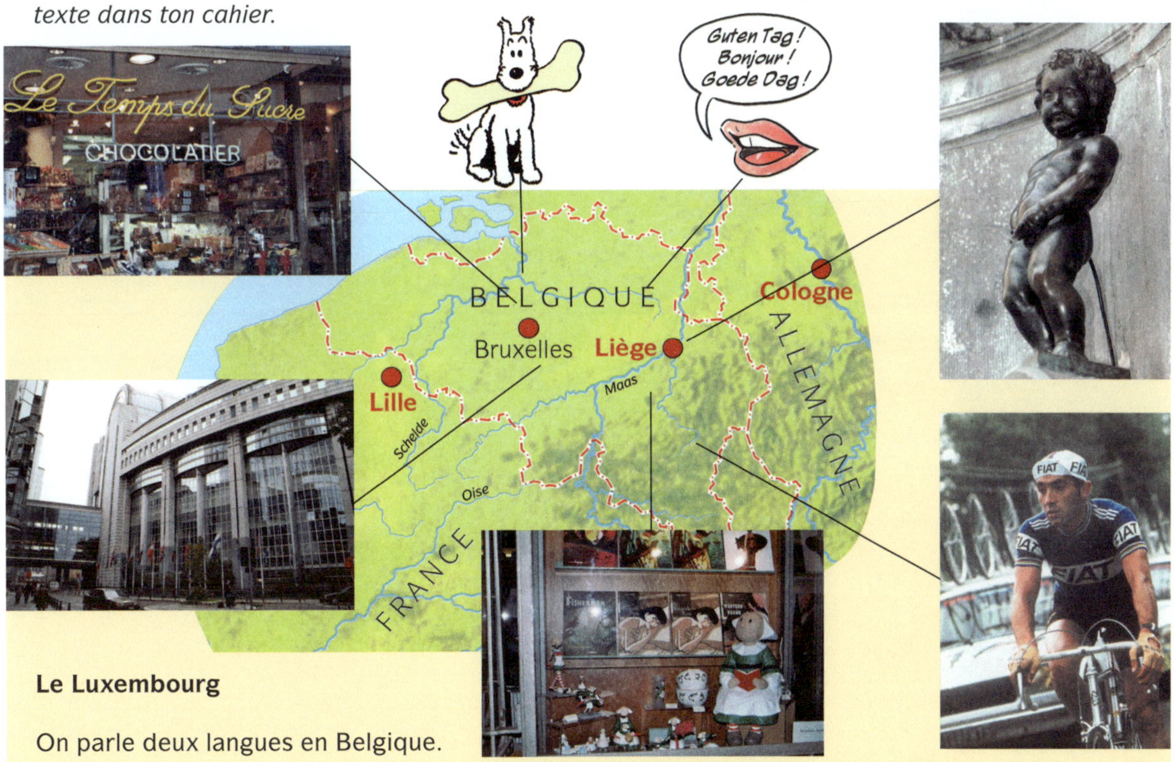

Le Luxembourg

On parle deux langues en Belgique.

La capitale du pays, Zebruges, est aussi la capitale de l'Amérique.

Les Belges aiment beaucoup leur «Manneken-Pis» qui se trouve au centre de Liège. Une grande attraction pour les jeunes, c'est le «Centre Belge de la Bande Dessinée» à Ostende. Les Belges aiment les CD, comme «Tintin» avec son chien Idéfix. Le fromage belge est très célèbre. Les Belges et le sport? Bien sûr, ils aiment bien faire du ski. Le coureur belge Erik Zabel a gagné 7 fois le Tour de France. Il y a aussi des tours belges, comme le «Tour de Bruxelles».

b) *Quel Tour est-ce qu'il y a eu en 2004 pour la première fois en Belgique? Trouve la réponse sur l'internet: http://www.rvv.be.* ______________________________

3 a) *Écoute bien et note les lettres.*

b) *Forme un mot avec les lettres de a) et ajoute le bon article indéfini.*

Exemple: a) e l b i q u b i o t h è → b) = *une bibliothèque*

1. → ______
2. → ______
3. → ______
4. → ______
5. → ______
6. → ______
7. → ______
8. → ______

4 a) *Que font Léa et Lars? Écris les verbes à l'infinitif.*

AG § 9

a –  ______

b – 

______

c –  ______

d –  ______

e –  ______

f – 

______

g –  ______

h –  ______

b) *Écoute bien et regarde les dessins de a). Écris les numéros des phrases que tu entends dans les cases de a).*

c) *Raconte l'histoire dans ton cahier.*

5 a) *Trouve les pronoms réfléchis pour les formes de b).* Manche Buchstaben werden mehrfach verwendet.

b) *Complète la conjugaison de «se laver» au présent.*

je ______ lav______

tu ______ lav______

il/elle/on ______ lav______

nous ______ lav______

vous ______ lav______

ils/elles ______ lav______

6 *Regarde les images. Qu'est-ce qu'ils font? Qu'est-ce qu'ils ne font pas?*

1. 
(s'inquiéter)

Nous nous inquiétons un peu.

Le fils *ne s'inquiète pas.*

2. 
(s'occuper de)

Je ______ *des élèves.*

Elle ______

3. 
(s'arrêter)

______

______

4. 
(s'habiller)

______

______

7 a) *Pour le journal des élèves, un camarade de classe de Bertrand fait une interview avec des jeunes de l'échange, des profs et des parents. Voilà quelques réponses. Complète les phrases avec «s'ennu**y**er, pa**y**er» et «env**oy**er».*

1. *Un prof:* Avec leur argent de poche, mes élèves ______ par exemple des cartes postales. Ils les ______ à leurs parents ou à leurs amis à Lille.

2. *Une élève:* Non, non, on ne ______ pas ici. Tu sais, notre prof nous ______ à pied dans tous les quartiers de la ville. Mais, il ne nous ______ pas de nouvelles chaussures!

3. *Un élève:* Moi, je ______ un peu à l'école le matin. C'est pourquoi j'______ des lettres aux filles. Mais pour ça, je ______ toujours. Le prof m'______ devant la porte, et là, je ______...

4. *Deux filles:* Oui, nous ______ un «petit bonjour» à nos parents. Mais pour ça, nous ne ______ pas de timbres. Moi, je téléphone et mon amie ______ un e-mail à ses parents.

b) *Trouve les questions aux réponses de a).*

1. ____

2. **et** 3. ____

4. ____

8 a) *Les élèves et les professeurs discutent. À quoi ou à qui est-ce qu'ils s'intéressent? Fais des phrases dans ton cahier.*

Un garçon Moi, je Beaucoup de garçons Toi, tu Notre prof de français Les profs d'histoire Anne et Julia, vous Nous	s'intéresser **à**	les vieux cimetières. les différentes langues. l'église Saint-Pholien. la cuisine belge. les prix des vêtements dans les boutiques. les BD et les romans belges. le bon chocolat belge. les filles belges.

b) *Et à quoi ou à qui est-ce que vous **ne** vous intéressez **pas**? Écris des phrases dans ton cahier.*

9 a) *Tu prépares un sondage. D'abord, prépare les questions.*

1. s'appeler – Comment? *Comment est-ce que tu t'appelles?*
2. se réveiller – À quelle heure? ____
3. se lever – À quelle heure? ____
4. se laver – À quelle heure? ____
5. se brosser les dents – Pendant combien de minutes? ____
6. se dépêcher quand tu t'habilles? ____
7. se coucher – À quelle heure? ____
8. s'intéresser – À quoi? ____

b) *Fais un tableau dans ton cahier. Écris tes réponses aux questions de a) dans le tableau. Puis, pose les questions à deux amis et note aussi leurs réponses.*

Exemple:

	moi	*A*	*B*
1.	*Lena*	*Thomas*	*Marc*

c) *Décris ta journée et la journée de tes amis dans ton cahier.*

Exemple: *Moi, je m'appelle …*

d) *Cherche les réponses qui sont pareilles*[1] *et réécris les phrases à la première ou la troisième personne du pluriel.*

Exemple: *Mon ami(e) et moi, nous …*

[1] ***pareil,le*** [parɛj] – gleich

10 ***C'est «à» ou «de»?***

AG § 10

1. Legt zuerst fest, wer *partenaire A* und wer *partenaire B* ist.
2. Formuliert Fragen und Antworten, indem ihr die angegebenen Verben konjugiert und die richtige Präposition *(à, de)* einsetzt.
3. Kontrolliert euch gegenseitig.
4. Wechselt die Rollen nach einem Durchgang.

Partenaire A	***Partenaire B***
• *Je – te – inviter ~ venir chez moi regarder un DVD. Qu'est-ce que tu en penses?* *= Je t'invite à venir chez moi regarder un DVD. Qu'est-ce que tu en penses?* ***(• J'ai envie de venir, mais j'ai oublié de faire mes devoirs.)***	***(• Je t'invite à venir chez moi regarder un DVD. Qu'est-ce que tu en penses?)*** • *Je – avoir envie ~ venir, mais je – oublier ~ faire mes devoirs.* *= J'ai envie de venir, mais j'ai oublié de faire mes devoirs.*
• Apporte tes devoirs, je – te – aider ~ les faire. **(• Mais tu es nul en maths. Tu vas arriver à m'aider?)**	**(• Apporte tes devoirs, je t'aide à les faire.)** • Mais tu – être – nul en maths. Tu – aller – arriver ~ m'aider?
• Je – pouvoir – demander à ma sœur ~ t'aider. Elle est bonne en maths. **(• Ta sœur? Tu es sûr? Elle ne rêve pas de passer l'après-midi avec nous.)**	**(• Je peux demander à ma sœur de t'aider. Elle est bonne en maths.)** • Ta sœur? Tu es sûr? Elle – ne pas rêver ~ passer l'après-midi avec nous.
• Tu – commencer ~ m'ennuyer. Tu viens ou tu ne viens pas? **(• Bon, d'accord. J'arrête de t'ennuyer. Je vais venir.)**	**(• Tu commences à m'ennuyer. Tu viens ou tu ne viens pas?)** • Bon, d'accord. Je – arrêter ~ t'ennuyer. Je – aller – venir.

11 a) *Qui ment? Qui ne ment pas? Complète les phrases avec les formes du verbe «mentir» et relie les 2 parties des phrases.*

1. Je sais que tu ________ certaines fois	a) quand je n'ai pas fait mes devoirs.
2. Je ne ________ presque pas	b) quand ils écrivent des romans.
3. Nous ne ________ jamais	c) quand tu arrives en retard.
4. On ne doit pas ________	d) quand elle parle.
5. Ma perruche ________ toujours	e) quand on vous demande si vos copains ont fumé une cigarette?
6. Les écrivains[1] ________ peut-être un peu	f) quand nous répondons aux questions de la police.
7. Est-ce que vous ________	g) quand les parents demandent quelque chose.

[1] ***l'écrivain*** *m* [ekrivɛ̃] – der Schriftsteller

b) *Écoute bien! Regarde la carte. Est-ce que la météo de la radio a menti ou est-ce qu'elle n'a pas menti? Écris les réponses dans ton cahier.*

La météo a menti parce que / qu' ...

La météo n'a pas menti parce que / qu' ...

en Europe
en Allemagne

à Liège
à Lille
à Cologne
à Paris
à Bruxelles

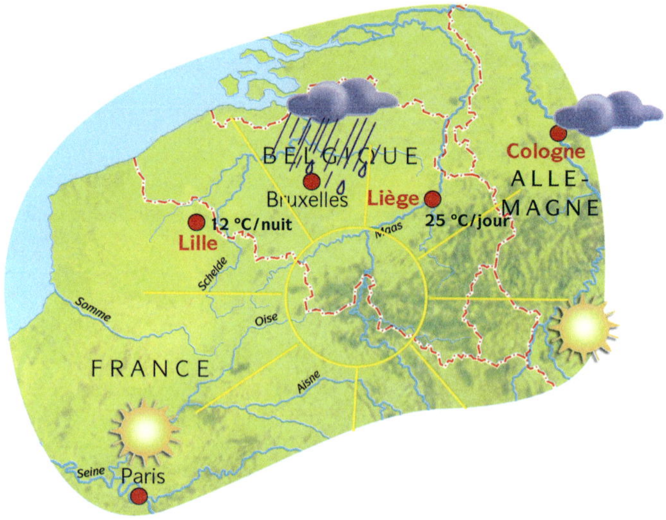

AG § 11

12 *Complète les phrases par «qui, que / qu', où».*

Voilà un roman policier

– ______ coûte seulement deux euros.

– ______ peut être intéressant.

– ______ nous pouvons lire en français.

– ______ n'a pas beaucoup de pages.

– ______ parle d'un mort au restaurant.

– ______ les filles et les garçons adorent.

– ______ les grands-parents n'aiment peut-être pas trop.

– ______ on peut offrir à un ami / une amie.

– C'est à la librairie ______ on peut acheter ce livre.

13 *Complète le texte avec les pronoms relatifs «qui, que / qu', où».*

Léa, __________ a rencontré Lars et Bertrand pour la première fois à Lille, est très heureuse. Elle a retrouvé ses amis à Liège __________ il y a une nouvelle rencontre des jeunes des villes jumelées. Elle habite dans une famille __________ est très gentille, mais elle sort souvent avec ses amis. Le premier jour, elle a vu un homme __________ a demandé le chemin à sa copine. C'est cet homme __________ elle a vu encore une fois par la fenêtre de la chambre de Bertrand. Et elle a vu cet homme une troisième fois à la bibliothèque __________ les amis cherchaient[1] des BD. Là, ce monsieur a perdu une feuille __________ est tombée de sa poche. Et maintenant, les mots __________ les amis lisent font peur. Mais Léa, __________ est aussi curieuse, veut connaître le secret de l'homme. Alors, elle oublie sa peur et elle va avec les garçons __________ veulent faire comme la police.

[1] ***cherchaient*** [ʃɛrʃɛ] – suchten

1 a) *Écoute bien! Où sont-ils? Que font-ils? Fais une croix dans la bonne case.*

LE, p. 38–39

1. ☐ partir tôt
   ☐ partir tard
   ☐ ne pas partir

2. ☐ être dans la cuisine, voir une souris, s'arrêter
   ☐ être dans la rue, entendre un cheval, s'arrêter
   ☐ être dans la rue, entendre un chien, s'arrêter

3. ☐ reconnaître le chien
   ☐ reconnaître l'homme bizarre
   ☐ reconnaître la voiture

4. ☐ traverser la rue
   ☐ traverser le pont
   ☐ traverser la place

5. ☐ arriver à l'église, entendre parler deux hommes
   ☐ arriver à l'église, entendre les cloches
   ☐ arriver à l'église, ne rien entendre

6. ☐ ouvrir un lecteur de CD, chanter
   ☐ ouvrir un livre, lire
   ☐ ouvrir la porte de l'église, crier

7. ☐ médecin, parler d'un mort
   ☐ professeur, parler de l'église
   ☐ journaliste, parler d'un livre

b) *Écris l'histoire dans ton cahier à l'aide des réponses de a).*

2 a) *Tintin en Amérique. Trouve les mots correspondants (article défini + nom).*

b) *Qu'est-ce que l'Indien dit?*

1. In der Sprechblase des Indianers findest du ebenfalls Bezeichnungen für Körperteile: Wer ist mit *visage-pâle* und wer mit *pieds-noirs* gemeint?

2. Welches Schicksal steht *Tintin* bevor? Erschließe unbekannte Vokabeln anhand ihrer Ähnlichkeit zum Deutschen oder schlage im *minidictionnaire* nach. Ein Tipp: *il mourra* hat die gleiche Bedeutung wie *il va mourir*.

minidictionnaire

3 a) *Où ont-ils mal?*

Exemple:  Le père de Bertrand a mal aux oreilles ou à la tête.

1.  ______________________ ______________________

3.  ______________________ ______________________

2.  ______________________ ______________________

4.  ______________________ ______________________

b) *Travaillez à deux. Ton voisin décrit un personnage et toi, tu fais le dessin.*

C'est un homme avec un grand nez, un gros ventre et il rit.

4 ***Attention à la prononciation!***

a) *Écoute bien! Fais une croix dans la bonne case. Cherche l'intrus.*

	Mireille	l'œil	le travail	vieil	Joëlle	Marseille	Argenteuil	M. Paille	la feuille
[aj]	☐	☐	☐	☐	☐	☐	☐	☐	☐
[ɛj]	☐	☐	☐	☐	☐	☐	☐	☐	☐
[œj]	☐	☐	☐	☐	☐	☐	☐	☐	☐

l'intrus: ______________________

b) *Regarde les mots de a). Comment est-ce qu'on peut écrire ces sons?*

[aj] ______________________ [œj] ______________________

[ɛj] ______________________

5 *Fais une croix dans la bonne case. Corrige les fautes.* Streiche die falschen Wörter durch.

AG § 13

	correct	faux	correction
1. elles s'ont réveillées	☐	☐	______________________
2. elle s'est lavée	☐	☐	______________________
3. mon frère s'est levée	☐	☐	______________________
4. nous (m) se sommes retrouvés	☐	☐	______________________
5. je (f) me suis dépêchée	☐	☐	______________________
6. elles se sommes rencontrées	☐	☐	______________________
7. ma sœur s'est habillé	☐	☐	______________________
8. il s'a inquiété	☐	☐	______________________

6 a) *Tu as déjà décrit une journée «normale» dans l'exercice B/9 de ton livre. Décris maintenant le vendredi 13 de Sandrine au* ***passé composé*** *dans ton cahier.*

LE, p. 43/9

b) *À toi maintenant! Raconte ton vendredi 13.*

7 *Complète le texte avec les bonnes prépositions.*

vers à de chez depuis dans sur sous derrière près de
devant en face de à droite de à gauche de avec loin de à cause de

Lars et Bertrand sont ______________ le pont ______________ Léa. Léa est ______________ Lars et Bertrand est ______________ Lars. Un bateau passe ______________ le pont. ______________ eux, il n'y a personne. Ils voient le monsieur bizarre ______________ eux. ______________ hier, ils pensent ______________ l'homme bizarre. ______________ lui, ils n'ont pas beaucoup dormi. Bientôt, ils vont être tout ______________ lui. Ils courent ______________ l'église Saint-Pholien. Ils ne sont plus très ______________ cette église. Bertrand se demande: «______________ l'église, qu'est-ce que je vais faire? ______________ moi, mes parents dorment ______________ leur lit. Ils ne savent rien ______________ cette excursion. J'espère que tout va bien finir.»

8 *Léa téléphone à son frère Clément, dimanche soir. Clément est curieux. Complète le texte avec «de qui, à qui, avec qui, chez qui, à cause de qui, pour qui».*

Clément veut savoir ______________ Léa est allée samedi, ______________ elle s'est levée très tôt dimanche, ______________ elle a fait sa promenade dangereuse, ______________ elle a reçu des textos pendant la semaine, ______________ elle a envoyé des cartes postales, ______________ elle a acheté des cadeaux à Liège.

9 *Tu es un maître de conjugaison?*

AG § 14

1. Welche Präsensformen von *courir* werden gleich gesprochen? ____________________
2. Welche Präsensformen haben ein *t*? ____________________
3. Welche Form endet auf *u*? ____________________
4. Welche Form hat zwei *r*? ____________________
5. Welche Präsensformen haben die meisten Buchstaben? ____________________

10 *Lis les phrases. Ces personnes courent derrière qui? Écris les phrases dans ton cahier.*

Exemple: Léa ne veut pas rester seule dans la rue. → Elle court derrière les garçons.

1. Je dois l'accompagner[1] à l'école. Nous sortons de l'appartement et il me dit: «Au revoir, grande sœur!».
2. Nous voulons leur demander plus d'argent de poche.
3. La dame veut payer sa boisson, mais elle ne veut plus attendre.
4. Les amis la rencontrent dans la rue et veulent avoir son numéro de portable.
5. Il leur plaît et elles veulent savoir où il habite.
6. Il a visité ma ville, il a eu un plan de ville sous le bras et il m'a demandé le chemin du musée. Son portable est tombé de sa poche.

11 a) *Cherche, dans le texte p. 38–39, les phrases qui correspondent aux images.*

LE, p. 38–39

1. 

Je ne vois personne dans cette rue.

4. 

____

2. 

____

5. 

____

3. 

____

6. 

____

b) *Lis les situations suivantes et réponds aux questions.*

1. C'est la nuit, un jeune entend du bruit devant sa maison. Ses parents ne sont pas là. Il prend le téléphone pour les appeler sur leur portable. Qu'est-ce qu'il dit?
2. Une jeune fille marche dans la rue où il n'y a personne et quelqu'un arrive derrière elle. Qu'est-ce qu'elle pense?

C'est moi

c) *À toi maintenant! Tu veux marcher sur les traces de Georges Simenon? Écris d'abord le scénario[2] de ton histoire policière dans ton cahier. Utilise les réponses aux questions «Quand?, Qui?, Où?, Quoi?, Comment? Pourquoi?».*

d) *Écris ton histoire à l'aide de ton scénario de c) et des expressions de a) et b).*

[1] ***accompagner qn*** [akõpaɲe] – jdn begleiten [2] ***le scénario*** [senarjo] – *hier:* der Aufbau

12 *Dimanche matin. Les parents de Bertrand prennent leur petit-déjeuner. Bertrand et ses amis arrivent. Qu'est-ce que Bertrand leur raconte?*

1. Legt zuerst fest, wer *partenaire A* und wer *partenaire B* ist.
2. *Partenaire A* überträgt die Fragen der Eltern ins Französische und *partenaire B* antwortet auf Französisch in der Rolle von Bertrand.
3. Kontrolliert euch gegenseitig.

Bertrand:	**Les parents:**
Die Eltern fragen besorgt, woher die Jugendlichen kommen. = *– D'où est-ce que vous venez?* ***(– Euh, nous avons rencontré un journaliste.)***	***(– D'où est-ce que vous venez?)*** Bertrand zögert und sagt, dass sie einen Journalisten getroffen haben. = *– Euh, nous avons rencontré un journaliste.*

Die Eltern sind erstaunt und fragen, wen sie getroffen haben. ***(– Hier, nous avons vu un homme bizarre.)***	***(– Comment? Qui est-ce que vous avez rencontré?)*** Bertrand antwortet, dass sie gestern einen komischen Mann gesehen haben.
Die Eltern fragen, was dieser Mann gemacht hat. ***(– Cet homme a perdu une feuille.)***	***(– Et qu'est-ce que cet homme a fait?)*** Bertrand antwortet, dass dieser Mann einen Zettel verloren hat.
Die Eltern fragen, ob er diesen Zettel zeigen kann. ***(– Nous avons eu peur quand nous avons lu cette feuille.)***	***(– Est-ce que tu peux montrer cette feuille?)*** Bertrand sagt, dass sie Angst bekommen haben, als sie diesen Zettel gelesen haben.
Die Eltern fragen Bertrand, was sie dann gemacht haben. ***(– Nous sommes allés à l'église Saint-Pholien.)***	***(– Et qu'est-ce que vous avez fait après?)*** Bertrand antwortet, dass sie zur Kirche Saint-Pholien gegangen sind.
Die Eltern wollen wissen, um wie viel Uhr das war. ***(– À 5h45, comme sur la feuille.)***	***(– À quelle heure?)*** Bertrand sagt, dass es 5 Uhr 45 war, wie auf dem Zettel.
Die Eltern wollen wissen, ob sie die Polizei gerufen haben. ***(– Non, nous avons rencontré l'homme à l'église.)***	***(– Est-ce que vous avez appelé la police?)*** Bertrand verneint die Frage, weil sie den Mann in der Kirche getroffen haben.
Die Eltern meinen, dass das sehr gefährlich ist. ***(– Oui, mais enfin l'homme est journaliste et il veut écrire un article sur Georges Simenon.)***	***(– Mais, c'est très dangereux.)*** Bertrand bejaht und sagt, dass es sich aber schließlich um einen Journalisten gehandelt hat, der einen Artikel über Georges Simenon schreiben will.
Die Eltern sagen, dass sie solche Ausflüge während der Nacht nicht mögen. Sie fordern ihn auf, das nächste Mal mit ihnen zu reden. ***(– Oui, d'accord.)***	***(– Bertrand, nous n'aimons pas les excursions comme ça pendant la nuit. La prochaine fois, parle avec nous.)*** Bertrand stimmt ihnen zu.

Lernen an Stationen

7 Tipps

1. Die folgenden 4 Stationen sollst du innerhalb von **15 Minuten pro Station** lösen. Dabei steht es dir frei, in welcher Reihenfolge du vorgehst.
2. Innerhalb mancher Stationen hast du die Wahl zwischen zwei verschiedenen Aufgabenstellungen, von denen du jedoch **mindestens eine** bearbeiten musst.
3. Achte darauf, dass du dich für die Erledigung einiger Stationen mit einem Partner oder einer Partnerin rechtzeitig verabreden musst.
4. Auf dem Laufzettel hakst du nach jeder Station deren Erledigung ab.
5. Dir steht eine „Hilfestation" zur Verfügung, bei der du dir jederzeit Rat holen darfst.
6. In der „Lösungsstation" kannst du deine Ergebnisse auf Richtigkeit überprüfen, natürlich nur für die Stationen, die du auf dem Laufzettel abgehakt hast. Trage in die dafür vorgesehene Spalte ein, wie erfolgreich du dabei warst.
7. Nachdem du alle Stationen absolviert hast, kannst du wieder den Selbstbewertungsbogen zu deiner Sprachenbiografie im Europäischen Portfolio der Sprachen ausfüllen und ihn dort abheften.

Bonne chance!

Laufzettel

Datum:		**von:**		**bis:**	
Nr. und Name der Station:	Arbeitsblätter:	gearbeitet von: bis:	Nach Erledigung: ✔	Materialien:	Vergleich mit Lösung: ☺/☺☻/☹
1 ***Écouter et comprendre***	*fiche de travail 1*			CD	
	fiche de travail 2			CD	
2 ***En français, s'il te plaît!***	*fiche de travail 3*			20 Kärtchen, Schere	
	fiche de travail 4			Aufnahmegerät	
3 ***Regarder et écrire***	*fiche de travail 5*			Statistik	
4 ***Lire et comprendre***	*fiche de travail 6*			Lesetext	
	fiche de travail 7			Lesetext	

☺ = richtig

☺☻ = teilweise richtig

☹ = falsch / nicht erledigt

Station 1

Écouter et comprendre

fiche de travail 1

Écoute bien! Choisis la bonne phrase.

1. Renaud Barbet vit à Rouen.	☐	☐	Renaud Barbet vit à Buchy.
2. À la ferme de ses parents, il y a des vaches, un chien et des chats.	☐	☐	À la ferme de ses parents, il y a des vaches, des chiens et un chat.
3. On peut acheter leur fromage dans les supermarchés.	☐	☐	On peut acheter leur fromage sur le marché.
4. Les touristes veulent visiter les spécialités de la région.	☐	☐	Les touristes veulent déguster les spécialités de la région.
5. Renaud aide ses parents quand il faut accueillir[1] les touristes.	☐	☐	Renaud accueille les touristes quand il faut aider ses parents.
6. Ce travail ne lui plaît pas.	☐	☐	Ce travail lui plaît.
7. Il n'aime pas se lever tôt pour donner à manger aux animaux.	☐	☐	Il n'aime pas se lever tard pour donner à boire aux animaux.
8. Il va à la capitale pour être touriste.	☐	☐	Il va à la capitale pour faire des études.

fiche de travail 2

a) *Écoute bien! Choisis la bonne image pour le texte que tu es en train d'écouter. Ajoute le numéro du texte dans la case devant l'image.*
b) *Écoute encore une fois. Regarde l'image et écris **où** cela se passe sur la première ligne.*
c) *Complète **ce que** tu peux **y** faire sur la deuxième ligne.*

A ☐ 
____
____

B ☐ 
____
____

C ☐ 
____
____

D ☐ 
____
____

E ☐ 
____
____

F ☐ 
____
____

[1] *accueillir qn* [akœjir] – jdn empfangen

Station 2

En français, s'il te plaît!

fiche de travail 3

Travaillez à deux. Découpez les cartes. Prenez une carte et expliquez le mot à votre partenaire. Quand le partenaire a trouvé le mot, c'est lui qui doit prendre l'autre carte.

la vache	le petit-déjeuner	l'hôte	la ferme
l'escalier	la capitale	la boulangerie	l'Italie
l'office du tourisme	l'ouest	le dîner	le roman policier
la drogue	le panneau	le cimetière	la bouche
l'auberge de jeunesse	la bibliothèque	le silence	la peur

fiche de travail 4

a) *Tu veux passer tes vacances en France. Réponds aux questions. Les images peuvent te donner des idées.*

1. 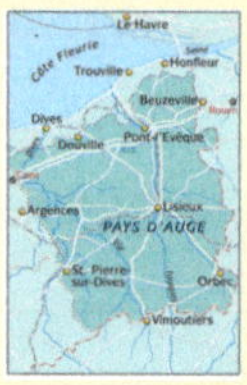 Où? ______________________________

2. 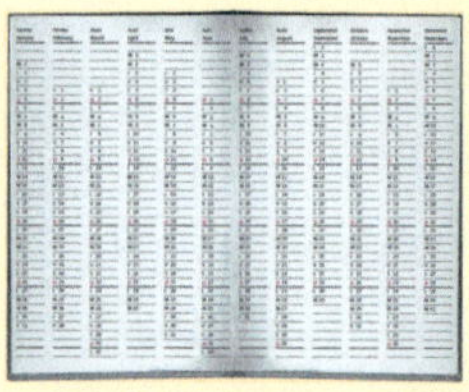 Quand? ______________________________

3. 

Avec qui? ______________________________

4. 

Comment? ______________________________

5.  Quoi? ______________________________

b) *Prépare une demande pour réserver une chambre et laisse ton message sur le répondeur.*

Station 3

Regarder et écrire

fiche de travail 5

a) *Regarde les statistiques. Écris les noms des pays pour les sigles*[1].
b) *Compare les nombres d'habitants entre l'Europe et les États-Unis.*
c) *Décris les pays européens par leur nombre d'habitants et mets-les dans un ordre que tu choisis.*
d) *Qu'est-ce que tu peux dire sur l'utilisation*[2] *des portables dans ces pays?*

Les Européens et leur portable

Nombre d'habitants (2003)

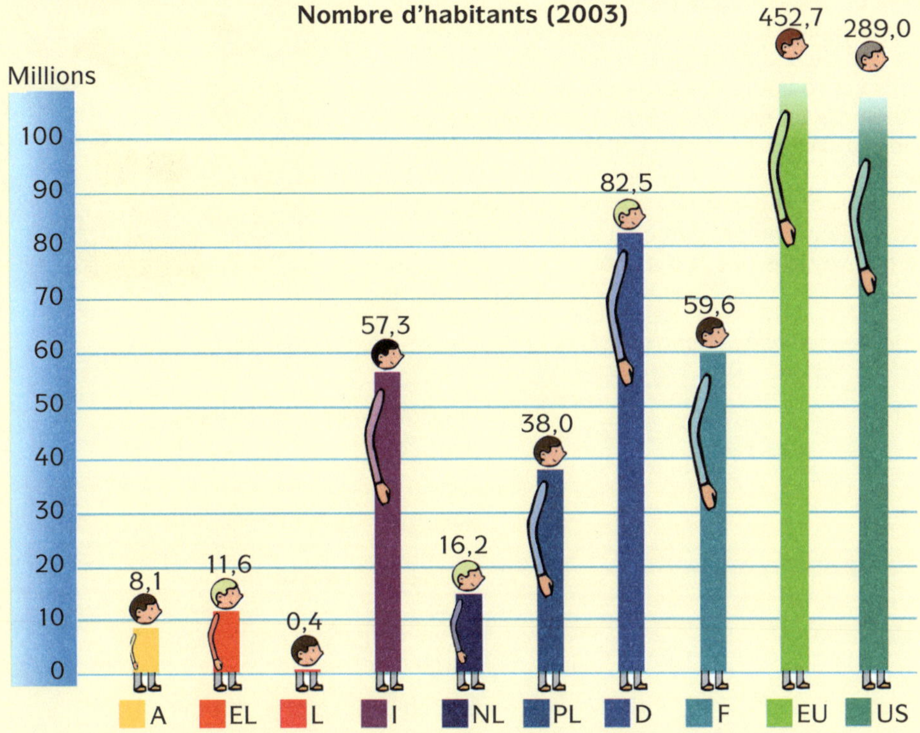

Nombre de portables pour 100 habitants (2002)

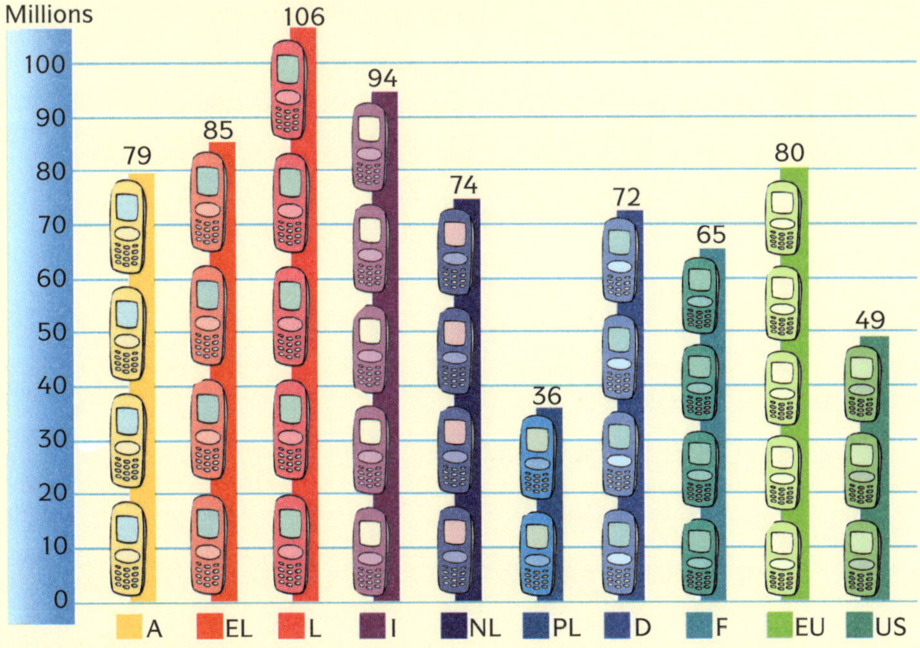

[1] ***le sigle*** [sigl] – die Abkürzung
[2] ***l'utilisation*** *f* [ytilizasjõ] – die Verwendung

Station 4

Lire et comprendre

fiche de travail 6

DELF

Le Manneken Pis est un petit garçon très célèbre de 55 cm.
Il est très sympathique. On raconte beaucoup d'histoires sur sa personne.
Un jour, à Bruxelles, un homme riche et son fils participent à une grande fête. Tout à coup, le monsieur ne voit plus le garçon. Il le cherche partout. Il le cherche pendant cinq jours. Et là, enfin, il retrouve son fils qui est en train de faire pipi dans la rue. L'homme est très heureux. Pour dire merci, il offre une fontaine à la ville.
On peut y voir une statue[1] de son petit garçon qui fait …
La vie du Manneken Pis est toujours dangereuse. Au temps de Louis XV, quelqu'un lui a pris un bras. En 1963, des étudiants ont volé le garçon. Mais les Bruxellois[2] ont de la chance. Ils ont toujours retrouvé leur petit.
Les hôtes de la ville lui offrent souvent des costumes qu'on peut aussi visiter au musée. Aujourd'hui, le garçon a aussi une sœur, Jeanneke-Pis. Elle se trouve dans une rue à côté.

a) *Fais une croix dans la bonne case. Attention: plusieurs réponses sont possibles!*

1. Le Manneken Pis est
   - un garçon. ☐
   - une fille. ☐
   - un homme. ☐
2. Il est
   - riche. ☐
   - sympathique. ☐
   - célèbre. ☐
3. Son père
   - est Louis XV. ☐
   - participe à une fête. ☐
   - cherche son fils. ☐
4. Quand il le retrouve, son fils
   - visite un musée. ☐
   - cherche quelque chose. ☐
   - fait pipi. ☐
5. Pour dire merci, le monsieur
   - donne un musée aux Bruxellois. ☐
   - donne une fontaine à la ville. ☐
   - donne une sœur à son fils. ☐
6. La vie du garçon est dangereuse parce que
   - quelqu'un lui a pris un bras. ☐
   - des étudiants ont volé le garçon. ☐
   - sa sœur a pris sa place. ☐
7. Aujourd'hui, le Manneken Pis
   - a beaucoup de costumes. ☐
   - a une sœur. ☐
   - se trouve au musée. ☐

b) *Donne un titre à l'histoire.*

____

[1] ***la statue*** [staty] – die Figur, die Skulptur
[2] ***le Bruxellois*** [brysɛlwa] – der Einwohner von Brüssel

fiche de travail 7

a) *Lis le texte. Qui a tué Monsieur Sanspeur? Et pourquoi?*

À l'hôtel «Au pied de chien», on trouve un homme mort, un couteau[1] dans le dos, dans l'ascenseur. Ce monsieur est connu depuis longtemps. C'est un vieil hôte sympathique et il est très riche. La police est arrivée et parle avec toutes les personnes qui sont à l'hôtel. Elle veut savoir:

Qu'est-ce que vous avez fait hier soir?

Monsieur Grandmange, un gros homme qui fume une pipe:

Hier, j'ai mangé un steak-frites. Oh là là, difficile, je vous dis. Le garçon a oublié le couteau. Après, j'ai vu M. Sanspeur au restaurant. Il n'a pas aimé les épinards que le garçon lui a apportés. J'ai voulu fumer ma pipe. Mais le garçon n'a pas permis de fumer. Donc, je suis allé dans la rue. Là, j'ai vu encore une fois le garçon. Il courait[2].

Madame Piquenique, une dame élégante qui habite dans la chambre n° 13:

Oh, je pleure. Un homme très gentil. Moi, hier soir, je n'ai pas vu M. Sanspeur parce que je n'ai pas mangé. Je suis restée dans ma chambre où j'ai téléphoné à ma sœur.

Robert Croissant, le jeune fils du boulanger qui apporte toujours le pain à l'hôtel:

Hier, à 21h00, quand je suis arrivé à l'hôtel pour connaître le nombre de baguettes pour le petit-déjeuner, j'ai rencontré M. Sanspeur à la réception. Il m'a donné un euro et j'ai dit merci. Après, j'ai vu le garçon du restaurant. Lui et M. Sanspeur ont pris l'ascenseur. Moi, je suis rentré chez mon père.

Monsieur Sansfric, le garçon du restaurant:

Oh, je ne suis pas heureux, M. Sanspeur est mort! Dommage, vous savez, je me suis souvent occupé de M. Sanspeur au restaurant, mais il ne m'a jamais donné un petit euro. Hier, par exemple, je lui ai apporté la spécialité de notre maison, le pied de vache aux épinards. Il n'a presque pas mangé. Ce n'est pas possible. Normalement, tout le monde aime notre spécialité. Après, j'ai rangé tout le restaurant. C'est du travail quand je pense à la table de Mme Piquenique par exemple.

b) *Donne un titre à l'histoire.*

____

[1] ***le couteau*** [kuto] – das Messer
[2] ***il courait*** [kurɛ] – er rannte

Mon portfolio du français

Kreuze an:

Was ich im Französischen schon kann:	**Kein Problem.**	**Ich mache ein paar Fehler.**	**Das muss ich noch üben.**
Ich kann verstehen und reagieren (sprechen / schreiben),			
• wenn über europäische Länder und deren Haupt- und Partnerstädte gesprochen wird.			
• wenn über das Leben von Jugendlichen auf dem Land gesprochen wird.			
• wenn eine Nachricht auf den Anrufbeantworter gesprochen wird.			
• wenn Geräusche Situationen wiedergeben.			
• wenn ein Tagesablauf geschildert wird.			
• wenn über Interessen und Interessenskonflikte diskutiert wird.			
• wenn Befinden und Ängste zum Ausdruck gebracht werden.			
Das verstehe ich, wenn ich es lese, und kann es selbst schreiben:			
• eine schriftliche Reservierung per E-Mail oder Brief.			
• ein Dankeschön an die Gastgeber.			
• ein Rezept.			
• die Handlung eines Kriminalromans.			
• eine Statistik.			
Grammatik: Ich kann			
• mit Hilfe von *y* und *en* Wiederholungen vermeiden.			
• Verben auf *–ir* ohne und mit Stammerweiterung verwenden.			
• Verbkonstruktionen mit Präpositionen bilden.			
• reflexive Verben im *présent, passé composé* und *futur composé* konjugieren und auch verneint verwenden.			
• Haupt- und Nebensätze mit Relativpronomen bilden.			

Was ich für mein Sprachenlernen getan habe:	**häufig**	**gelegentlich**	**selten**	**nie**
• Umschreibungen für Begriffe formuliert.				
• mit den Redmittelkärtchen *Maintenant, je sais* … gearbeitet.				
• grammatische Regeln im *Atelier grammaire* selbst entdeckt und formuliert.				
• mit dem Grammatikteil des Schülerbuches gearbeitet.				
• mit den Begleitmaterialien (CD oder CD-ROM) gearbeitet.				
• mit Partnerarbeitsbögen gearbeitet.				
• auf französischen Internetseiten recherchiert.				
• einen Comic auf Französisch gelesen.				

Was ich in nächster Zukunft häufiger tun will:

____

1 a) *Comment est-ce qu'on fête Noël dans la rue des Martyrs? Lis le texte dans ton livre p. 54–55, regarde les images et prends des notes sur les personnes qui sont décrites dans le texte.*

LE p. 54–55

DELF

Qui? ______

Qu'est-ce qu'il fait à Noël? ______

______

Qui? ______

Qu'est-ce qu'ils font à Noël? ______

______

______

______

Qui? M. Fabre et Mme Hardy

Qu'est-ce qu'ils font à Noël? ______

______

______

______

Qui? ______

Qu'est-ce qu'ils font à Noël? ______

______

______

______

Qui? M. Ducros

Qu'est-ce qu'il fait à Noël? ______

______

______

______

Qui? ______

Qu'est-ce qu'elle fait à Noël? ______

Qui? ______

Qu'est-ce qu'ils font à Noël? ______

Qui? Famille Leblanc

Qu'est-ce qu'ils font à Noël? ______

Qui? ______

Qu'est-ce qu'elle fait à Noël? ______

b) *Et comment est-ce que Mme Hardy et M. Fabre, M. Ducros et la famille Leblanc fêtent Noël? Écoute bien*[1]*! Puis, prends des notes.*

c) *Mme Kermarrec a fait une bûche de Noël pour Karim et Aziz. Et qu'est-ce qu'elle fait le soir? Note tes idées. Puis, compare-les avec les idées de tes camarades de classe.*

[1] Erklärung zum Hörtext auf CD:
le bonnet [bɔnɛ] – die Mütze ***les gants*** *m* [gɑ̃] – die Handschuhe

2 *Voilà le dialogue entre Céline et sa mère (= livre p. 55, l. 31–37). Qu'est-ce que la mère de Céline peut lui dire? Complète le dialogue avec tes idées.*

LE, p. 55, l. 31–37

Céline: Ah, le téléphone … Ça doit être maman!

La mère: ______________________________

Céline: Joyeux Noël à toi aussi, maman.

La mère: ______________________________

Céline: Maintenant, nous allons manger. Et toi?

La mère: ______________________________

Céline: Après le repas, nous voulons aller à la messe de minuit.

La mère: ______________________________

Céline: Oui, je viens demain à midi. Bonsoir. Je t'embrasse.

La mère: ______________________________

3 a) ***Devinette.*** *On met la table. Qu'est-ce qu'on prend? Écris les mots avec l'article indéfini.*

LE, p. 56/2

FRCHTT – *une fourchette* ______ ☐

CT – ______________________ ☐

VRR – ______________________ ☐

SSTT – ______________________ ☐

CLLR – ______________________ ☐

PTT CLLR – ______________________ ☐

TSS – ______________________ ☐

b) *Écoute bien! Tu entends un numéro et une définition. Note le numéro de la définition correspondante derrière les mots de a).*[1]

4 *De quels instruments est-ce qu'ils jouent? Écris les instruments masculins dans le rideau*[2] *bleu et les instruments féminins dans le rideau rouge.*

LE, p. 57/3

[1] Erklärung zum Hörtext auf CD: ***couper*** [kupe] – schneiden

[2] ***le rideau*** [rido] – der Vorhang

5 a) *Souligne tous les instruments dans le poème.*

b) *Regarde les instruments soulignés de a).*
Quels instruments est-ce que tu connais déjà?
Note-les avec l'article défini.

____

____

c) *Quels noms d'instruments du poème est-ce que tu comprends parce que tu connais l'allemand et l'anglais?*

____

____

minidictionnaire

d) *Cherche les autres instruments qui sont nouveaux pour toi dans le minidictionnaire.*

____

____

L'orgue de Barbarie

Moi je joue du piano
disait l'un
moi je joue du violon
disait l'autre
moi de la harpe moi du banjo
moi du violoncelle
moi du biniou … moi de la flûte
et moi de la crécelle.

Et les uns et les autres parlaient parlaient
parlaient de ce qu'[1] ils jouaient.
On n'entendait pas la musique
tout le monde parlait
parlait parlait

personne ne jouait …

(Jacques Prévert, Paroles)

C'est moi

e) *Quel instrument est-ce que tu préfères?*

____

p. 128

f) *Imagine la suite du poème. Tu trouves le poème p. 128.*

AG, p. 106

6 a) *Décris dans ton cahier les hobbies des quatre jeunes. Utilise «jouer à / de».*
Exemple:

Marthe: 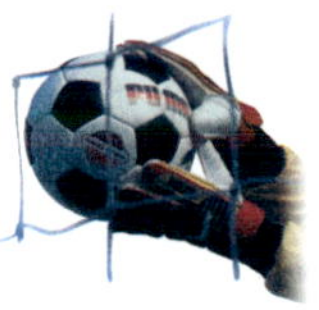 / 

deux ans — *un an*

→ **Depuis** deux ans, Marthe joue **au** foot. Depuis un an, elle ne joue plus **du** synthé.

1) Maurice:  /  / 

trois ans — un an — l'été

2) Aline:  /  /  / 

deux ans — cette année — quatre ans — cette année

3) Étienne:  /  /  / 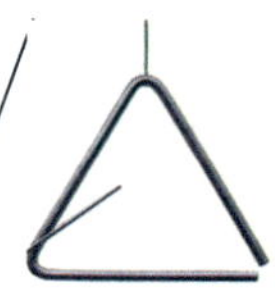

deux ans — deux ans — l'année dernière — trois ans

C'est moi

b) *Et toi? Depuis quand est-ce que tu joues à / de quoi?*

[1] ***ce qu'*** [sək] – was

7 *Qu'est-ce qu'on fait avant Noël? Complète les phrases avec «tout / toute / tous / toutes» où c'est possible.*

Exemple: avant Noël – les gens – acheter – leurs cadeaux → Avant Noël, **tous les** gens achètent **tous leurs** cadeaux.

1. la journée – les enfants – attendre le père Noël
2. Céline – répéter – les chansons pour Noël
3. les familles – décorer – les sapins de Noël
4. le monde – chercher – les boules et les guirlandes
5. les ans – Mme Kermarrec – préparer une bûche
6. Lucien – connaître – les filles aux «Restos du Cœur»
7. Karim et Aziz – penser – la journée – aux cadeaux des autres jeunes

8 *Tes parents, tes frères et sœurs ou tes amis te font des reproches[1]. Tes parents te disent peut-être:*
«**Chaque matin,** tu es en retard.»
À toi maintenant! Tu peux aussi leur faire des reproches. Fais des phrases à l'aide du tableau.

AG § 15

chaque	matin, soir, après-midi, jour, lundi / mardi / mercredi / jeudi / vendredi / samedi / dimanche, week-end, fois	jouer trop longtemps à l'ordinateur, parler du travail pendant le dîner, passer trop de temps dans la salle de bains, téléphoner avec , être en retard, conduire trop vite, trop travailler, prendre mes vêtements préférés

9 ***Mots cachés***[2]

a) *Pour trouver le mot caché, conjugue les verbes au présent.*

1. C'________ (être) un appareil. On le ________________ (trouver) dans les maisons, les bureaux, les rues. Nous ________________ (parler) avec cet appareil tous les jours. Nous le ________________ (prendre) pour travailler et discuter. Les petits enfants ________________ (jouer) souvent avec lui. Nous ________________ (courir) quand il ________________ (sonner).
Cet appareil est ______________________.

2. C'________ (être) une petite chose. Beaucoup de gens ________ (avoir) cette chose sur leur bureau[3] ou dans leur sac. Nous la ________________ (tenir) dans notre main, nous la ________________ (mettre) parfois[4] dans la bouche quand nous ________________ (réfléchir) à quelque chose. Nous ________________ (écrire) et ________________ (faire) des dessins avec elle. En ce moment, vous l'________________ (avoir) dans la main.
Cette chose est ________________.

b) *À toi maintenant! Décris un autre mot caché dans ton cahier. Lis ton texte à la classe. Les autres doivent deviner ton mot caché.*

[1] ***faire des reproches à qn*** [fɛrder(ə)prɔʃ] – jdm Vorwürfe machen
[2] ***caché,e*** [kaʃe] – versteckt
[3] ***bureau*** [byro] – *hier:* der Schreibtisch
[4] ***parfois*** [parfwa] – manchmal

10 ***Vive*[1] *la conjugaison!***

AG § 16

Quelle est la phrase correcte? Fais une croix dans la bonne case. Streiche die falsche Form durch.

1. Je parlions souvent à notre voisin.	☐	☐	Je parlais souvent à notre voisin.
2. Nous aimiez faire des promenades dans la forêt.	☐	☐	Nous aimions faire des promenades dans la forêt.
3. Il pensait à son amie.	☐	☐	Il pensais à son amie.
4. Vous jouiez du piano ensemble.	☐	☐	Vous jouais du piano ensemble.
5. Tu chantions une jolie chanson.	☐	☐	Tu chantais une jolie chanson.
6. Elles discutaient pendant les cours.	☐	☐	Elles discutait pendant les cours.

11 *À l'école, Karim raconte ses vacances de Noël. Complète le texte avec les verbes à* ***l'imparfait****.*

Pendant les vacances, je ____________ (dormir) tous les jours jusqu'à dix heures. Après, je ____________ (prendre) mon petit-déjeuner. Puis, mon frère et moi, nous ____________ (sortir) avec Céline et son chien. Après, je ____________ (vouloir) toujours regarder la télé, mais ma mère ____________ (finir) de préparer le repas de midi et je ____________ (devoir) l'aider. Je ____________ (dire) toujours: «Non, je ne veux pas!», mais elle n'____________ (arrêter) pas. Je ne suis pas une fille, quand même! Après le déjeuner, mon frère et moi, nous ____________ (pouvoir) aller en ville ou faire du sport. Mes amis ____________ (être) tous les jours avec moi. Vous, Cédric et Philippe, vous ____________ (acheter) toujours des hamburgers et toi, Sandrine, tu ____________ (être) toujours la première dans les magasins. Le soir, j'____________ (écouter) des CD, mais mon père ____________ (venir) dans ma chambre et ____________ (dire): «Arrête d'écouter tes CD. Je n'aime pas ce bruit!» Mes parents ____________ (ne pas être) toujours drôles, mais mes vacances ____________ (être) quand même super!

12 ***Avant, c'était différent à l'école.***

a) *Sophie parle à sa grand-mère qui raconte comment c'était autrefois à l'école. Fais des phrases à* ***l'imparfait*** *dans ton cahier.*

Exemple: Autrefois, nous **allions** en classe à pied.

~~aller en classe à pied~~	écrire sur un petit tableau
avoir de la craie[2] pour écrire	dessiner avec des crayons[3] gris
apprendre ses leçons dans des livres sans photos	apporter le repas

b) *Et aujourd'hui? C'est comment? Écris dans ton cahier. Trouve le contraire de a). Attention, c'est au* ***présent*** *maintenant!*

Exemple: Aujourd'hui, les élèves **vont** en classe en vélo ou en bus.

~~aller en classe en vélo ou en bus~~	écrire dans des beaux cahiers
écrire avec un stylo	faire des dessins avec des couleurs
avoir des livres avec des photos	manger à la cantine

[1] ***vive*** [viv] – es lebe
[2] ***la craie*** [krɛ] – die Kreide
[3] ***le crayon*** [krɛjõ] – der Bleistift

13 ***Attention à la prononciation!***

a) *Écoute les mots et écris-les dans la colonne* [e] *ou* [ɛ].

Céline, déguster, ils organisaient, premier, synthé, cuillère, Noël, fête

[e]	[ɛ]

b) *Comment est-ce qu'on écrit* [e] *et* [ɛ]? *Complète le tableau avec les mots suivants.*

télé, paquet, il choisissait, dîner, tête, deuxième, regardez, arrivée

[e]	[ɛ]

LE, p. 60/11

c) *Écoute bien! Tu entends* [e] *ou* [ɛ]? *Écris* e *ou* ɛ.

Hélène [___] [___] est [___] une bonne élève [___] [___]. En décembre [___], après [___] l'école [___], elle [___] répète [___] [___] avec son groupe de théâtre [___]: «Mon frère [___] dans la cheminée [___]». Elle [___] téléphone [___] [___] à sa mère [___]:«Nous répétons [___] [___] chez René [___] [___] en fin de journée [___]. Tu peux venir me chercher[1] [___] [___] à sept [___] heures? Nous espérons [___] [___] que tout le collège [___] va aimer [___] [___] nos idées [___]. L'année [___] dernière [___] [___], tous les [___] élèves [___] [___] ont bien rigolé [___]. C'était [___] [___] génial [___]! J'espère [___] [___] que papa ne va pas travailler [___] ce soir-là!»

14 a) *Fêter Noël, qu'est-ce que c'est pour toi? Fais une croix dans la bonne case et / ou complète les expressions.*

LE, p. 61/15

C'est moi

Fêter Noël, pour moi, c'est

- ☐ rester chez moi.
- ☐ fêter avec ma famille.
- ☐ ennuyeux.
- ☐ fêter avec mes amis.
- ☐ offrir des cadeaux.
- ☐ recevoir des cadeaux.
- ☐ aller à l'église.
- ☐ bien manger.
- ☐ chanter.
- ☐ rigoler.
- ☐ jouer.
- ☐ porter des habits du dimanche.
- ☐ porter des vêtements de tous les jours.
- ______________________
- ______________________
- ______________________

b) *Et pour les sans-abri[2] / les gens pauvres / les gens qui n'ont rien? Fêter Noël, qu'est-ce que ça veut dire? Fais une liste comme dans l'exercice a) dans ton cahier. Pense aussi aux «Restos du Cœur».*

[1] ***venir chercher qn*** [vənirʃɛrʃe] – jdn abholen
[2] ***le / la sans-abri*** [sɑ̃zabri] – der / die Obdachlose

15

a) *Regarde et lis les 4 premières images de cette BD. C'est une dispute entre Titeuf et son père. À ton avis, qu'est-ce qui se passe? Fais une croix dans la bonne case.*

1. Le père de Titeuf lit son journal. Il ne veut pas jouer avec son fils. ☐
2. Titeuf veut une nouvelle BD. ☐
3. Titeuf veut un nouveau jouet[10]. ☐
4. Le père veut bien acheter le jouet. ☐
5. Le père ne veut pas acheter le jouet car Titeuf en a trop. ☐
6. Le père de Titeuf ne veut pas acheter le jouet. Il ne veut pas donner d'argent à Titeuf. ☐
7. Le père de Titeuf pense: acheter un jouet, c'est ennuyeux. Titeuf doit faire son nouveau jouet. ☐
8. Titeuf est heureux. Son père a une très bonne idée. ☐
9. Titeuf pense: «Pauvre papa, il ne pouvait pas s'acheter de jouets. Ses parents n'avaient pas d'argent.» ☐

[1] ***fabriquer*** [fabrike] – herstellen
[2] ***le billet*** [bijɛ] – der Geldschein
[3] ***ne ... que*** [n(ə) ... k(ə)] – nur
[4] ***l'imagination*** *f* [imaʒinasjɔ̃] – die Fantasie
[5] ***le bouchon*** [buʃɔ̃] – der Korken
[6] ***le cure-dents*** [kyrdɑ̃] – der Zahnstocher
[7] ***la misère*** [mizɛr] – das Elend / die Armut
[8] ***s'amuser*** [samyze] – sich amüsieren
[9] ***le feutre*** [føtr(ə)] – der Filzstift
[10] ***le jouet*** [ʒwɛ] – das Spielzeug

b) *Le père de Titeuf raconte maintenant à son fils quelle **était** sa vie[11] quand il **était** jeune.*

1. ne pas acheter / mes parents / souvent / de nouveaux jouets

____

2. mes copains et moi / ne pas jouer / pendant des heures / nous / à l'ordinateur

____

3. je / de CD / ne pas écouter

____

4. au cinéma / ne pas aller / nous / tous les week-ends

____

c) *Lis la fin de l'histoire. Titeuf a fait son nouveau jouet.*

Pourquoi est-ce que le père de Titeuf est furieux?

____

____

d) *Titeuf est très content de son jouet. Pourquoi?*

____

____

[11] ***la vie*** [vi] – das Leben
[12] ***se débrouiller*** [sədebruje] – allein zurechtkommen
[13] ***ça avance*** [saavɑ̃s] – *hier:* ich komme voran
[14] ***les bordeaux*** *m* [bɔrdo] – die Bordeaux-Weine, sehr teure französische Weine
[15] ***la balle*** [bal] – umgangssprachliche Bezeichnung für Euro

LE, p. 68/ savoir faire

1 a) *Trouve les mots qui vont avec les définitions et complète les cases. Note leur article défini.*

1. Le repas qu'on prend le matin.

   ___ ☐☐☐☐☐-☐☐☐☐☐☐☐☐ ≠ ___

2. Le déjeuner ou le dîner sont des …

   ___ ☐☐☐☐☐ ≠ ___

3. C'est la première partie[1] du menu.

   ___ ☐☐☐☐☐☐ ≠ ___

4. On l'achète dans la boucherie, c'est du bœuf, du porc …

   ___ ☐☐☐☐☐☐ ≠ ___

5. La boisson la moins chère au restaurant, on peut l'avoir sans payer.

   ___ ☐☐☐ ≠ ___

b) *Trouve le contraire des mots de a) et note-le à côté.*

2 *Tu vas au restaurant. Choisis ton menu de rêve. N'oublie pas les articles.*

3 *Écoute bien! Note le numéro du bruit que tu entends dans la bonne case.*

- ☐ des gens qui sonnent à la porte
- ☐ des voitures qui klaxonnent
- ☐ des bouteilles qu'on ouvre
- ☐ de la musique
- ☐ des téléphones qui sonnent
- ☐ des pétards et des feux d'artifice
- ☐ des gens qui chantent
- ☐ des gens qui rient

[1] *la partie* [parti] – der Teil

4 *Quelle fête va avec quelle image?*

LE, p. 65

les poissons d'avril, la Chandeleur, Pâques, la fête des Rois, le jour de l'an, la fête du Travail, la fête nationale

1. 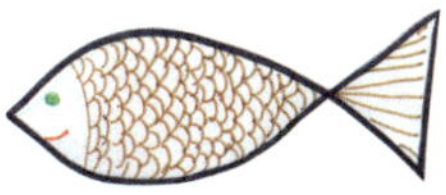 ______________________

5.  ______________________

2.  ______________________

6.  ______________________

3.  ______________________

7.  ______________________

4.  ______________________

8.  ______________________

5 *Écoute bien! Note la quantité[1] des ingrédients[2].*
Lis la recette et prépare une galette des Rois.

La galette des Rois

Pour la galette des Rois, il faut:

______ g de farine

______ g d'amandes en poudre[3]

______ g de beurre ou de margarine

______ g de sucre

______ jaunes d'œufs

______ de sel

______ petite cuillère de levure chimique[4] et une fêve.

Mets le beurre dans une casserole[5], il doit fondre[6].
Mets la farine, les amandes, la levure chimique, le sucre et le sel dans un grand saladier[7], puis mélange[8] le tout.
Mets maintenant le beurre et les jaunes d'œufs et un peu d'eau.
Travaille la pâte[9] avec tes deux mains.
Travaille la pâte avec un rouleau[10]. Fais une galette bien ronde[11]. Cache[12] la fêve dans la galette.
Fais des zigzags avec un couteau. Mets du jaune d'œuf sur la galette: comme ça, elle va devenir dorée[13].
Mets la galette au four[14] pendant 20 minutes.

[1] ***la quantité*** [kɑ̃tite] – die Menge
[2] ***l'ingrédient*** *m* [ɛ̃gredjɑ̃] – die Zutat
[3] ***les amandes en poudre*** *f* [amɑ̃dɑ̃pudr(ə)] – die geriebenen Mandeln
[4] ***la levure chimique*** [ləvyrʃimik] – das Backpulver
[5] ***la casserole*** [kasrol] – der Topf
[6] ***fondre*** [fõdr(ə)] – schmelzen
[7] ***le saladier*** [saladje] – die Schüssel
[8] ***mélanger*** [melɑ̃ʒe] – *hier:* verrühren
[9] ***la pâte*** [pat] – der Teig
[10] ***le rouleau*** [rulo] – das Nudelholz
[11] ***rond,e*** [rõ(d)] – rund
[12] ***cacher*** [kaʃe] – verstecken
[13] ***devenir doré(e)*** [dəvnirdɔre] – goldbraun werden
[14] ***le four*** [fur] – der Backofen

6 *Faire les couronnes*

a) *Lis le texte et fais une couronne après la description. Quelle photo va avec quelle phrase?*

1. Prends du papier beige[1] ou doré[2] pour la couronne du roi/de la reine.
2. Découpe[3] des bandes[4] de 55 cm x 12 cm.
3. Plie[5] les bandes comme ça:
4. Dessine les dents[6] de la couronne et découpe-les.
5. Colle[7] les deux extrémités[8].
6. Et voilà la couronne pour le roi/la reine:

A
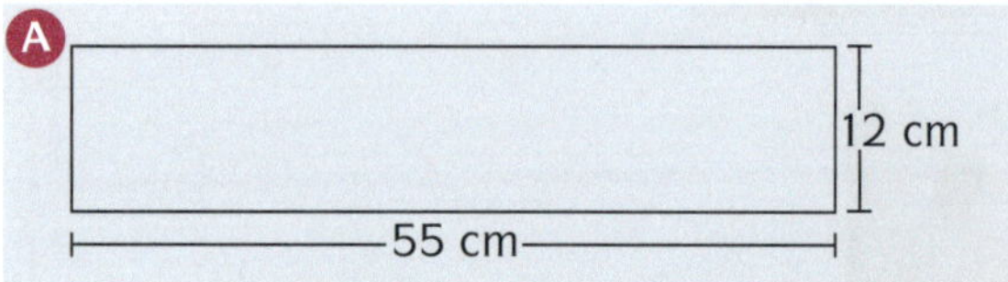

B

C

D

E

F

b) *Pour quelle fête est-ce qu'on utilise cette couronne? C'est quand?*

____

[1] ***beige*** [bɛʒ] – beige
[2] ***le papier doré*** [papjedɔre] – das Goldpapier
[3] ***découper*** [dekupe] – ausschneiden
[4] ***la bande*** [bɑ̃d] – der Streifen
[5] ***plier*** [plije] – falten
[6] ***la dent*** [dɑ̃] – *hier:* der Zacken
[7] ***coller*** [kɔle] – zusammenkleben
[8] ***l'extrémité*** *f* [ɛkstremite] – das Ende

7 ***Au restaurant***

Complète le dialogue avec le verbe «boire».

Le garçon: Qu'est-ce que vous voulez __________?

M. Lasoif: Moi, je __________ un verre de vin rouge. Et toi, chérie? Qu'est-ce que tu __________?

Mme Lasoif: Moi, je __________ seulement de l'eau. Hier, j'ai __________ du vin.

Et vous, les jeunes? Qu'est-ce que vous __________?

Sandrine: Nous __________ deux cocas.

M. Lasoif: Ils __________ toujours du coca, nos enfants.

Maurice: Non, Sandrine __________ aussi souvent un diabolo. Et en plus, tous les jeunes __________ du coca …

Mme Lasoif: Oh, arrête, Maurice.

Le garçon: Alors, vous __________ un verre de vin rouge, de l'eau et deux cocas, c'est ça?

Mme Lasoif: Oui, monsieur. Merci.

8 *Complète le texte avec les pronoms d'objets indirects «me, te, lui, nous, vous, leur».*

Thomas: Regardez. Je veux __________ montrer mes pétards.

Sophie et Daniel: Pardon. Qu'est-ce que tu as dit? Tu __________ offres tes pétards?

Thomas: Non, je n'ai pas dit ça. Mais je suis d'accord. Je __________ offre mes pétards.

Martine: Tu __________ donnes aussi des pétards?

Thomas: Bien sûr, je __________ donne des pétards.

Sophie: Que disent nos parents? On va __________ montrer les pétards?

Daniel: Non. On ne va pas faire ça! Après, on ne va pas pouvoir les lancer dans les rues.

9 *Écoute bien! Voici un dialogue entre un garçon de café et deux clients[1]. Retrouve l'ordre des phrases.*

DELF

- ☐ *Garçon:* Alors, un coca et un diabolo. Et qu'est-ce que vous commandez à manger aujourd'hui?
- ☐ *Client A:* Oui, et comme dessert, nous prenons l'île flottante.
- ☐ *Garçon:* Bonjour messieurs. Vos boissons comme toujours, un coca et un diabolo?
- ☐ *Client B:* Je prends la salade et le poisson.
- ☐ *Garçon:* Alors, je vous apporte une soupe, une salade, le poulet, le poisson et deux îles flottantes, c'est ça?
- ☐ *Client A:* Pour moi, une soupe et le poulet.
- ☐ *Client B:* Oui, monsieur. Merci.
- ☐ *Client A:* Oui, comme tous les jours.

[1] ***le client*** [klijɑ̃] – der Kunde, *hier*: der Gast

AG § 18

10 *Mme Berger fait les courses.*

1. Legt zuerst fest, wer jeweils die Rolle von den Verkäufern (*les vendeurs)* und von *Mme Berger* übernimmt.
2. Die Verkäufer stellen Fragen nach den angegebenen Lebensmitteln und *Mme Berger* antwortet, wie viel sie davon einkaufen möchte.
3. Kontrolliert euch gegenseitig.
4. Wechselt die Rollen nach einem Durchgang.

Les vendeurs

– Bonjour, Madame Berger.

= *– Est-ce que vous prenez des pommes?*

(– Oui, j'en prends quatre.)

Mme Berger

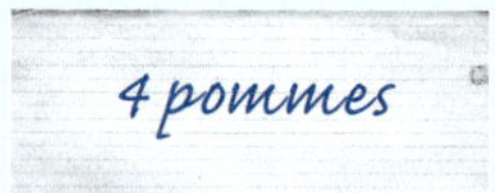

(– Est-ce que vous prenez des pommes?)

= *– Oui, j'**en** prends quatre.*

(– Non, je n'en prends pas.)

(– Est-ce que vous prenez des pommes de terre?)

(– Non, je n'en prends pas.)

(– Est-ce que vous prenez des épinards?)

(– Oui, j'en prends un kilo.)

(– Est-ce que vous prenez des haricots verts?)

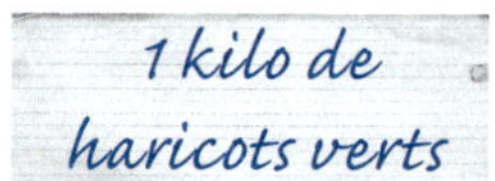

(– Oui, j'en prends 500 grammes.)

(– Est-ce que vous prenez des champignons?)

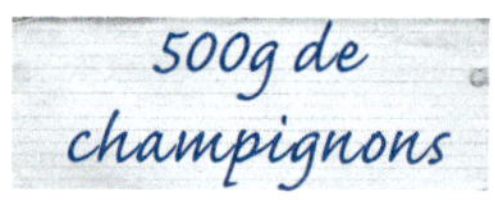

(– Non, je n'en prends pas.)

(– Est-ce que vous prenez un poulet?)

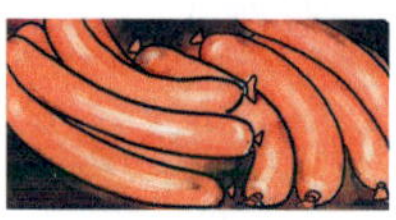

(– Oui, j'en prends cinq.)

(– Est-ce que vous prenez des saucisses?)

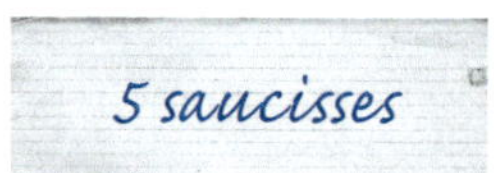

(– Oui, j'en prends un kilo.)

(– Est-ce que vous prenez des poissons?)

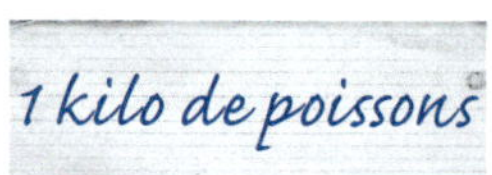

11 *Une vie de chien*

AG § 19
LE, p. 70/11

a) *Filou veut se reposer. Pourquoi? Regarde sa journée … Mets les verbes à l'impératif.*

1

(venir) ________________ ici.

2

(aller chercher) ________________ la balle.

3

(me donner) ________________ la balle.

4

(courir) ________________.

5

(m'apporter) ________________ le journal.

b) *Filou se repose, il rêve maintenant et dit dans son rêve à ses maîtres*[1]*:*

1. (jouer) ________________ ensemble à la balle.
2. (me donner) ________________ deux steaks pour le déjeuner.
3. (m'apporter) ________________ le journal.

12 *Trouve des mots pour remplacer les pronoms.*

1. Manges-**en**. → *Mange **des pommes.***
2. Allons-**y**. → *Allons **au cinéma.***
3. Vas-y. ________________
4. Prends-en. ________________
5. Buvez-en. ________________
6. Passez-y un week-end. ________________

13 *Écoute bien! Fais une croix dans la bonne case.*

AG § 20

1. je conduis	☐	☐	je construis
2. vous conduisez	☐	☐	vous construisez
3. tu construis	☐	☐	il construit
4. elles conduisent	☐	☐	elle conduit
5. nous conduisons	☐	☐	nous construisons
6. ils ont conduit	☐	☐	ils ont construit

[1] ***le maître*** [mɛtr(ə)] – *hier:* das Herrchen

4A Unité

1 *Écoute bien! Complète le texte.*

Je m'appelle __________. Je suis une __________ de la classe _____ de Borna. C'est une petite __________ près de Leipzig. Avec ma classe et ma __________________________, j'ai fait un __________ scolaire avec la _______________ d'un collège d'Étampes, près de Paris. Nous sommes __________ de Borna très tôt, à _____ heures du matin. Après un voyage de _____ heures, nous sommes arrivés chez nos ______________________. J'ai habité chez Mathilde, une fille de _____ ans qui avait encore deux __________. Le père de Mathilde travaille dans un grand ____________________. La mère y travaille aussi, mais dans un _______________. La _______________ de Mathilde est très sympa. Le _______________ de notre _______________, moi et toute la famille, nous avons fait une _______________ à Paris. Nous sommes allés en _______________ sur la Seine le soir.

2 a) *Tu connais déjà le verbe «mettre». Trouve ses différentes traductions et écris-les dans ton cahier.*

1. Alors, je mets mon jean bleu avec le tee-shirt blanc.
2. Tu sais qui a mis le feu dans la forêt?
3. Est-ce que tu as mis la table?

b) *Complète les phrases avec le verbe «mettre».*

1. Hier, j'__________ le colis sur cette table. Maintenant, je ne le trouve plus.
2. Qui va __________ la table pour le dîner?
3. C'est la fin du cours et les élèves __________ les livres dans leurs cartables[1].
4. Dans le nouvel appartement, nous allons pouvoir __________ cette étagère dans ta chambre.
5. Il __________ toujours le même pull.
6. __________ vos chaussures devant la porte, s'il vous plaît.

c) *Trouve les expressions françaises et allemandes qui vont ensemble.*

1 mettre la clé dans la serrure	A den Kopf aus dem Fenster stecken
2 mettre le ballon dans les buts	B den Ball ins Tor schießen
3 mettre du beurre sur une tartine	C den Fernseher lauter stellen
4 se mettre de la crème sur la figure	D ein Kind ins Bett bringen
5 mettre la télé plus fort	E die Hände in die Taschen stecken
6 mettre les mains dans les poches	F den Schlüssel ins Schloss stecken
7 mettre un enfant au lit	G sich das Gesicht eincremen
8 mettre la tête à la fenêtre	H Butter auf ein Brot streichen

d) *Écris les expressions françaises de c) dans ton cahier. Fais* ***des dessins*** *au lieu de la traduction.*

[1] ***le cartable*** [kartablə] – die Schultasche

3 a) *Complète la grille avec les formes du verbe «suivre».* b) *Complète les phrases avec les formes de a).*

AG § 21

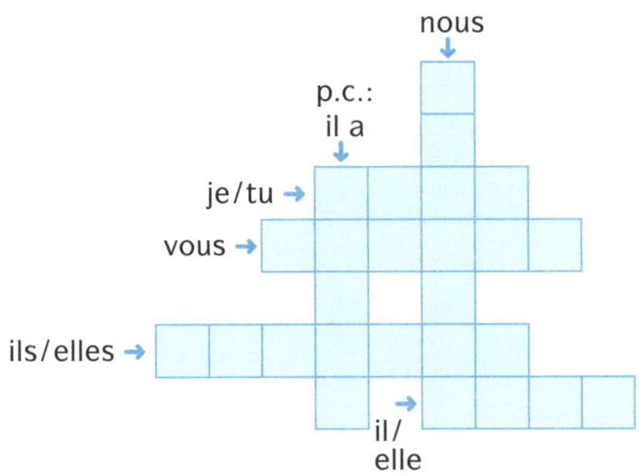

1. Mes chiens aiment bien mon chat.
   Ils le __________ partout.
2. Vous __________ le guide et il va vous expliquer tout sur ce monument.
3. Hier, il __________ le match de tennis à Roland Garros. C'était très intéressant.
4. Je ne peux pas parler avec mon père, il __________ un match de foot à la télé.
5. Ma copine et moi, nous __________ le plan de la ville pour trouver une station de métro.
6. Tu me __________? Oui, je te __________.

4

1. Legt zuerst fest, wer *partenaire A* und wer *partenaire B* ist.
2. *Partenaire A* liest die Fragen vor und *partenaire B* antwortet. Verwendet das Verb ***vivre***.
3. Kontrolliert euch gegenseitig.
4. Wechselt die Rollen nach einem Durchgang.

AG § 22

Partenaire A	***Partenaire B***
– Où est-ce que la famille de Jenna (vivre) maintenant? *= Où est-ce que la famille de Jenna* ***vit*** *maintenant?* ***(– Elle vit à Paris maintenant.)***	***(– Où est-ce que la famille de Jenna vit maintenant?)*** *- Elle (vivre) à* 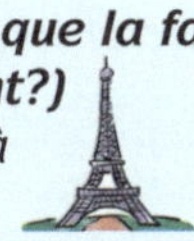 *maintenant.* *= Elle* ***vit*** *à Paris maintenant.*

– Tu sais encore où les parents de M. Maertens (vivre)? **(– Bien sûr. Ils vivent avec toute la famille à la ferme d'Éric Maertens.)**	**(– Tu sais encore où les parents de M. Maertens vivent?)** – Bien sûr. Ils (vivre) avec toute la famille à  d'Éric Maertens.
– M. et Mme Bakouche, depuis quand est-ce que vous (vivre) en France? **(– Alors, nous deux, nous vivons en France depuis 20 ans et nos enfants y vivent depuis leur naissance[1].)**	**(– M. et Mme Bakouche, depuis quand est-ce que vous vivez en France?)** – Alors, nous deux, nous (vivre) en  depuis 20 ans et nos enfants y (vivre) depuis leur naissance[1].
– Qui (vivre) quelques années en Corse? **(– Napoléon a vécu quelques années en Corse.)**	**(– Qui a vécu quelques années en Corse?)** –  (vivre) quelques années en Corse.
– Cédric, où est-ce que tu veux (vivre et travailler) après ta formation? **(– Ce n'est pas encore sûr. Mais je voudrais bien vivre en Grèce plus tard.)**	**(– Cédric, où est-ce que tu veux vivre et travailler après ta formation?)** – Ce n'est pas encore sûr. Mais je voudrais bien (vivre) en  plus tard.
– Et toi, où est-ce que tu (vivre)? **(– Moi, je vis à ?.)**	**(– Et toi, où est-ce que tu vis?)** – Moi, je (vivre) à ?.

[1] ***la naissance*** [nɛsɑ̃s] – die Geburt

5 a) *Comment décrire des personnes ou des choses? Quel adjectif va avec quel nom? Il y a plusieurs possibilités. Trouve deux noms pour chaque adjectif. Écris aussi des exemples drôles.*

une ville — un album — une banlieue — un footballeur — une cathédrale — des amis — un professeur — un livre — un travail — un musée — une équipe — mes parents — la mer — les cadeaux — des photos — une formation

calme	beau	cher	ennuyeux	difficile	drôle	furieux	sportif

b) *Complète le tableau de a) avec d'autres noms.*

c) *Fais une longue phrase avec chaque adjectif dans ton cahier. Choisis un des noms du tableau.*

Exemple: *Le professeur était furieux parce que* ______

d) *À toi maintenant! Prépare un album sur une excursion scolaire. Fais des phrases au passé composé et utilise les mots du tableau.*

6 *Complète les phrases avec les adjectifs «beau, nouveau, vieux».*

1. Julia habite chez sa ______ correspondante.
2. À côté de sa maison, on a construit un ______ hôtel.
3. De Montmartre, on a une ______ vue sur Paris.
4. Les élèves ont visité beaucoup de ______ endroits dans la capitale française.
5. La classe de Borna a visité la ______ cathédrale Notre-Dame.
6. Le quartier de la Défense où M. Uttard travaille est ______.
7. Le père de mon corres a trouvé un ______ travail.
8. Au centre-ville d'Étampes, nous avons vu quelques ______ maisons.

7 a) *On a volé les voyelles[1] des adjectifs suivants. Complète-les.*

1. __ nt __ r __ ss __ nt	7. d __ ng __ r __ __ x	13. b __ __ __
2. gr __ nd	8. dr __ l __	14. v __ __ __ x
3. p __ t __ t	9. m __ __ v __ __ s	15. r __ p __ d __
4. f __ c __ l __	10. b __ n	16. ch __ r
5. d __ ff __ c __ l __	11. m __ d __ rn __	17. h __ __ t
6. __ m __ s __ nt	12. n __ __ v __ __ __	18. l __ ng

[1] ***la voyelle*** [vwajɛl] – der Vokal

b) *Jouez à deux, 2 ou 3 fois. Mettez votre pion[1] au départ. Jetez les dés. Comparez les deux activités ou les deux mots: utilisez un des adjectifs de l'exercice a).*

AG § 23

départ

apprendre le français / apprendre l'anglais

lire des livres / regarder la télé

avoir un chien / avoir un chat

le TGV / la voiture

parler une langue / comprendre une langue

faire du skateboard / faire du cheval

aller au cinéma / aller au théâtre

la tour Eiffel / la tour Montparnasse

aller en métro / faire une promenade

manger à la maison / manger au restaurant

Paris / ta ville

les gens de Paris / les gens dans ta ville

jouer aux cartes / jouer au foot

arrivée

plus, moins, aussi ... que

Exemple: Apprendre le français est plus difficile / moins facile / aussi amusant qu'apprendre l'anglais.

[1] ***le pion*** [pjõ] – die Spielfigur

8

Notre-Dame
construite entre 1163 et 1345
2 tours de 70 m
387 marches
visite de la tour: 5.50 €
visite de la cathédrale: gratuite!

la tour Eiffel
construite en 1889 pour l'exposition universelle
324 m, 3 étages
1652 marches
visite: 3e étage 10.40 €

la tour Montparnasse
ouverte en 1973
210 m
59 étages
visite: 8.20 €

l'opéra de la Bastille
ouvert en 1989

le Centre Pompidou
ouvert en 1977
entrée libre

l'Arc de triomphe
50 m
construit entre 1806 et 1836

l'avenue des Champs-Élysées
entre l'Arc de triomphe et la place de la Concorde:
2 km

le Pont-Neuf
330 m
construit entre 1578 et 1607

l'opéra Garnier
ouvert en 1875
visite: 6 €

a) *Présente les curiosités et monuments de Paris. Écris des phrases avec les informations données dans ton cahier et utilise des adjectifs.*

Exemple: On a construit la cathédrale Notre-Dame entre 1163 et 1345. Elle est très **vieille**. Elle a deux tours qui font 70 mètres. Elles ne sont pas très ~

b) *Regarde les photos, lis les informations et compare les curiosités et les monuments de Paris. Utilise les adjectifs «grand, petit, haut, court, long, beau, cher, nouveau, vieux, moderne».*

Exemple: La tour Eiffel est **plus haute que** la tour Montparnasse.

9 a) *Travaillez à deux. Philipp est chez Guillaume, son corres, qui a une petite sœur, Jenny. Guillaume et Jenny se comparent. Qu'est-ce qu'ils disent? Jouez le rôle de Guillaume et de sa sœur.*

Exemple: Je suis **plus grand que** Jenny. / Je suis **plus petite que** Guillaume.

1.58 m		1.43 m
–	sportif	+
=	calme	=
–	actif	+
=	drôle	=
+	curieux	–

b) *Il y a aussi des différences entre Guillaume et Jenny à l'école. Fais attention à la forme de l'adjectif «bon».*

+	bon en français	–
–	bon en mathématiques	+
–	bon en sport	+
+	bon en informatique	–

c) *Regarde les informations et compare-toi avec l'un des deux. Écris quelques phrases dans ton cahier.*

10 ***Attention à la prononciation!***

a) *Complète les phrases avec «c'est, ses, ces, sais, sait».*

b) *Regarde les mots. C'est* [se] *ou* [sɛ]*? Fais une croix dans la bonne case.*

c) *Écoute bien! Compare avec tes résultats de b) et corrige tes fautes.*

LE, p. 79/13

	[se]	[sɛ]
1. ____________ le printemps.	☐	☐
2. Regardez ____________ belles filles.	☐	☐
3. Il présente ____________ amis.	☐	☐
4. Je ____________ parler anglais.	☐	☐
5. Il a un problème parce qu'il ne ____________ pas où elle est.	☐	☐
6. Tu ____________ que je suis d'accord.	☐	☐
7. Je ne ____________ plus où j'ai mis mes livres. Dommage!	☐	☐

11 *Où et quand est-ce qu'ils sont nés? Écris les phrases dans ton cahier.*

Exemple: Pauline est née le 11 mars 1996 à Nantes.

1

Pauline Laviet
(11/03/1996 Nantes)

4

Napoléon Bonaparte
(15/08/1769 Ajaccio/Corse)

7

Cédric Paille
(27/06/1965 Marseille)

2

Molière
(15/01/1622 Paris)

5

Frédéric Chopin
(22/02/1810 Pologne)

8

Honoré de Balzac
(20/05/1799 Tours)

3

Édith Piaf
(19/12/1915 Paris)

6

Georges Pompidou
(05/07/1911 Montboudif)

9

M. Bakouche
(01/10/1962 Sénégal)

1 a) *Cherche, dans le texte p. 80, l. 3–17, les informations qui vont avec les chiffres et fais des phrases.*

LE, p. 80–81

1. 1900 ____________________
2. 9 ____________________
3. 5h30 ____________________
4. 4 ____________________
5. 17 ____________________
6. 297 ____________________

b) *Cherche, dans les textes p. 81, les informations qui vont avec les chiffres et fais des phrases.*

1. 1977 ____________________
2. 22 ____________________
3. 13 ____________________
4. 1817 ____________________
5. 33000 ____________________
6. 1971 ____________________

2 *Complète le tableau. Choisis seulement les mots qui ont* ***un article différent*** *en français et en allemand. Note ces mots avec leur article et écris les articles masculins en bleu, les articles féminins en rouge et les neutres en jaune.*

banlieue mur état art moyen de transport
début publicité métal affiche écrivain

français	**allemand**
la banlieue	der Vorort

3 a) *Complète les phrases avec «chacun» ou «chacune».*

G § 24

chacun, chacune

1. Les élèves allemands font un album sur Paris. ____________________ a fait des photos.
2. Sur les photos, il y a des curiosités parisiennes. ____________________ est intéressante.
3. La classe 9b a recherché des informations sur des lieux parisiens célèbres. ____________________ a son histoire.
4. Les jeunes souvent ont pris le métro. ____________________ s'est intéressé à des stations différentes.
5. Les murs de beaucoup de stations sont pleins de publicité. ____________________ est différente.

b) *Remplace **«chaque + nom»** par **«chacun»** ou **«chacune»** dans les phrases suivantes et complète-les. Écris les phrases dans ton cahier.*

Exemple: ***Chaque famille*** *française a bien préparé l'arrivée des élèves allemands.*

→ ***Chacune** a fait un bon repas.*

1. Chaque touriste visite la tour Eiffel.
2. Chaque pont traverse la Seine.
3. Chaque île parisienne se trouve sur la Seine.
4. Chaque président français a joué un rôle important pour la capitale.

4 *Maxi écrit un e-mail à sa corres française. Elle ne sait pas quand elle doit mettre «être» ou «avoir». Aide-la à compléter le texte. Attention à l'accord du participe passé!*

Chère Pauline,
Dimanche, je me __________ levé___ très tôt. J'__________ préparé___ un pique-nique pour moi et mon amie Laura. Elle __________ arriv___ à 10 heures et nous __________ sorti___ de la maison. Devant notre maison, nous __________ rencontré___ Danny et Philipp, deux copains de notre classe. Nous __________ invité___ les deux amis à venir avec nous. Nous __________ monté___ dans le bus et nous __________ descendu___ près d'un petit lac. Nous, les filles, nous __________ tout de suite allé___ à la plage et les garçons __________ cherché___ une place pour notre pique-nique. Après, nous __________ joué___ au volley et Danny __________ lu___ un livre. Philipp __________ allé___ chercher de la glace pour nous. Nous __________ oublié___ l'heure et c'est pourquoi nous nous __________ dépêché___ pour rentrer à la maison. Nous __________ vraiment passé ___ un beau dimanche!

À bientôt. Maxi

5 ***Bon voyage!***

a) *Souligne les mots-clés pour l'imparfait et le passé composé dans les phrases suivantes.*

LE, p. 84/ savoir faire (1.)

G § 25

1. La semaine dernière, les élèves allemands ont reçu un e-mail de leurs corres avec le programme du séjour à Paris.
2. Chaque jour, pendant le cours de français, ils préparaient la rencontre.
3. Enfin, ils se sont retrouvés à la gare de Leipzig où leur train est parti à 10h50.
4. Tout à coup, le train s'est arrêté dans la campagne à cause d'un feu dans le couloir.
5. Pendant leur séjour, les élèves allemands allaient tous les jours dans le centre pour voir les curiosités.
6. Ils sont restés un jour seulement avec leurs corres pour participer à des cours au collège.
7. Hier, ils ont fait une excursion au cimetière du Père Lachaise.
8. Autrefois, c'était comme une petite ville dans la ville.
9. Jusqu'en 1807, le cimetière avait 62 «habitants».
10. En 1817, deux écrivains célèbres y sont «arrivés».

b) *Quels sont donc les mots-clés pour le passé composé ou l'imparfait? Écris-les dans ton cahier.*

6 a) *Souligne dans ces phrases* **le décor (imparfait)** *en rouge et* **l'action (passé composé)** *en bleu.*
b) *Fais une croix dans la bonne case.*

LE, p. 84/ savoir faire (2.)

1. Hier, il ☐ faisait ☐ a fait beau quand Landry Besson et Pauline Laviet ☐ allaient ☐ sont allés au stade de France.
2. Là, les jeunes ☐ voyaient ☐ ont vu leur équipe de foot préférée qui ☐ faisait ☐ a fait des exercices sportifs.
3. L'entraîneur[1] ☐ parlait ☐ a parlé très fort et les footballeurs ☐ couraient ☐ ont couru.
4. Tout à coup, le ballon[2] ☐ tombait ☐ est tombé devant Landry et Pauline qui ☐ regardaient ☐ ont regardé l'équipe.
5. Alors, Pauline ☐ donnait ☐ a donné le ballon à l'entraîneur qui lui ☐ disait ☐ a dit merci.

7 *Mets les verbes au passé composé ou à l'imparfait. Écris le texte dans ton cahier.*

Après le retour en Allemagne, la classe 9b (écrire) une lettre à ses corres à Paris:

Chers amis,
Ça va? Nous (bien arriver). Le train (avoir) seulement 10 minutes de retard.
Nos parents (être) contents de nous voir tous. Hier, on (devoir) retourner à l'école.
Pendant le cours de français, on (travailler) sur notre album. Chacun de nous (prendre) beaucoup de photos de Paris et des familles chez qui on (être). Et on (avoir) de la chance. Pendant notre séjour à Paris, il (pleuvoir) tous les jours ici.
Alors, vous savez ...

8 ***Un colis suspect?***

Aujourd'hui, Katrin, une touriste allemande, visite la cathédrale Notre-Dame avec son groupe. Ils entrent dans la cathédrale et montent tout de suite en haut d'une des tours où ils ont une belle vue sur la ville. Vers 15 heures, Katrin descend et tombe sur un colis qui est à côté de la porte. Elle est surprise[3] et appelle le gardien[4]. Tout le monde doit sortir de la cathédrale. La police arrive. Katrin, qui attend devant la cathédrale, voit un petit garçon triste. Il cherche son paquet avec ... Quelle surprise pour la police.

a) *Le lendemain, Katrin prend des notes dans son journal. Qu'est-ce qu'elle écrit?*
Exemple: *Hier, j'ai visité* ______

b) *Qu'est-ce qu'il y avait dans le colis?* ______

[1] ***l'entraîneur*** *m* [ɑ̃trɛnœr] – der Trainer
[2] ***le ballon*** [balɔ̃] – der Ball
[3] ***surpris,e*** [syrpri(z)] – überrascht
[4] ***le gardien*** [gardjɛ̃] – der Wärter

9 ***Attention à la prononciation!***

a) *Écoute bien! Répète le texte. Attention aux sons* [ɑ̃] *et* [ɛ̃] *surtout au début des mots!*

Une interview sur Paris, un endroit unique!

- Comment est-ce que tu trouves Paris?

▲ Moi, je pense que si tu as une invitation pour aller à Paris, alors vas-y! Là, il y a une ambiance super, des artistes font de la musique encore et encore. Chacun a un instrument et ils jouent ensemble. Mais c'est seulement un exemple. Tu peux voir la ville, apprendre le nom d'un inventeur (le père du métro), chercher une entrée connue (l'entrée du musée du Louvre) ... Enfin, si quelqu'un veut une information, demandez-moi.

- Merci!

b) *Écoute encore une fois. Souligne les liaisons dans le texte a). Complète la règle.*

Steht der unbestimmte Artikel vor einem Wort, das mit ☐ Konsonant, ☐ Nasal oder ☐ Vokal anfängt, werden beide Wörter beim Sprechen verbunden. Das *-n* von *un* wird dann ☐ gesprochen. ☐ nicht gesprochen.

10 ***Plus d'infos de Paris!***

Voilà des informations sur le Bois de Vincennes et le Parc de la Villette. Découpe les textes et les photos. Écoute bien et reconstitue les textes. Puis, trouve la photo correspondant au texte.

1

a

C'est pourquoi
de Hyde Park de Londres.
Paris est aussi
Napoléon III aimait bien
On y trouve
une ville verte.
et plusieurs parcs.
on a ouvert
et le Bois de Vincennes
les parcs à l'anglaise.
le Bois de Boulogne
qui est une copie
beaucoup d'arbres[1] différents

b

Devant le musée
de 2000.
de la musique, du sport
avec une très grande salle
un lieu de rencontre
est le nouveau musée
pour des enfants et des jeunes,
C'est un musée
voir des spectacles
il y a une grande boule
mais aussi pour leurs parents.
où on peut voir des films sur 1000 m².
La Villette est
et un lieu interactif.
On peut y faire
et des expositions.
des sciences[2] et des techniques
travailler sur ordinateur, écouter des concerts
Le parc de la Villette

2

[1] ***l'arbre** m* [arbrə] – der Baum
[2] ***la science*** [sjɑ̃s] – die Wissenschaft

11 *Réponds aux questions.*

1. Qui est Jacques Dutronc?

____

2. En quelle année est-ce qu'il est né?

____

3. Depuis quand est-ce qu'il fait de la musique?

____

4. Pour quel film est-ce qu'il a reçu un César?

____

savoir vivre

Jacques Dutronc
Jacques Dutronc est un chanteur français très célèbre. Il est né en 1943. Il fait de la musique depuis plus de quarante ans et ce n'est pas tout! Il fait aussi du cinéma où il a du succès[1]: il a même reçu le César du meilleur acteur[2] pour son rôle dans «Van Gogh».

12 a) *Écoute encore une fois la chanson «Il est cinq heures, Paris s'éveille». Cherche les mots que tu ne connais pas dans le minidictionnaire. Puis, complète le texte.*

LE, p. 88/12 minidictionnaire

La ______________________ a froid aux pieds.

L'______________________ est ranimé.

Et l'______________________ est bien dressé.

Entre la ______________________ et la journée.

b) *Dans ton cahier, fais des dessins drôles des monuments que tu entends dans la chanson.*

13 a) *Lis le texte «Mehran – surnom Alfred» dans le livre p. 88, ex. 13. Souligne les différences entre l'histoire et le film dans le texte suivant.*

LE, p. 88/13

«Le Terminal», un film avec Tom Hanks

L'histoire d'Alfred a donné l'idée à Steven Spielberg pour son film «Le Terminal». Tom Hanks y joue le rôle principal. Nous sommes en 2003. Hanks est Victor Navorski qui est un des touristes qui arrivent chaque jour à l'aéroport John F. Kennedy à New York.
Mais quelques heures après son arrivée, il y a un coup d'État[3] dans son pays qui se trouve au centre de l'Europe. Il ne peut pas entrer aux États-Unis et ne peut plus rentrer dans son pays. Alors, il doit camper à l'aéroport JFK.

b) *Complète le tableau.*

	le film	l'histoire
nom		
lieu		
date		
venir de		
aller à		

[1] ***le succès*** [syksɛ] – der Erfolg
[2] ***César du meilleur acteur*** – frz. Auszeichnung für den besten Schauspieler
[3] ***le coup d'État*** [kudeta] – der Staatsstreich

Lernen an Stationen

Tipps
In den folgenden Stationen wiederholst du noch einmal, was du in den bisherigen Lektionen gelernt hast. Dazu gibt es wie in *Unité Révision 1* wieder 4 Stationen mit 9 Aufgaben, von denen du pro Station **mindestens eine** bearbeiten musst.
Die Tipps aus *Unité Révision 1* gelten auch für dieses Stationenlernen.

Laufzettel

Datum:		**von:**	**bis:**		
Nr. und Name der Station:	Arbeitsblätter:	gearbeitet von: bis:	Nach Erledigung: ✔	Materialien:	Vergleich mit Lösung: ☺/☺☻/☹
1 ***Écouter et comprendre***	*fiche de travail 1*			CD	
	fiche de travail 2			CD	
2 ***En français, s'il te plaît!***	*fiche de travail 3*				
	fiche de travail 4			Metroplan Paris, Aufnahmegerät 	
	fiche de travail 5			Schere, Klebstoff	
3 ***Regarder et écrire***	*fiche de travail 6*				
	fiche de travail 7			PC + Internetanschluss	
4 ***Lire et comprendre***	*fiche de travail 8*			Lesetext, Bastelmaterial für Einladungskarten	
	fiche de travail 9			Lesetext, Schere	

☺ = richtig
☺☻ = teilweise richtig
☹ = falsch / nicht erledigt

Station 1

Écouter et comprendre

fiche de travail 1

a) *Écoute bien! Choisis les mots corrects pour compléter le poème.*

La réunion[1] de famille

Mon frère Tchou
Vient de ____________
Sur ____________

Oncle Firmin
Vient de ____________
Sur ____________

Mais tante ____________
Vient à ____________
En ____________

(Jacques Charpentreau)

la fête · baskets · Henriette · Turin[2] · la discothèque · bicyclette[3] · Pékin[4] · les genoux · les deux mains · le train · Moscou[5]

b) *À toi maintenant! C'est Noël, toute la famille se retrouve. Tes frères et sœurs, grands-parents, tes cousins et cousines viennent de partout pour te voir. Écris deux nouvelles strophes comme dans le poème de a). Voilà du vocabulaire pour t'aider: «voiture, vélo, bateau, train, avion, pied, ambulance, caravane, cheval, béquilles, VTT, TGV, métro, éléphant, car, luge, skateboard, ski».*

____________ ____________
____________ ____________
____________ ____________

fiche de travail 2

On se voit quand?

DELF

Deux amis, Mérise de Paris et Mathis de Blois, veulent se voir. Mais c'est difficile de trouver une date!

a) *Écoute bien! De quelles dates parlent-ils?*

☐ du 25 mars	☐ du 1er mars	☐ de la Pentecôte, du 17 au 19 mai
☐ du 25 mai	☐ du 21 mars	☐ de Pâques, du 7 au 9 avril
☐ du 5 avril	☐ du 1er avril	☐ de Pâques, du 17 au 19 avril

[1] *la réunion* [reynjɔ̃] – das Treffen
[2] *Turin* [tyrɛ̃] – Stadt in Italien
[3] *la bicyclette* [bisiklɛt]– das Fahrrad
[4] *Pékin* [pekɛ̃] – Peking
[5] *Moscou* [mɔsku] – Moskau

b) *Écoute le dialogue (encore une fois). Écris les activités de Mérise et Mathis sur les feuilles de leurs calendriers.*

Mérise

mars			avril		
			D	1	
			L	2	
			M	3	
			M	4	
J	1		J	5	
V	2		V	6	
S	3		S	7	
D	4		D	8	
L	5		L	9	
M	6		M	10	
M	7		M	11	
[illegible]	8		J	12	
V	9		V	13	
S	10		S	14	
D	11		D	15	
L	12		L	16	
M	13		M	17	
M	14		M	18	
J	15		J	19	
V	16		V	20	
S	17		S	21	
D	18		D	22	
L	19		L	23	
M	20		M	24	
M	21		M	25	
J	22		J	26	
V	23		V	27	
[illegible]	24		S	28	
D	25		D	29	
L	26		L	30	
M	27				
M	28				
J	29				
V	30				
S	31				

Mathis

mars			avril		
			D	1	
			L	2	
			M	3	
			M	4	
J	1		J	5	
V	2		V	6	
S	3		S	7	
D	4		D	8	
L	5		L	9	
M	6		M	10	
M	7		M	11	
J	8		J	12	
V	9		V	13	
S	10		S	14	
D	11		D	15	
L	12		L	16	
M	13		M	17	
M	14		M	18	
J	15		J	19	
V	16		V	20	
S	17		S	21	
D	18		D	22	
L	19		L	23	
M	20		M	24	
M	21		M	25	
J	22		J	26	
V	23		V	27	
S	24		S	28	
D	25		D	29	
L	26		L	30	
M	27				
M	28				
J	29				
V	30				
S	31				

c) *Attention, il faut bien réfléchir! Quand est-ce que Mérise et Mathis vont se voir?*

____

Station 2

En français, s'il te plaît!

fiche de travail 3

Au restaurant

a) *Travaillez à deux. Traduisez le dialogue. Nicolas, un jeune Français, explique les habitudes[1] des Français à table à son ami allemand, Fabian.*

Fabian	Nicolas
Er sagt, dass es gut ist, dass immer Baguette auf dem Tisch liegt und dass eine Karaffe mit Wasser nichts kostet. Er fragt, welche anderen Getränke ausgeschenkt (= serviert) werden.	Er antwortet, dass die Franzosen auch Wein trinken. Französische Jugendliche trinken auch gern Cola wie in Deutschland, aber sie mögen auch gern Diabolo.
Er fragt, ob es zum Aperitif eine Suppe gibt.	Er antwortet, dass das doch eine Vorspeise ist.
Er fragt, was man noch als Vorspeise essen kann.	Er antwortet, dass man einen Tomatensalat, eine Wurstplatte oder einen kleinen grünen Salat essen kann.
Er sagt, dass er eine Wurstplatte sicherlich nie essen wird und dass er lieber nur eine Hauptspeise wie Nudeln isst. Er mag kein Fleisch.	Er sagt, dass Fabian doch weiß, dass man in Frankreich oft ein Menü mit Vorspeise, Hauptspeise und Käse oder Nachtisch auswählt. Er selbst isst am liebsten eine „schwimmende Insel".

b) *Cela te prend un peu de temps, mais tu peux gagner 6 points supplémentaires.*

1. Donne deux plats principaux.
2. Donne deux autres desserts.
3. Donne deux boissons chaudes.

[1] ***l'habitude*** *f* [abityd] – die Gewohnheit

fiche de travail 4

En métro à Paris

DELF

Tu es en voyage à Paris avec ta classe. Tu rencontres un touriste suisse près de la station «République». Il veut aller au Louvre. Tu lui expliques la route en métro.

prendre la direction ~

descendre à ~

prendre la ligne ~

aller à pied

changer de métro

prendre le métro

fiche de travail 5

Maintenant, je sais ...

Faltet die Seite entlang der Mittellinie. Schneidet die Karten aus und klebt sie zusammen, sodass jeweils eine Karte mit der Aufgabenstellung auf der Vorderseite und mit der Lösung auf der Rückseite entsteht. Mischt die Karten, hebt abwechselnd ab und löst bzw. kontrolliert euch gegenseitig.

Sage, dass ihr einen Schüleraustausch nach Paris gemacht habt.	*On a fait un échange scolaire à Paris.*
Sage, dass du nun die Sehenswürdigkeiten von Paris kennst.	*Maintenant, je connais les curiosités de Paris.*
Sage, dass dir vor allem das Centre Pompidou mit seinen zahlreichen Möglichkeiten für Jugendliche gefallen hat.	*J'ai aimé surtout le Centre Pompidou parce qu'il y a beaucoup de possibilités pour les jeunes.*
Sage, dass du den Eiffelturm und andere Sehenswürdigkeiten fotografiert hast.	*J'ai pris des photos de la tour Eiffel et d'autres curiosités.*
Sage, dass es deiner Meinung nach in Paris viel Verkehr gibt.	*Je trouve qu'à Paris, il y a beaucoup de trafic.*
Sage, dass es auch in der Metro immer viele Menschen gibt.	*Dans le métro aussi, il y a toujours beaucoup de gens.*
Sage, dass das Leben in Paris teurer ist als in deiner Stadt / deinem Dorf.	*La vie à Paris est plus chère que dans ma ville / dans mon village.*
Sage, dass du mit deiner Gastfamilie in einem Restaurant gewesen bist.	*Avec la famille de mon / ma corres, je suis allé/e au restaurant.*
Sage, dass du im Restaurant ein Menü mit Vor-, Haupt- und Nachspeise gegessen hast.	*Au restaurant, j'ai pris un menu avec une entrée, un plat principal et un dessert.*
Sage, dass ihr euch gut amüsiert habt.	*Nous nous sommes bien amusés / es.*

Station 3

Regarder et écrire

fiche de travail 6

a) *Regarde les images et complète la première colonne du tableau avec les mots pour les activités.*

jouer à / jouer de	Éric, un étudiant	Sandrine, une infirmière	Laure, une élève	Ralph, un prof d'histoire-géo
				X
	X			
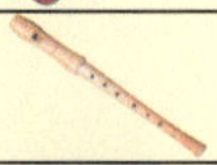		X		
			X	
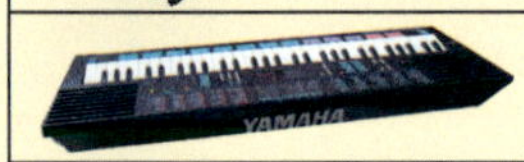			X	
	X			
		X		
			X	
				X
	X		X	
		X		X
	X			
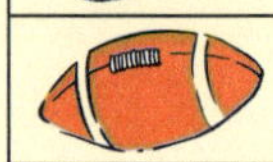	X			

b) *Présente les quatre personnes. Décris leurs métiers et leurs loisirs.*

fiche de travail 7

Paris-Plage

a) *Travaillez à deux. Paris-Plage existe depuis 2002. L'été, c'est une bonne adresse pour les touristes. Mais qu'est-ce que c'est? Faites une recherche sur l'internet et trouvez les informations pour répondre aux questions.*

1. Où est Paris-Plage?
2. Comment s'appellent les trois grandes plages?
3. Combien de temps est-ce que c'est ouvert?
4. Qu'est-ce qu'on peut y faire (donne 5 activités)?

b) *Quelles activités de Paris-Plage t'intéressent le plus? Pourquoi?*

Station 4

Lire et comprendre!

fiche de travail 8

a) *Lis le texte et réponds aux questions.*

Immeubles[1] en fête

Depuis 1999, au mois de mai, on peut voir des affiches dans certains immeubles. C'est de la publicité pour une nouvelle fête à écrire dans votre calendrier: «Immeubles en fête», le 31 mai. Ça vous intéresse? C'est facile, vous trouvez sur l'internet une carte postale pour inviter vos voisins. Dans la cour de votre immeuble, dans la rue, dans votre jardin, mettez une table, apportez quelque chose à manger et des boissons. Tout le monde participe au menu. Ce soir-là, personne ne[2] doit rester seul, on parle, on rencontre des gens. L'idée est née à Paris et en 2005, plus de 4,5 millions de personnes en Europe ont fait la fête des voisins ensemble.

1. De quelle fête parle le texte? ______
2. Dans quelle ville est-elle née? ______
3. Quand? ______
4. Où est-ce que les gens font la fête? ______
5. Qui fait la fête ensemble? ______
6. Qu'est-ce qu'ils font? ______

b) *Pour gagner des points supplémentaires: fais une carte d'invitation pour «Les immeubles en fête».*

fiche de travail 9

Rencontre à la pyramide du Louvre

Quatre personnes se trouvent devant la pyramide du Louvre: un homme à l'entrée, une star en vacances, un guide, un touriste. Il y a beaucoup de monde et ça parle dans tous les sens[3]. Travaillez à quatre. Découpez le texte. Reconstituez les phrases des quatre personnes. Puis, lisez-les à tour de rôles.

A) Où sont mes lunettes de soleil?	B) Dommage, je n'ai pas pris mon appareil photo!	
C) Ça fait 7 euros.	D) Vous êtes étudiant?	E) Suivez-moi.
F) J'espère que personne ne va me reconnaître.	G) Vous avez moins de dix-huit ans?	
H) Voilà, c'est un Léonard de Vinci.	I) Quelle chance, pas de journalistes!	
K) Où est-ce que je peux acheter des cartes postales?	L) Où sont les toilettes?	
M) Silence, s'il vous plaît!	N) C'est très intéressant.	

[1] ***l'immeuble*** *m* [imœbl(ə)] – das Wohnhaus
[2] ***personne ne*** [pɛrsɔnə] – niemand
[3] ***ça parle dans tous les sens*** – es wird kreuz und quer gesprochen

Mon portfolio du français

Kreuze an:

Was ich im Französischen schon kann:	Kein Problem.	Ich mache ein paar Fehler.	Das muss ich noch üben.
Ich kann verstehen und reagieren (sprechen / schreiben),			
• wenn über Freizeitaktivitäten gesprochen wird.			
• wenn ich ein Bild anhand der Fragen „wann, wo, wer, was" beschreiben soll.			
• wenn man mich nach meiner Meinung fragt.			
• wenn der Tisch gedeckt wird.			
• wenn man mich fragt, was ich essen oder trinken möchte.			
Das verstehe ich, wenn ich es lese, und kann es selbst schreiben:			
• Speise- oder Menükarten.			
• Kalendereinträge (Traditionen und Feste).			
• Witze.			
• Lieder.			
• Veranstaltungspläne in Zeitungen.			
Grammatik:			
• Ich kann das *présent* und das *imparfait* anwenden.			
• Ich kenne den Unterschied zwischen *chaque* und *tous/toutes*.			
• Ich kann zwischen *bon/bien* und *mauvais/mal* unterscheiden.			
• Ich kann die Objektpronomen einschließlich *en* anwenden.			
• Ich kann den Imperativ von Verben in Begleitung von Objektpronomen anwenden.			
• Ich kann den Komparativ anwenden.			
• Ich kann anhand der Endung eines Substantivs erkennen, ob es männlich oder weiblich ist.			

Was ich für mein Sprachenlernen getan habe:	häufig	gelegentlich	selten	nie
• mit den Redemittelkärtchen *Maintenant, je sais ...* gearbeitet.				
• grammatische Regeln im *Atelier grammaire* selbst entdeckt und formuliert.				
• mit dem Grammatikteil des Schülerbuches gearbeitet.				
• mit den Begleitmaterialien (CD oder CD-ROM) gearbeitet.				
• mit einem Wörterbuch gearbeitet.				
• auf französischen Internetseiten recherchiert.				
• einen Comic auf Französisch gelesen.				
• längere unbekannte Texte gelesen.				

Was ich in nächster Zukunft häufiger tun will:

1 a) ***Mots croisés.*** *Complète la grille et trouve comment on appelle une fille qui apprend un métier.*

1. cafeufurh	2. yeméeplo	3. ofrp
4. cinoratiienfm	5. urmcheô	6. quaneminn
7. nctionfraieon	8. gnieuinré	9. emmef ua rofey

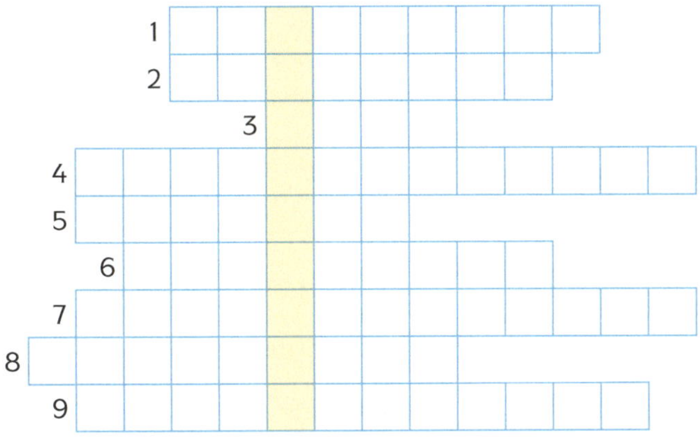

b) *Écris des définitions pour les mots de a) dans ton cahier.*

Exemple: 1. *conduire – personnes / transporter – choses* →

Un chauffeur conduit des personnes ou transporte des choses.

2. travailler – par exemple – banque
3. préparer – cours – donner – notes – élèves
4. travailler – ordinateur
5. chercher – travail
6. montrer – nouvelle mode – catalogue / télé
7. travailler – par exemple – poste / SNCF
8. créer – quelque chose
9. s'occuper – famille / maison / appartement

2 *Regarde l'image et note les mots correspondants: verbe ou substantif + article. Puis, complète le titre.*

________________ **de Julie**

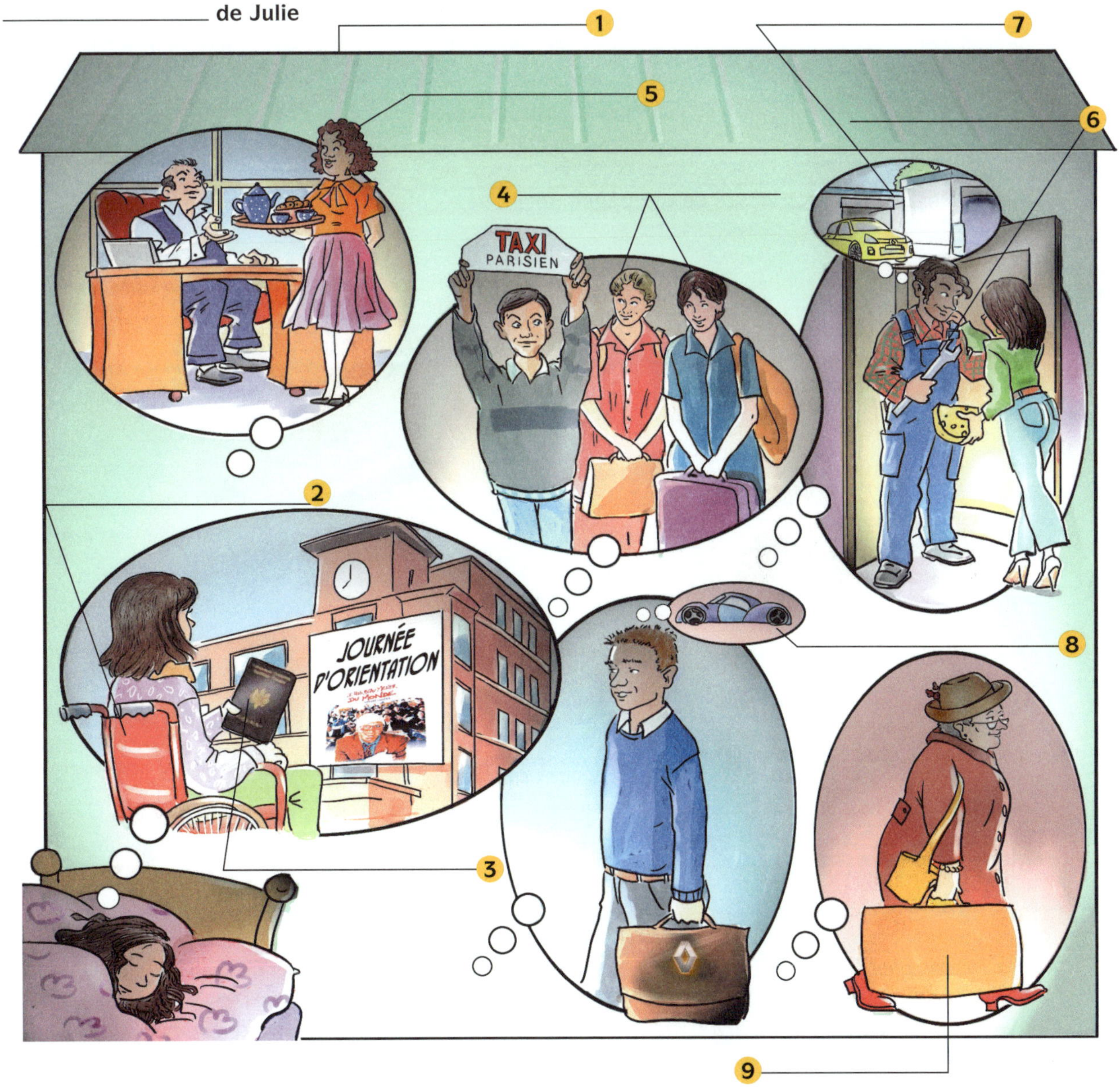

3 *Thomas a répondu à Céline. Mets les adjectifs au singulier ou pluriel, masculin ou féminin à la bonne place.*

Tu veux être ______ secrétaire (trilingue) ______. Ce n'est pas une ______ idée (mauvais) ______. Moi aussi, je ne veux pas de ______ métier (ennuyeux) ______. Je veux travailler dans une ______ entreprise (grand) ______, avoir un ______ bureau (moderne) ______, des ______ vêtements (beau) ______, une ______ secrétaire (joli) ______, faire des ______ voyages (long) ______, regarder toutes les ______ compétitions (sportif) ______, habiter loin des ______ quartiers (pauvre) ______, dans une ______ capitale (européen) ______ ... Mais non, je rigole! ... Je veux travailler dans la nature, avec des animaux. Je veux être vétérinaire. C'est un ______ métier (génial) ______. Il faut faire des ______ études (difficile) ______, je sais. Mais après, je vais avoir une ______ vie (intéressant) ______. Je veux travailler dans une ______ ville (petit) ______ ou dans un ______ village de campagne (beau) ______ en France.

4 AG § 27

a) *Mme Rigier aime son métier, mais M. Pacau, lui, n'aime pas son métier. Complète leurs phrases avec «le / la / les plus» et «le / la / les moins».*

Mon métier est ______ intéressant!

Les bureaux où je travaille sont ______ grands.

Mon métier est ______ ennuyeux.

Mon entreprise est ______ célèbre.

Mon métier est ______ difficile!

Mes vacances sont ______ courtes.

Les personnes qui travaillent avec moi sont ______ intéressantes.

Le bâtiment où je suis est ______ moche.

b) *Et pour toi, quel est le métier le plus intéressant, le moins ennuyeux, le plus difficile, le moins ...? Et pourquoi? Écris des phrases avec «le plus / le moins» et des adjectifs dans ton cahier.*
Exemple: Pour moi, informaticien est le métier le plus intéressant parce que ~.

5 *Écris des phrases dans ton cahier. Utilise le superlatif «le moins ...» ou «le plus ...».*

LE, p. 101/8

Exemple: Les villes **les moins chères** sont Montluçon, Saint-Quentin et Nevers. De ces trois villes, Montluçon est la ville **la moins chère**. La ville **la plus chère**, c'est Paris.

Les premières villes de France et «les lanternes rouges» (= les dernières)

adjectif	ordre[1] et noms des villes	
moins cher	1. Montluçon 2. Saint-Quentin 3. Nevers	Paris
sûr	1. Cherbourg 2. Saint-Chamond 3. Périgueux	Mulhouse
chaud	1. Perpignan 2. Toulon 3. Marseille	Épinal
important	1. Paris 2. Lyon 3. Marseille	Saint-Chamond

6 a) *Relie le nom du pays à la carte correspondante.*

LE, p. 102/10

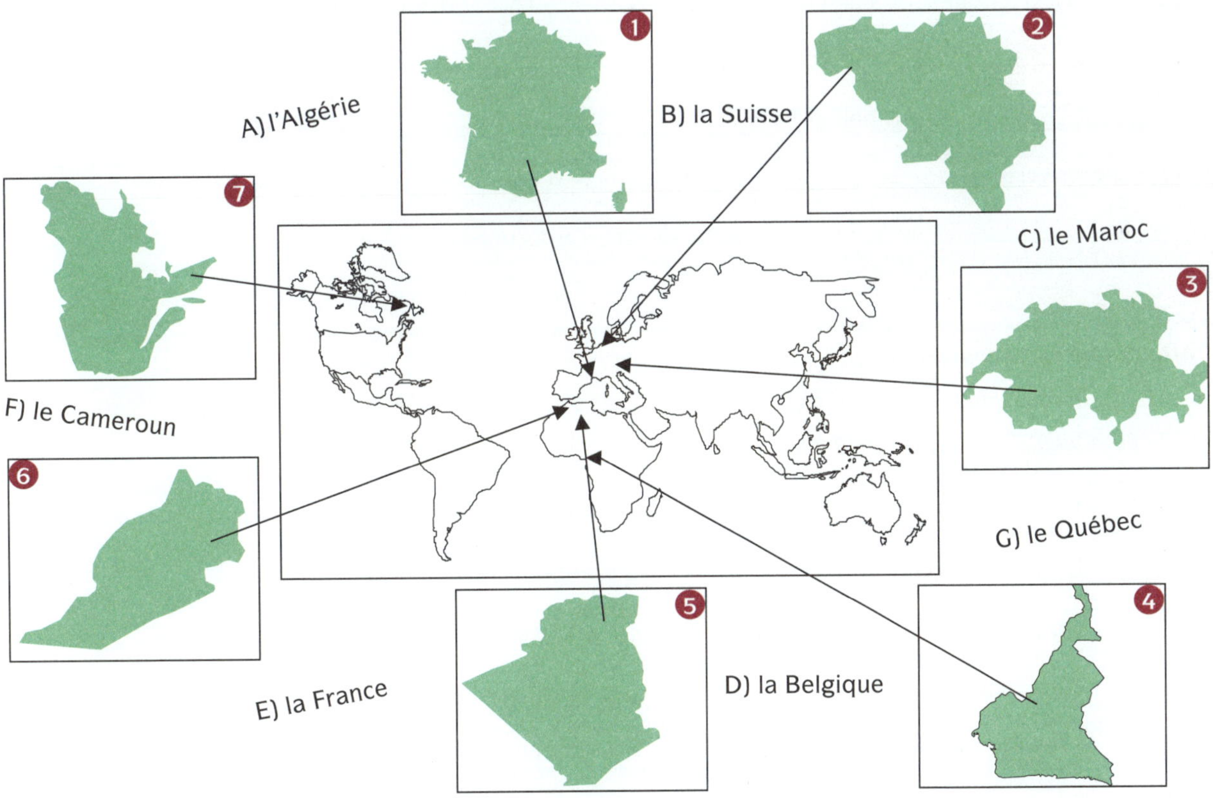

b) *Compare les pays de a). Tu peux aussi trouver des informations sur l'internet. Écris des phrases dans ton cahier.*

Quel est le pays ...
1. le plus grand?
2. avec la plus haute montagne?
3. le plus pauvre?
4. le plus petit?
5. le plus chaud en été?
6. le plus riche?
7. le plus lointain[2] de l'Allemagne?
8. le plus froid en hiver?
9. avec le plus d'habitants?

[1] ***l'ordre*** *m* [ɔrdrə] – die Reihenfolge
[2] ***lointain*** [lwɛ̃tɛ̃] – entfernt

7 *Pourquoi est-ce qu'ils sont venus en France?*
Complète les phrases avec le verbe «venir» au ***passé composé****.*

LE, p. 102/10

Michel: Je ______________________ en France pour voir ma famille et mes amis.

Je ne les vois pas souvent parce que je vis et travaille en Suisse depuis deux ans.

Élise et Lili ______________________ en France pour travailler dans un hôpital.

Ici, on cherche des infirmières. Philémon ______________________ en France

parce que son père a trouvé du travail à Paris.

Siham: Yassine et moi, nous ______________________ en France pour chercher du travail ici.

Philémon: Oui, vous ______________________ en France pour travailler ici, comme mon père.

Toi, Yassine, tu conduis ton taxi, mais toi, Siham, tu __________ peut-être

______________ pour rien parce que tu n'as pas trouvé de travail.

8 *Daniel est avec ses copains en Italie. Complète le texte avec les verbes «dormir, offrir, ouvrir, mentir, partir, sortir, tenir, venir» au* ***présent****.*

Les amis ________________ dans une maison, à la campagne. Le soir, ils ________________

souvent pour aller danser dans une discothèque. Daniel y rencontre une jeune fille. Elle est jolie, mais

elle ________________. Son père ne ________________ pas d'Amérique et il ne lui

________________ pas une grande voiture. La fille ________________ une clé de vélo dans sa

main et cette clé n'________________ pas la porte d'une Ferrari! Après l'Italie, les copains veulent

________________ en Suisse, et ensuite, ils vont retourner en France.

9 ***Attention à la prononciation!***

a) *Lis les phrases de b).* Unterstreiche die Wörter, durch die sich die beiden Sätze unterscheiden.

b) *Écoute bien! C'est* [b] *ou* [p]*? Fais une croix dans la bonne case.*

1.	☐ Tu as eu peur?	☐ Tu as du beurre?
2.	☐ Bravo pour ton brevet!	☐ Bravo pour ton projet!
3.	☐ Où est le blanc?	☐ Où est le plan?
4.	☐ C'est bien, il est bleu.	☐ C'est bien, il pleut.
5.	☐ Elles prennent des poissons.	☐ Elles prennent des boissons.
6.	☐ Pierre a passé le bon.	☐ Pierre a passé le pont.

c) *Écoute et répète les phases de b). Attention à l'intonation correcte* ↗ *ou* ↘*!*

10 *Julie et son père parlent de la journée de travail d'un chauffeur de taxi à Paris.*

AG § 28

1. Legt zuerst fest, wer *Julie* und wer *M. Leblanc* ist.
2. Bildet Sätze und verwendet entweder das *passé composé* oder *venir de + infinitif.*
3. Kontrolliert euch gegenseitig.

Julie:	***M. Leblanc:***
– Salut, papa, tu (venir de finir) ta journée? *= Salut, papa, tu* ***viens de finir*** *ta journée?* *(– Oui, Julie, j'****ai fini*** *ma journée.)*	*(– Salut, papa, tu* ***viens de finir*** *ta journée?)* *– Oui, Julie, j' (p.c. – finir) ma journée.* *= Oui, Julie, j'****ai fini*** *ma journée.*

– Est-ce que tu (venir de prendre) des gens intéressants dans ton taxi? (– Oui, aujourd'hui, j'**ai pris** beaucoup de gens intéressants dans mon taxi.)	(– Est-ce que tu **viens de prendre** des gens intéressants dans ton taxi?) – Oui, aujourd'hui, j'(p.c. – prendre) beaucoup de gens intéressants dans mon taxi.
– Oh, s'il te plaît, parle-moi des personnes que tu (venir de conduire). (– D'accord, je te dis ce que ces personnes **viennent de faire** et tu devines[1] leur métier.) – Génial, commence!	(– Oh, s'il te plaît, parle-moi des personnes que tu **viens de conduire**.) – D'accord, je te dis ce que ces personnes (venir de faire) et tu devines[1] leur métier.
(– Un homme **vient d'oublier** son article à la rédaction.) – Je sais. Un journaliste (p.c. – oublier) son article à la rédaction.	– Un homme (venir d'oublier) son article à la rédaction. (– Je sais. Un journaliste **a oublié** son article à la rédaction.)
(– Une femme **vient d'acheter** un médicament important à la pharmacie.) – Une infirmière (p.c. – acheter) un médicament important à la pharmacie.	– Une femme (venir d'acheter) un médicament important à la pharmacie. (– Une infirmière **a acheté** un médicament important à la pharmacie.)
(– Une femme **vient de trouver** les clés du supermarché où elle travaille.) – Une vendeuse (p.c. – trouver) les clés du supermarché.	– Une femme (venir de trouver) les clés du supermarché où elle travaille. (– Une vendeuse **a trouvé** les clés du supermarché.)
(– Un homme **vient de corriger** les interros de ses élèves.) – Un professeur (p.c. – corriger) les interros de ses élèves.	– Un homme (venir de corriger) les interros de ses élèves. (– Un professeur **a corrigé** les interros de ses élèves.)
(– Fini, chérie, je **viens de raconter** toute ma journée.) – Merci, papa, comme ça, j'(p.c. – comprendre) ton travail.	– Fini, chérie, je (venir de raconter) toute ma journée. (– Merci, papa, comme ça, j'**ai compris** ton travail.)

[1] ***deviner*** [d(ə)vine] – erraten

11 *Qu'est-ce qu'ils sont en train de faire?*

1. Céline ______
2. Les élèves ______
3. Tu ______
4. Nous ______
5. Céline et son père, ils ______

12 *Cherche les informations sur MC Solaar sur l'internet. Trouve les réponses.*

LE, p. 104/16

1. Quel est le vrai nom de MC Solaar? ______
2. Dans quelle ville est-ce qu'il est né? ______
3. Comment s'appelle son CD de 2001? ______

13 *Remplis ton passeport.*

LE, p. 105/17

C'est moi

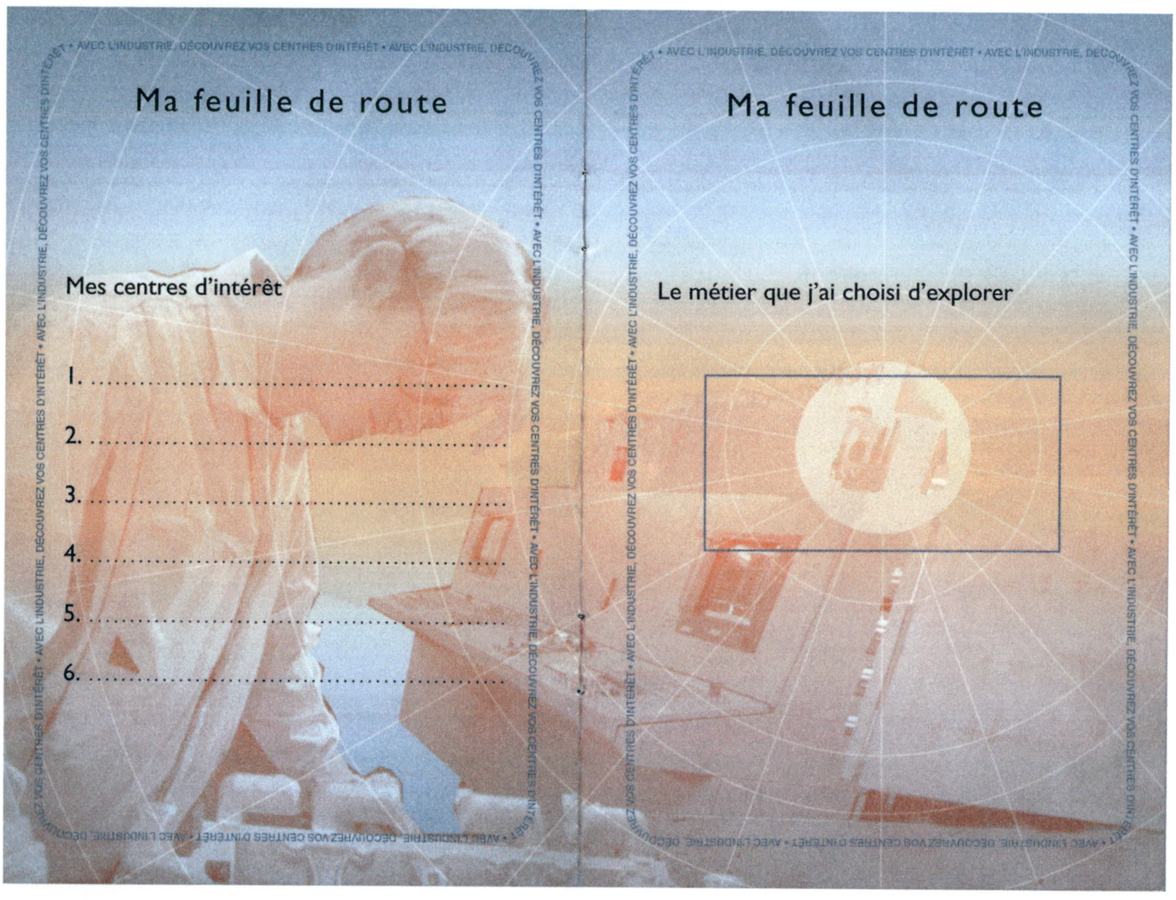

1 a) *Complète le tableau avec les mots «lycée, lycée professionnel, bac, CAP».*

LE, p. 108/2

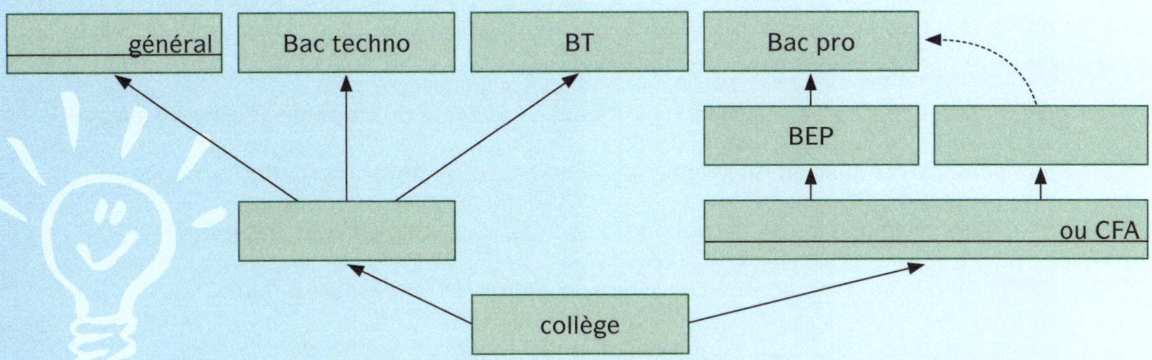

b) *Cherche sur l'internet la signification[1] des abréviations[2] «bac, BEP, BT, CAP, CFA».*

2 a) *Lis la lettre plusieurs fois.*
Surligne[3] tous les mots / toutes les expressions que tu connais déjà et que tu comprends.

LE, p. 108/ savoir faire

b) *Fais un tableau dans ton cahier. Note les mots / expressions que tu ne connais pas dans le tableau.*

LE, p. 109/3

mots nouveaux/ expressions nouvelles	c) autres mots/ expressions (français/allemand)	d) dans le dictionnaire

c) *Cherche d'autres mots / expressions (en français ou en allemand) pour remplacer les mots de b). Notes-les dans le tableau de b). Attention: ils doivent donner un sens[4] à la phrase.*

Tipp
Manche Verben haben eine dir unbekannte Endung für das Futur. Bei *avoir* ändert sich sogar der Stamm:
z.B. *j'aurai* = ich werde haben.

d) *Cherche les mots nouveaux / expressions nouvelles dans un dictionnaire. Note-les dans le tableau de b) et compare-les à tes résultats de c).*

Bruno Martin ▪ Carrefour du Rendez-Vous ▪ 40200 Mimizan ▪ Tél: 05.12.34.56.78

Madame Carlier
Pépinières Carlier
40200 Mimizan

Mont-de-Marsan, le 15 avril 2006

Madame,

J'aurai bientôt 18 ans et je passe presque tous les jours à vélo devant vos pépinières.

Mercredi dernier, alors que je me posais des questions sur mon avenir professionnel (que j'aimerais proche de la nature et avec beaucoup d'exercices physiques), je me suis arrêté et j'ai interrogé quelques-uns de vos employés. Ils m'ont très gentiment parlé de leur métier.

C'est pourquoi je vous écris pour vous demander un rendez-vous pour un éventuel travail dans votre entreprise.

Mon père et mon oncle sont bûcherons. Avec eux, j'ai appris à reconnaître toutes sortes d'arbres et de plantes, de fleurs et de champignons. Ils m'ont aussi appris à m'occuper des arbres et à débroussailler.

J'espère que nous allons pouvoir prendre rendez-vous.

Veuillez agréer, Madame, l'expression de mes salutations distinguées.

Bruno Martin
Bruno Martin

[1] ***la signification*** [siɲifikasjɔ̃] – die Bedeutung
[2] ***l'abréviation*** *f* [abrevijasjɔ̃] – die Abkürzung
[3] ***surligner*** [syrliɲe] – markieren
[4] ***le sens*** [sɑ̃s] – der Sinn

3 *Damien a pris une décision[1]. Complète les phrases avec «qui, que / qu', où, ce qui» ou «ce que».*

AG § 30

1. À la journée d'orientation, j'ai appris ______________ on peut faire des stages aussi à l'étranger.
2. L'OFAJ offre tout ______________ me plaît.
3. Le programme ______________ m'intéresse beaucoup est le programme «Brigitte Sauzay».
4. Je peux passer trois mois en Allemagne ______________ je peux apprendre la langue.
5. Je vais habiter chez une famille allemande ______________ je ne connais pas encore.
6. Je suis curieux de savoir ______________ je vais apprendre avec leurs enfants.
7. Je veux savoir ______________ est important pour les élèves allemands.
8. Je vais faire ______________ mes copains allemands font aussi.
9. Mais, je me demande ______________ je vais comprendre en classe.
10. Je ne sais vraiment pas du tout ______________ m'attend.

4 ***Attention à la prononciation!***

LE, p. 110/7

a) *Lis le poème dans ton livre, p. 110/7 et fais attention aux mots avec* [k] *ou* [g]. *Avec quelles lettres peux-tu écrire les sons:*

[k]? ________________________________

[g]? ________________________________

b) *Ferme le livre et complète les mots du poème. Puis, écoute bien et corrige. Après, compare au poème de ton livre, page 110/ 7 et corrige encore une fois.*

À la __are

J'attends mon __ar
Devant la __are.
Je prends une __lace
Avant la __lasse.
Ma sœur est ave__
Elle apprend son __rec.
Toujours la tête dans sa __rande __rammaire,
Celle de ma __rand-mère,

Aussi __rosse __'un __atalo__e,
C'est pour elle, une vraie dro__e!
Ma __rande sœur
Tient ses __lasseurs.
Moi, je re__arde les voitures
Et je tiens ma __aufre à la __onfiture.
Je suis __ourmand.
C'est beau__oup moins fati__ant!

c) *Lis les mots à l'aide de l'écriture phonétique.*

1. le conseiller [kõseje]
2. le garage [garaʒ]
3. l'informatique [ɛ̃fɔrmatik]
4. le magazine [magazin]
5. la caméra [kamera]
6. élégant [elegã]

[1] ***la décision*** [desizjõ] – die Entscheidung

5 a) *Karim est en train d'aider Mme Kermarrec. Sur la table, il voit un vieux livre qui l'intéresse: «Oh! Madame Kermarrec, avant, la vie n'était pas comme maintenant?»*
Pose les questions à la place de Karim.

AG § 31

Maintenant	Avant
1. On va à l'école jusqu'à 16 ans.	1. *Allait-on à l'école jusqu'à 16 ans?*
2. On travaille souvent sur ordinateur.	2. ______
3. On a peur d'être au chômage.	3. ______
4. On téléphone avec le portable.	4. ______
5. On envoie des textos.	5. ______
6. On paie en euros.	6. ______
7. On part souvent en vacances.	7. ______
8. On va à la discothèque, le week-end.	8. ______

b) *Imagine la vie quand Mme Kermarrec avait l'âge de Karim et réponds à ses questions dans ton cahier.*
Exemple: 1. *Non, avant, on **allait** à l'école jusqu'à 14 ans.*

6 *Élodie arrive en retard au collège. Ses amis lui racontent ce qu'ils ont fait. Et bien sûr, Élodie ne comprend pas tout. Pose les questions à sa place et écris-les dans ton cahier. Utilise l'interrogation par **l'inversion**.*

*Exemple: Damien **vient de parler** avec le conseiller d'orientation.* → *Que **vient-il de** faire?*

1. Julie **vient de trouver** ce qu'elle peut faire plus tard.
2. Céline **vient d'écrire** sa lettre de motivation.
3. Maintenant, nous **allons aller** à la journée portes ouvertes chez Renault.
4. On **va voir** le film «Le plus beau métier du monde».
5. Le collège **va organiser** une autre journée d'orientation.

7 *Cherche les formes des verbes «pouvoir» et «savoir».*

AG § 32

p t ons ouv x eu v

ez s ent oir u av ai

infinitif:	______	______
je	______	______
tu	______	______
il / elle / on	______	______
nous	______	______
vous	______	______
ils / elles	______	______
participe passé:	______	______

8 *Écoute bien et complète le C.V.*

____________ Deboud

____

F-38000 ____________

Tél: ____________

______ ans

célibataire

nationalité ____________

Formation

2002 – 2006 ____________

1997 – 2002 ____________

Langues et informatique

____

____

Logiciels ____________

Expérience professionnelle

____

____

Centres d'intérêt

____

____

9 *Thomas veut participer à un programme d'échanges en France. Avec lui, tu peux apprendre à bien écrire une lettre de motivation. Complète cette lettre.*

____________,

Élève allemand, je vais bientôt finir ____________. J'______ quinze ans et je ____________ en neuvième classe à l'école «Geschwister Scholl» à Münster.

J'____________ depuis cinq ans, le ____________ depuis trois ans, et je viens de ____________ le russe. Je ____________ en langues étrangères.

Un de mes amis m'a parlé de votre ____________ pour les jeunes de mon âge. Je voudrais faire un ____________ de trois mois en France pour mieux[1] apprendre la langue et pour ____________ le pays. Ma famille est d'accord et elle ____________ un ou une élève de France. J'ai écrit mon ________ que vous trouvez ici. J'____________ votre réponse. Je ____________, Madame, Monsieur, l'expression de ____________.

Thomas Berger

Pièce jointe: ____________

[1] ***mieux*** [mjø] – besser

DELF

10 a) *Choisis une de ces deux personnes. Imagine leurs vies et réponds aux questions.*

1. Quel est son nom?
2. Où habite cette personne?
3. Quel âge a-t-elle?
4. Quelles langues parle-t-elle?
5. Quels sont ses hobbies?
6. Qu'est-ce qu'elle veut devenir?

b) *Écris un C.V. et une lettre de motivation à la place de cette personne.*

11 *Sur leur site internet, les élèves du collège Léonard de Vinci (Marne) présentent les personnes qui travaillent dans leur collège. Réponds aux questions et complète le tableau.*

LE, p. 113 / 14

a) *Que font ces personnes? Choisis parmi les exemples une activité possible pour chacun des métiers.*

s'occupe de l'argent de l'école | s'occupe des élèves quand ils ont un problème | est à la tête de l'école | est la personne la plus importante | surveille les élèves quand ils n'ont pas cours | organise le travail pédagogique | s'occupe des élèves quand ils sont malades | est la personne la plus importante après le principal | travaille au secrétariat | conseille les élèves sur les métiers

b) *Ces métiers, existent-ils aussi dans les écoles allemandes? (+ / –)*

Les métiers dans notre collège	**a)**	**b)**
Principal		
Principal adjoint		
Conseiller pédagogique (Cpe)		
Gestionnaire[1]		
Secrétaire, s		
Conseiller d'orientation (C.O.P.)		
Surveillant, s		
Médecin		
Infirmière		
Assistant,e social,e		

[1] ***le gestionnaire*** [ʒɛstjɔnɛr] – der Geschäftsführer

LE, p. 114–115

1 a) *Lis les textes dans ton livre p. 114. Réponds aux questions dans ton cahier.*

1. Qui fait une excursion?
2. Où sont-ils?
3. Qu'est-ce qu'ils font là?

b) *Lis les textes dans ton livre p. 115. Réponds aux questions dans ton cahier.*

1. Quels personnages est-ce que les jeunes voient?
2. Qu'est-ce qu'ils disent sur les chaînes de télé?
3. Qu'est-ce qu'ils ont oublié?

2 a) ***Mots croisés.*** *Cherche les 15 mots de l'unité 6.*
Die Zahlen im Kreuzworträtsel stehen für die Buchstaben. Ein Wort ist schon mit Zahlen vorgegeben. Wenn du mit diesen Zahlen beginnst, geht es wie von selbst!

	18	4	6	6	4	6	6	1	13	2	16	
	19	17	4	8	E 2	16	4					10
	5	18	17		X 11	9	2	8	8	2		16
	16	16	18		P 10	7	2	5	16	2	16	1
	13	1	1	17	O 19	5	16	4	15	2	5	11
	4	17	19	3	S 6	5	6	10	2	13	6	2
	15	2	13	4	E 2	8	1	6	6	1	19	13
9	2	6	18	1	14	4	7					
				1								
18	4	12	7	2	4	5						

A	B	C	E	F	G	H	I	L	M

N	O	P	R	S	T	U	V	X

b) *Complète le texte avec les mots de a).*
Attention: les verbes ne sont plus à l'infinitif et il faut mettre les accents!

Pendant le __ __ __ __ __ __ __ __ du film d'Amiens, une __ __ __ __ __ est triste et elle __ __ __ __ __ __. Elle a __ __ __ __ __ __ __ __ __ une __ __ __ __ __ __ __ qui joue dans le film. La __ __ __ __ __ __ à gauche montre l'__ __ __ __ __ __. Le réalisateur de ce __ __ __ __ __ __ __ __ est très __ __ __ __ __ __ __ __ __. Une __ __ __ __ __ __ va montrer cette __ __ __ __ __ __ __ __ et peut-être avoir un __ __ __ __. Il y a du __ __ __ __ __ __ __ __! Mais nous, nous devons préparer un __ __ __ __ __ __ __ sur un __ __ __ __ __ __ __ célèbre pour l'école …

3 a) ***Fais passer!***[1] *Des fois, on entend des choses … et on devient curieux. Complète la BD avec «dire».*

b) *Note toutes les formes du verbe «dire» au présent qui ne sont pas dans la BD.*

____

c) *Qu'est-ce qui se passe dans la BD? Raconte l'histoire dans ton cahier.*

[1] ***Fais passer!*** [fɛpase] – Weitergeben!

4 a) *Lis le texte de la chanson. Qu'est-ce que la personne de la chanson fait toute la journée?*

AG § 33

J'ai vu

J'ai vu Berlin comme si j'étais là.
Matin et soir, j'ai le nez dans ma télé,
c'est encore plus vrai.
Ça me plaît.

J'ai vu la mort et la peur.
Et j'ai prié avec ces gens comme si j'étais là.
Matin et soir, j'ai le nez dans ma télé,
c'est encore plus vrai.

Un homme ce matin est tombé d'un train.
Matin et soir, j'ai le nez dans ma télé
et ça ne me fait plus rien.
Et j'ai vu.

(d'après Niagara)

b) *Compare la première strophe avec l'exemple et souligne les différences dans la chanson.*

Exemple: La personne de la chanson **dit qu'elle a** vu Berlin comme si **elle y était**. Elle **raconte que** matin et soir, **elle a** le nez dans **sa** télé, c'est encore plus vrai.
Elle **dit aussi que** ça **lui** plaît.

c) *Mets les deux autres strophes du poème* ***au discours indirect*** *et écris-les dans ton cahier.*

5 ***Dites-moi …*** *Tu es l'animateur d'un jeu télévisé*[1]*. Transforme les questions directes en questions indirectes et écris-les dans ton cahier. Attention aux déterminants interrogatifs!*

Exemple: Est-ce que Luc Besson est un acteur français? → Dites-moi **si** Luc Besson est un acteur français.

1. Quels films sont de Luc Besson?
2. Est-ce qu'il parle de son nouveau film?
3. Où est-ce qu'il trouve les scénarios pour ses films?
4. Combien de personnes est-ce qu'il y a pour le tournage?
5. Est-ce qu'il travaille avec des stars internationales?

6 *Pendant la visite du château de Chantilly, les élèves et leur prof parlent. Qui dit ou demande quoi? Raconte* ***au discours indirect****. Écris les phrases dans ton cahier.*

Exemple: Karim **dit que** c'est l'exposition de tableaux la plus importante après le Louvre.
Justine **demande** à Manon **si** elle vient.

Karim: C'est l'exposition de tableaux la plus importante après le Louvre.
Justine: Tu viens, Manon?
M. Janel: On se revoit dans deux heures.
Karim: Le film paraît intéressant.
Bastien: Arte c'est une chaîne pour intellos. J'adore TF 1 avec les jeux.
Karim: Justine et Manon sont là aussi. Je vais aller les voir.
Justine: Où est-ce qu'on peut voir les acteurs?
Karim: Manon, tu entends quelque chose?
Manon: (Chut!) Vous pouvez discuter plus tard. Pourquoi est-ce que les actrices rient?
M. Janel: La question n'est pas sur mon questionnaire. Vous allez faire un exposé sur le festival du film d'Amiens.

[1] ***le jeu télévisé*** [ʒøtelevize] – das TV-Quiz

7 a) *Travaillez à trois. Prenez les cartes de rôle et jouez la scène. Tu es en France chez ta correspondante française. Tu veux acheter un magazine. Mais ta prononciation est très mauvaise. Le vendeur ne te comprend pas. Alors, ta correspondante française fait l'interprète. Sa prononciation est très bonne, bien sûr.*

Exemple:

Toi et ta corres:	Bonjour, monsieur.
Le vendeur:	Bonjour, les jeunes. Je peux vous aider?
Toi:	Oui, s'il vous plaît. Je cherche un magazine.
Le vendeur:	Pardon?
Ta corres:	**Il/Elle dit qu'il/elle cherche** un magazine.

Cartes de rôle

Le vendeur:

- Je peux vous aider?
- Vous voulez un magazine de musique/de sport/ ~ ?
- Je peux vous montrer un magazine de ~ .
- Je peux vous donner un magazine de ~ .
- Pardon?
- Qu'est-ce qu'elle/il dit?
- Hein?

Corres:

- Il/Elle dit que ~
- demande si ~

Toi:

Je cherche un magazine de sport/musique/ ~ .

- C'est ennuyeux/nul.
- Je n'aime pas les magazines de ~ .
- Le magazine est nul.
- C'est intéressant/super/bien.
- J'adore/J'aime les magazines de ~ .
- Le magazine est super.
- Je prends ce magazine-là.
- Je prends le magazine de ~ .

b) *Maintenant, c'est toi qui ne comprends pas les questions du vendeur.*

Exemple:

Toi et ta corres:	Bonjour, monsieur.
Le vendeur:	Bonjour, les jeunes. Je peux vous aider?
Toi:	Pardon?
Corres:	**Il demande s'il peut nous** aider.

8 *Tu es un maître de conjugaison?*

AG§34

1. Welche Präsensformen von *(ap)paraître* klingen gleich? ______________________

2. Welche Präsensform hat ein *-î-*? ______________________

3. Welche Präsensformen haben ein *-ss-* ? ______________________

4. Welche Präsensformen haben die meisten Buchstaben? ______________________

5. Welche Form von *(ap)paraître* hat ein *-u*? ______________________

9 ***Devinettes***

AG§35

a) *Trouve la réponse.*

1. Qu'est-ce qu'il y a entre toi et moi? ______________________

2. Qu'est-ce qui doit être cassé pour pouvoir servir[1]? ______________________

3. Qu'est-ce qui est rouge et qui monte et qui descend? ______________________

4. Qu'est-ce qui entre par la fenêtre sans la casser? ______________________

b) *À toi maintenant! Écris des devinettes.*

____

____

10 *Aujourd'hui, Bastien n'entend pas bien. Il doit toujours poser des questions. Complète le dialogue avec «Qu'est-ce que / Qu'est-ce qu'» ou «Qu'est-ce qui».*

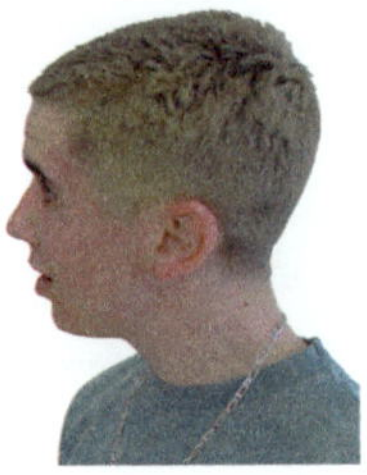

Karim:	***Bastien:***
1. Il y a des choses très intéressantes ici.	Qu'est-ce que tu dis?
2. Il faut répondre aux questions du questionnaire.	______________ il faut faire?
3. Oh, regarde là, un film!	______________ se passe?
4. Il y a peut-être des stars qu'on connaît.	______________ tu racontes?
5. Écoute: une actrice élégante dit que la domestique cherche un certain monsieur.	______________ elle dit?
6. Ce film me plaît.	______________ te plaît?
7. Ce film va t'intéresser.	______________ va m'intéresser?
8. Mais écoute!	______________ tu veux?

Je n'en peux plus. Tu n'entends rien!
Tu poses toujours des questions.

[1] ***servir à qc*** [sɛrvir] – von Nutzen sein

11 *Regarde les images et complète les réponses.*

12 *Complète les phrases avec «rire» au présent.*

AG § 36

Il faut rire de temps en temps²!

Je ______________ souvent.

Tu ______________ chaque matin.

Il ______________ de temps en temps.

Nous ______________ toujours.

Vous ______________ beaucoup.

Ils ______________ tous les jours.

Nous ne  ______________ jamais.

13 *Quand est-ce qu'on rit? Complète les phrases avec «rire» au présent et finis-les.*

Partenaire A	***Partenaire B***
Quand je ~ *= Quand je* ***danse*** *à Paris, ...* ***(..., je ris.)*** 	***(Quand je danse à Paris, ...)*** *... (rire)* *= Quand* ***je*** *danse à Paris,* ***je ris****.*
(Quand nous partons, ...) ... (rire)	Quand nous ~ **(..., nous rions.)** 
Quand il a ~ ses devoirs, **(..., il rit.)** 	**(Quand il a fini, ...)** ... (rire)
(Quand tu lis, ...) ... (rire)	Quand tu ~ **(..., tu ris.)** 
Quand vous ~ **(..., vous riez.)** 	**(Quand vous regardez la télé, ...)** ... (rire)

¹ ***le pistolet*** [pistɔlɛ] – Pistole   ² ***de temps en temps*** [dətɑ̃zɑ̃tɑ̃] – ab und zu

14 *Jouez à deux.* Würfelt und rückt auf dem Spielfeld abwechselnd vor. Gelangt ihr auf ein Verbfeld, bildet ihr die entsprechende Verbform: Habt ihr eine 1 gewürfelt, die Form von *je*, bei einer 2 die von *tu* usw. Ist die Form richtig, dürft ihr eine Abkürzung über die Treppe nach oben nehmen oder, wenn keine vorhanden ist, noch einmal würfeln. Wer eine falsche Form gebildet hat, saust mit der Achterbahn abwärts oder muss einmal aussetzen, wenn keine Achterbahn abgebildet ist.
Wer erreicht als Erste/r das Zielfeld?

Exemple:  *attendre → nous attendons*

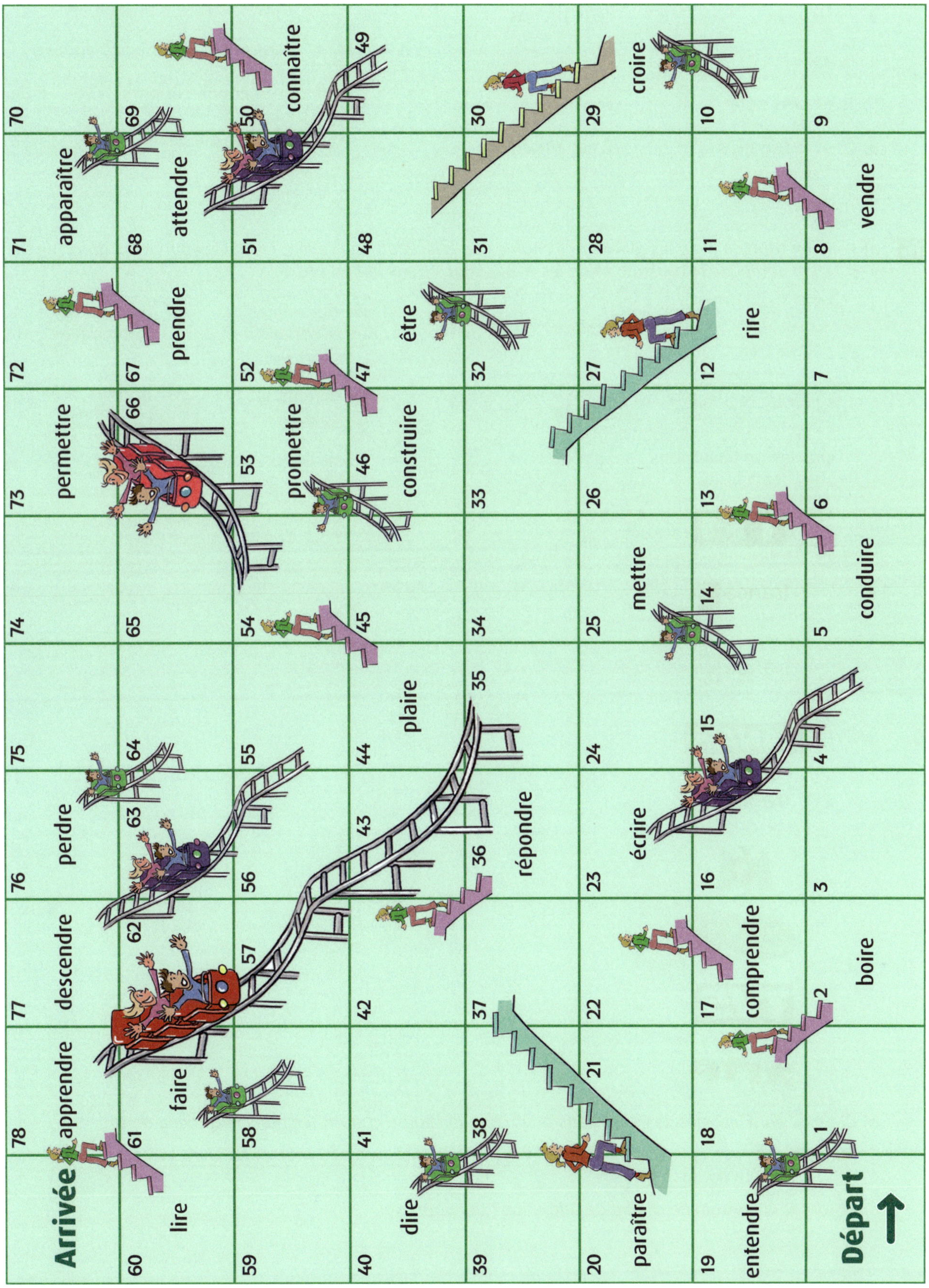

LE, p. 122/14

15 ***Attention à la prononciation!***

a) *Écoute bien! C'est [l] ou [r]? Quelle phrase est-ce que tu entends? Fais une croix dans la bonne case.*

1. Elle se lève.	☐	Et elle rêve.	☐
2. Est-ce que Lilly lit?	☐	Est-ce que Lilly rit?	☐
3. J'ai le plan.	☐	Je le prends.	☐
4. Tu as la rue?	☐	Tu as lu?	☐
5. Je ne vois rien.	☐	Je vois loin.	☐
6. C'est la Russie.	☐	C'est à Lucie.	☐

b) *Écoute bien! Complète les mots avec «l» ou «r». Ensuite, lis le plus vite possible.*

___illy ___êve su___ le ___it et ___it et ___it et prend le p___an de la ___ussie, mais ___ucie l'appelle et la ___appelle et parle: «So___s de ton ___it et mange le ___iz!».

LE, p. 116

16 a) *Voilà un tableau avec les différentes chaînes de télévision en France. Lis le «savoir vivre» dans ton livre, p.116 et complète le tableau. Mets les explications dans le bon ordre.*

le sport — des téléfilms — des programmes internationaux — des émissions éducatives — le journal régional — les tubes et la télé-réalité — des programmes pour enfants et ados — les jeux et le cinéma

chaînes de télévisions françaises	explications	nom d'une émission
TF1		
france 2		
france 3		
CANAL+		
france 5		
M6		
canal j		
TV5		
arte		

b) *Cherche sur l'internet des émissions pour chaque chaîne et note-les dans le tableau de a).*

Pour t'aider: www.programme-tv.net; www.progtv.net; www.lesweb.com; www.tv5.org; www.arte-tv.com

c) *Et toi? Tu aimes quelle chaîne de télévision? Dis pourquoi.*

17 a) *Lis le «savoir vivre» dans ton livre, p. 116. Cherche toutes les chaînes de musique et écris-les sur les lignes. Sur quel chaîne de musique entends-tu des chansons actuelles? Fais une croix dans la bonne case.*

LE, p. 116 / savoir vivre

☐ ____________ ☐ ____________ ☐ ____________ ☐ ____________

☐ ____________ ☐ ____________ ☐ ____________ ☐ ____________

b) *Tu écoutes trois publicités sur cette chaîne de radio. Première écoute. Quelle image va avec quelle publicité? Écris les numéros dans la bonne case.*

DELF

1

☐

2

☐

3

☐

c) *Deuxième écoute.*

Publicité 1. *Complète.*

1. Magasin: ______________________________
2. On y va pour: ______________________________
3. Il y a beaucoup de ______________________________
4. Ça va être une ______________________________ pour ____________

Publicité 2. *Vrai ou faux? Fais une croix dans la bonne case. Corrige les phrases qui sont fausses.*

	vrai	faux	correction
1. Le monsieur a des problèmes avec sa maison.	☐	☐	____________
2. Il a peu d'argent.	☐	☐	____________
3. Il a besoin d'un nouveau travail.	☐	☐	____________
4. La banque s'appelle Sans-Argent.	☐	☐	____________
5. Il faut demander à un conseiller.	☐	☐	____________

Publicité 3. *Fais une croix dans la bonne case.*

1. Les jeunes vont faire des devoirs
   - ☐ de maths.
   - ☐ d'anglais.
   - ☐ d'allemand.

2. Ils vont
   - ☐ boire quelque chose.
   - ☐ voir quelque chose.
   - ☐ faire quelque chose.

3. C'est une publicité pour
   - ☐ «Vois-moi».
   - ☐ «Voilà».
   - ☐ «Bar-ma».
   - ☐ «Bois-moi».

4. Il est fait
   - ☐ d'une chose.
   - ☐ de deux choses.
   - ☐ de trois choses.

5. Les jeunes le trouvent
   - ☐ bon.
   - ☐ très bon.
   - ☐ mauvais.
   - ☐ très mauvais.

18

forum

3 Ado

Fais «Géo Ado» avec nous.

Pour participer à la construction de ce magazine:
Vous pouvez écrire une critique de jeux, de musique ou de films!
Vous pouvez devenir journaliste. Vous rêvez par exemple d'interviewer M.X.? Nous organisons le rendez-vous et vous écrivez l'article!

N'ayez[1] pas peur! Envoyez-nous vos textes et idées. Vous êtes peut-être un pro d'internet et vous avez trouvé des sites super intéressants ou encore vous avez créé le vôtre[2]? Donnez-nous les adresses. Nous mettrons toutes ces informations dans un numéro de «Géo Ado».

Voici notre adresse:

Rédaction Géo Ado
43-45, av. de Clichy
75017 Paris

adresse e-mail:
geoado@prisma-presse.com

a) *«Géo Ado» est un magazine pour jeunes que tu peux voir dans ton livre page 123. Lis d'abord le texte. Il y a des mots que tu ne connais pas. Mais ils ne sont pas difficiles. Pense à l'allemand ou à l'anglais. Trouve les mots français pour* «Kritik, interviewen, Profi, Internetseite» *et souligne-les dans le texte.*

b) *Vrai ou faux?*

DELF

	vrai	faux
1. Tu peux dire ton avis sur «Géo Ado».	☐	☐
2. Tu peux donner ton avis sur des films, jeux ou CD.	☐	☐
3. «Géo Ado» organise une rencontre avec une personne célèbre que tu voudrais rencontrer.	☐	☐
4. Tu peux trouver sur le site de «Géo Ado» des adresses d'autres sites intéressants.	☐	☐
5. Tes critiques ou tes interviews vont être dans un nouveau numéro de «Géo Ado».	☐	☐
6. Sur le site de «Géo Ado», tu peux lire des interviews en plus qui ne sont pas dans le magazine.	☐	☐

c) *À toi maintenant! Choisis une activité.*

C'est moi

- Tu écris une critique de jeux, de musique ou de films.
- Tu racontes quelle personne tu voudrais interviewer et pourquoi.
- Tu présentes un site d'internet intéressant.

____

____

____

____

____

____

____

____

[1] ***ayez*** [eje] – habt (Imperativ von *avoir*)
[2] ***le vôtre*** [vôtr(ə)] – *hier:* euren eigenen

Lernen an Stationen

Tipps

In den folgenden Stationen wiederholst du noch einmal, was du in den bisherigen Lektionen gelernt hast. Dazu gibt es wieder 4 Stationen mit 6 Aufgaben, von denen du pro Station **mindestens eine** bearbeiten musst. Die Tipps aus *Unité Révision 1* gelten auch für dieses Stationenlernen.

Laufzettel

Datum:		**von:**	**bis:**		
Nr. und Name der Station:	Arbeitsblätter:	gearbeitet von: bis:	Nach Erledigung: ✔	Materialien:	Vergleich mit Lösung: ☺/☺☻/☹
1 ***Écouter et comprendre***	*fiche de travail 1*			CD	
	fiche de travail 2			CD	
2 ***En français, s'il te plaît!***	*fiche de travail 3*				
	fiche de travail 4			Schere, Klebstoff	
3 ***Regarder et écrire***	*fiche de travail 5*			Schreib-papier	
4 ***Lire et comprendre***	*fiche de travail 6*			Lesetext, Wörterbuch	

☺ = richtig

☺☻ = teilweise richtig

☹ = falsch / nicht erledigt

Station 1

Écouter et comprendre

fiche de travail 1

Écoute les 3 jeunes[1] et complète le tableau.

Les jeunes et les métiers

	1er jeune	2ème jeune	3ème jeune
nom			
classe			
résultats à l'école			
matières préférées			
centres d'intérêt			
métier préféré			

---

fiche de travail 2

a) *Écoute la chanson et complète-la.*

Les jours meilleurs

Je ________, tu ________, il ou elle ________
Nous ________, vous ________,
ils ou elles ________________
Aux jours meilleurs, meilleurs
Aux jours meilleurs, meilleurs

Je dois[2] des sous[3]
À ________________
Et ________________ attend mes sous
Oui ____________
Il a bon cœur[4]
Il les attend de tout son cœur
Mes jours meilleurs

(Paroles: Monsieur Vidalin / Musique: Gilbert Bécaud)

b) *À toi maintenant! Écris une strophe. C'est facile – choisis simplement quelque chose que tu dois à qn.*

Je dois ________________
À ________________
Et ________________ attend ________________
Oui ________________
____________ a bon cœur
____________ les attend de tout son cœur
Mes jours meilleurs

[1] Erklärung zum Hörtext auf CD: ***la boulangère*** [bulɑ̃ʒɛr] – die Bäckerin
[2] ***devoir qc à qn*** – *hier:* jdm etw. schulden
[3] ***le sou*** [su] – *hier:* das Geld
[4] ***le cœur*** [kœr] – das Herz

Station 2

En français, s'il te plaît!

fiche de travail 3

Au téléphone

1. Legt zuerst fest, wer *Céline* und wer *Thomas* ist.
2. Übertragt die Äußerungen des einen jeweils in die Sprache des anderen.
3. Kontrolliert euch gegenseitig.
   Hinweis: Die rot gedruckten Wörter werden nicht übersetzt.

Céline	*Thomas*
– Salut, Thomas, c'est Céline, ça va? **= Hallo, Thomas, hier ist Céline, wie geht's?**	**(– Hallo, Thomas, hier ist Céline, wie geht's?)**
(– Salut, Céline. Je vais bien, merci et toi? Pourquoi est-ce que tu m'appelles?)	– Hallo, Céline. Danke, mir geht's gut und dir? Warum rufst du an? ***= Salut, Céline. Je vais bien, merci, et toi? Pourquoi est-ce que tu m'appelles?***

– Je viens de rentrer de ma journée d'orientation. Et là, on a discuté d'un séjour de trois mois en Allemagne. Tu sais, je veux devenir secrétaire trilingue et pour ça, je dois bien parler allemand.	**(– Ich bin gerade von meinem Berufsberatungstag zurück. Da haben wir über einen dreimonatigen Aufenthalt in Deutschland diskutiert. Du weißt ja, ich möchte secrétaire trilingue werden und dafür muss ich gut Deutsch sprechen.)**
(– Secrétaire trilingue? Ah bon, tu parles d'une Fremdsprachensekretärin. C'est une bonne idée. Viens chez nous, tu peux peut-être habiter chez nous et aller avec moi à l'école. Je vais demander à mes parents.)	– Secrétaire trilingue? Ach ja, du sprichst von einer Fremdsprachensekretärin. Das ist eine gute Idee. Komm doch zu uns, du kannst vielleicht bei uns wohnen und mit mir in die Schule gehen. Ich werde meine Eltern fragen.
– Okay, je vais écrire deux lettres, une à l'OFAJ et une à tes parents.	**(– O.K., ich werde zwei Briefe schreiben, einen an das DFJW (Deutsch-Französisches Jugendwerk) und einen an deine Eltern.)**
(– Super! Et pendant les vacances, est-ce qu'on peut se rencontrer?)	– Super! Und in den Ferien, können wir uns da treffen?
– Je veux bien, mais je ne sais pas encore – je fais le voyage avec ma mère et il ne faut pas oublier les vacances avec mon père ...)	**(– Sehr gern, aber ich weiß noch nicht – ich mache die Reise mit meiner Mutter und nicht zu vergessen die Ferien mit meinem Vater ...)**
(– Pour moi, c'est difficile de venir. Je n'ai pas d'argent.)	– Für mich ist es schwierig zu kommen. Ich habe kein Geld.
– D'accord, je vais bientôt t'écrire ce que je vais faire.	**(– Einverstanden, ich werde dir bald schreiben, was ich mache.)**
(– Bien, et moi, je dois faire encore des devoirs.)	– Gut, und ich muss jetzt noch Hausaufgaben machen.
– Salut, Thomas, à bientôt.	**(– Tschüss, Thomas, bis bald.)**
(– Salut. Et n'oublie pas les lettres.)	– Tschüss. Und vergiss die Briefe nicht!

fiche de travail 4

Maintenant, je sais ...

Faltet die Seite an der Mittellinie, schneidet die Karten aus und klebt sie zusammen, sodass jeweils eine Karte mit der Aufgabenstellung auf der Vorderseite und mit der Lösung auf der Rückseite entsteht. Mischt die Karten, hebt abwechselnd ab und löst bzw. kontrolliert euch gegenseitig.

Sage, dass du nicht Fremdsprachensekretärin werden kannst, weil du nur eine andere Sprache sprechen kannst – Englisch.	*Je ne peux pas devenir secrétaire trilingue parce que je sais parler seulement une autre langue – l'anglais.*
Sage, dass du gern einen praktischen Beruf erlernen möchtest.	*Je voudrais bien apprendre un métier pratique.*
Sage, dass du gerade mit dem Berufsberater gesprochen hast und jetzt deinen Lebenslauf und ein Bewerbungsanschreiben schreibst.	*Je viens de parler avec le conseiller d'orientation et maintenant, je suis en train d'écrire mon CV et une lettre de motivation.*
Frage, ob dein Partner / deine Partnerin lieber mit den Händen oder mit dem Kopf arbeiten will.	*Préfères-tu travailler avec tes mains ou avec ta tête?*
Frage deinen Partner / deine Partnerin, ob er / sie schon Praktika gemacht hat.	*As-tu déjà fait des stages?*
Sage, dass du dich für Bücher interessierst, auch Zeitschriften gern liest, aber am liebsten Actionfilme siehst.	*Je m'intéresse aux livres, j'aime aussi lire des magazines, mais je préfère regarder des films d'action.*
Sage, dass deine Eltern finden, dass Fernsehen und Internet sehr gefährlich sein können.	*Mes parents trouvent que la télé et l'internet peuvent être très dangereux.*
Sage, dass du dich auch fragst, ob es eine Sache gibt, die deine Eltern nicht gefährlich finden.	*Je me demande aussi s'il y a une chose que mes parents ne trouvent pas dangereuse.*
Sage, dass du nicht einverstanden bist, wenn man sagt, dass Fernsehen gefährlich sei.	*Je ne suis pas d'accord quand on dit que la télé est dangereuse.*
Sage, dass du dein Bewerbungsanschreiben suchst, es aber nicht findest.	*Je cherche ma lettre de motivation, mais je ne la trouve pas.*
Sage, dass du deine Freunde magst, aber sie heute nicht treffen kannst.	*J'aime mes amis, mais je ne peux pas les rencontrer aujourd'hui.*

Station 3

Regarder et écrire

fiche de travail 5

*Manon et ses copains et copines sont de retour de leur excursion au château de Chantilly, en Picardie. Manon veut écrire un article pour le site internet de l'école. Elle a déjà choisi les photos et cherche encore le dictionnaire parce qu'elle veut écrire un article **sans fautes**. Écris l'article à sa place et prends ton temps pour corriger tes fautes. Le «savoir faire» et le dictionnaire t'aident.*

savoir faire

- Die Einstellung ist alles!
  Geh ruhig davon aus, dass dir einige kleine und größere Fehler unterlaufen sind – die willst du finden!
- Nimm dir Zeit zum Fehlerlesen, so findest du auf Anhieb deine „Schusselfehler".
  (etwa 1/3 aller Fehler ☺)
- Prüfe dann noch einmal
  → die Substantive auf ihre Artikel
  → die Verben auf ihre Endungen
  → die Adjektive auf ihre Form und Stellung
  } und richtige Schreibung

LE, p. 114–115

Station 4

Lire et comprendre

fiche de travail 6

a) Lies den Text mehrmals.
b) Unterstreiche alle unbekannten Wörter.
c) Notiere sie untereinander (mit Zeilenangabe).
d) Finde die Bedeutung der unbekannten Wörter mit Hilfe folgender Strategien heraus:
   1. mit Hilfe des Kontextes,
   2. mit Hilfe von Wörtern, die du aus dem Deutschen, Englischen oder einer anderen Fremdsprache kennst,
   3. mit Hilfe von Wörtern der gleichen Wortfamilie
      und erst zuletzt
   4. mit Hilfe des Wörterbuches. Schlage nur die Wörter nach, die du nicht mit Hilfe der Strategien 1–3 herausfinden konntest.
e) Übersetze den Text ins Deutsche.

Électricien

Éclairage, chauffage, ascenseurs, machines industrielles, ordinateurs ... Il faut de l'énergie dans les bureaux, fabriques, immeubles, hôpitaux, écoles, salles de spectacles ... partout.
L'électricien réalise les installations électriques ou des réparations.
Mais avant, il étudie bien les plans de l'installation. Il regarde aussi s'il a tous les outils et fournitures qui sont nécessaires. Puis, il commence l'installation. À la fin de son travail, il contrôle tout par une série de tests. Il met en service son installation en présence du client.
Pendant toutes ces activités, il respecte bien les normes de sécurité.

Mon portfolio du français

Kreuze an:

Was ich im Französischen schon kann:	**Kein Problem.**	**Ich mache ein paar Fehler.**	**Das muss ich noch üben.**
Ich kann verstehen und reagieren (sprechen / schreiben), wenn			
• über Ausbildung und Beruf gesprochen wird.			
• Dinge, Personen oder Sachverhalte bewertet werden und eine Rangfolge festgelegt wird.			
• Bildern oder Texten eine Überschrift gegeben werden soll.			
• über das Radio- oder Fernsehprogramm gesprochen wird.			
• eine Inhaltsangabe, z.B. im Radio, formuliert wird.			
• Plakate oder Jugendzeitschriften diskutiert / kritisiert werden.			
Das verstehe ich, wenn ich es lese, und kann es selbst schreiben oder gestalten:			
• einen Lebenslauf.			
• ein Bewerbungsanschreiben.			
• einen kleinen Fragebogen oder eine Statistik.			
• einen Comic oder Fotoroman.			
Grammatik: Ich kann			
• die Adjektive steigern und kenne ihre Stellung im Satz.			
• von Handlungen berichten, die im Moment noch ablaufen oder sich gerade ereignet haben.			
• Relativsätze bilden.			
• Inversionsfragen in verschiedenen Zeitformen bilden.			
• die indirekte Rede und Frage verwenden.			
• Fragen mit *qu'est-ce que* und *qu'est-ce qui* bilden.			

Was ich für mein Sprachenlernen getan habe:	**häufig**	**gelegentlich**	**selten**	**nie**
• mit den Redemittelkärtchen *Maintenant, je sais* … gearbeitet.				
• grammatische Regeln im *Atelier grammaire* selbst entdeckt und formuliert.				
• mit dem Grammatikteil des Schülerbuches gearbeitet.				
• mit den Begleitmaterialien (CD oder CD-ROM) gearbeitet.				
• unbekannte Texte ohne Wörterbuch verstanden, indem ich die Bedeutung der Wörter aus dem Kontext erschlossen oder die Ähnlichkeit zu anderen Wörtern erkannt habe.				
• auf französischen Internetseiten recherchiert.				
• länger zusammenhängend zu verschiedenen Themen gesprochen.				

Was ich in nächster Zukunft häufiger tun will:

____

Vorbereitung auf das DELF *scolaire*

In *Tout va bien* 1–3 hast du schon viele DELF-Übungen bearbeitet.

D wie *Diplôme*
\+ **E** wie *Études*
\+ **L** wie *Langue*
\+ **F** wie *Française*

= ***Diplôme d'Études en Langue Française***

Nun endlich wird dir eine ganze Übungseinheit angeboten, mit der du dich intensiv auf die DELF *scolaire*-Prüfung vorbereiten kannst.
Du trainierst und überprüfst im Folgenden dein Können in den vier Bereichen

- Hören *(compréhension orale)*
- Lesen *(compréhension écrite)*
- Sprechen *(production orale)*
- Schreiben *(production écrite)*.

Bon courage!

Compréhension orale

auto-contrôle, p. 126

1 a) *Écoute bien! Fais une croix dans la bonne case.*

1. Pauline téléphone pour la
   - ☐ 1ère fois.
   - ☐ 2e fois.
   - ☐ 3e fois.
2. Elle aimerait avoir le livre
   - ☐ de français.
   - ☐ d'anglais.

savoir faire

Compréhension orale

Auf die DELF *scolaire*-Prüfung zum Hörverstehen bist du schon gut vorbereitet, wenn du in *Tout va bien* 1-3 die Höraufgaben gelöst hast. Der Ablauf unterscheidet sich vor allem darin, dass für jeden Schritt nur eine bestimmte Zeit vorgegeben ist. Deshalb ist große Konzentration gefragt!

- Zuerst hast du 30 Sekunden, um die **Aufgaben durchzulesen**. Achtung: Die Zeit verfliegt schnell! Konzentriere dich auf die bekannten Schlüsselwörter und orientiere dich beim Hören daran.
- Es erfolgen zwei oder auch manchmal drei Hördurchgänge, abhängig von der Anzahl der Aufgaben.
- Du hörst den Text ein erstes Mal und hast anschließend 30 Sekunden Zeit, die **Aufgabe zu beantworten**. Fühlst du dich unsicher, kannst du in dieser Lektion mit Bleistift arbeiten, um später noch korrigieren zu können. In der Prüfung selbst solltest du direkt mit Füller schreiben.
- Du hörst den Text erneut oder auch ein drittes Mal und hast jeweils wieder 30 Sekunden Zeit, deine Antworten zu vervollständigen. Konzentriere dich deshalb auf die Teile des Hörtextes, die du im ersten Durchgang nicht so gut verstanden hast.

b) *Réponds à la question.*

Quand est-ce qu'elle a une interrogation?

____

2 a) *Écoute bien! Quelle image correspond à la situation? Fais une croix dans la bonne case.*

auto-contrôle, p. 126

1

☐

2

☐

3

☐

b) *Écoute le texte encore une fois. C'est bientôt Noël, tu veux acheter des bons chocolats pour tes parents. Pour cela, tu veux aller voir l'exposition «chocolats». Fais une croix dans la bonne case.*

1. L'exposition a lieu

☐ du 31/12/04 au 30/03/05. ☐ du 21/01/05 au 30/03/06. ☐ du 31/01/06 au 30/03/07.

2. Les horaires d'ouverture sont

☐ du mardi au dimanche de 10 à 17 h (fermé le lundi).
☐ du mercredi au lundi de 10 à 17 h (fermé le mardi).
☐ du mardi au dimanche de 10 à 18 h (fermé le lundi).

c) *Complète le numéro de téléphone.*

Pour en savoir plus, tu peux téléphoner au: 08 __ 3 __ 5 __ 0 __.

d) *Fais une croix dans la bonne case.*

30, rue de la Chapelle à Verviers, c'est l'adresse de l'exposition? ☐ Oui. ☐ Non.

3 *Écoute bien! Fais une croix dans la bonne case ou réponds à la question.*

auto-contrôle, p. 126

1. La personne qui laisse le message s'appelle ☐ M. Clavioz. ☐ Mme Clavioz.
2. Quand est-ce que Mme Poucheron a mis la petite annonce dans le journal?

____

3. Cette dame, veut-elle acheter la voiture que vend Mme Poucheron? ☐ Oui. ☐ Non.
4. Quand est-ce que Mme Poucheron peut téléphoner?

☐ avant 15 heures ☐ après 21 heures ☐ de 15 à 21 heures

5. 046 16 27 05, c'est le numéro de téléphone de la dame qui a appelé pour l'annonce? Si c'est faux, corrige le numéro. ☐ vrai ☐ faux ______________________

Compréhension écrite

auto-contrôle, p. 126

4 a) *Lis le texte. Fais une croix dans la bonne case.*

Kamel Ouali: Hier, enfant de banlieue parisienne, aujourd'hui, star de danse internationale

Kamel Ouali est très connu en France. Il est tout d'abord le prof de danse de Star Academy[1] à la télé sur TF1. Mais ce n'est pas sa seule activité: il donne aussi des cours de danse modern-jazz et de hip-hop à l'Académie de Danse Internationale de Paris, crée de grands spectacles de danse, fait des clips pour des stars internationales de la chanson et travaille avec des créateurs de mode comme Yves Saint Laurent, Cacharel ou Ralph Lauren. Kamel Ouali est donc aujourd'hui une star de la danse. Mais pour réussir, ça n'a pas été facile. Il est né en 1971 dans une famille kabyle[2] de 12 enfants et habite en banlieue parisienne. Il ne peut pas prendre de cours de danse car ses parents n'ont pas assez d'argent. Il apprend seul. À partir de 15 ans, il observe les autres danseurs dans les centres professionnels de danse. Son père ne sait pas encore qu'il aime la danse. C'est seulement quand il danse à la télé pour la première fois qu'il va le dire à son père. Le conseil de Kamel pour réussir: essayer toutes les danses, du hip-hop au modern-jazz.

1. Kamel Ouali est
   - ☐ créateur de mode.
   - ☐ prof de danse.
   - ☐ une star internationale de la chanson.
2. Il est né
   - ☐ en mille neuf cent dix-sept.
   - ☐ en mille neuf cent quatre-vingt-un.
   - ☐ en mille neuf cent soixante et onze.
3. Il habitait
   - ☐ en Algérie.
   - ☐ en banlieue parisienne.
   - ☐ dans un appartement chic.
4. Il aime
   - ☐ le hip-hop.
   - ☐ la musique pop.
   - ☐ toutes les danses modernes.

b) *Lis le texte encore une fois. Est-ce que les informations suivantes sont dans le texte? Fais une croix dans la bonne case.*

	oui	non
1. Kamel Ouali est prof de danse pour Star Academy et aussi à l'Académie de Danse Internationale de Paris.		
2. Il a joué un rôle dans le film américain «Dance Academy».		
3. Il travaille avec des stars internationales de la chanson et des grands créateurs de mode.		
4. Ses parents n'avaient pas assez d'argent pour lui payer des cours de danse.		
5. Il regarde des émissions sur la danse à la télé pour observer les danseurs professionnels.		
6. Son conseil pour réussir: essayer toutes les danses, du hip-hop au modern-jazz.		

[1] ***Star Academy*** [starakademi] – ähnliche Sendung wie „Deutschland sucht den Superstar"
[2] ***kabyle*** [kabil] – Adj. für Einwohner aus einer Region in Algerien

5 auto-contrôle, p. 126–127

a) *Regarde l'affiche et complète le tableau.*

nom du film: ____________________

année: ____________________

sorte de film: ______________

nom de l'auteur du roman: ______________

nom du réalisateur: ______________

noms des acteurs: ______________

____

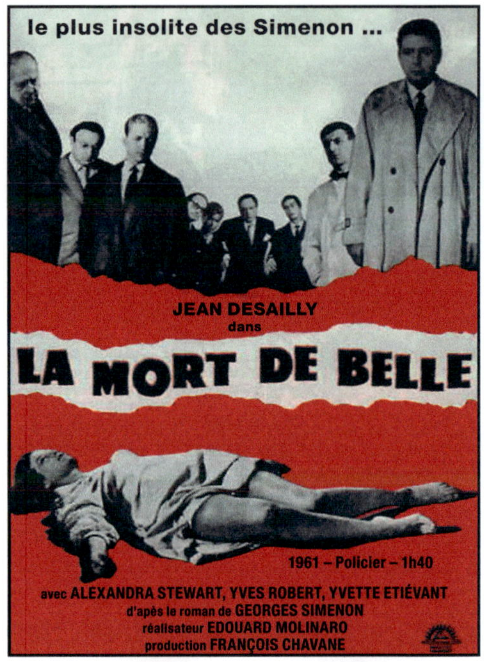

b) *Travaillez à trois. Une journaliste interviewe des jeunes qui sortent du cinéma. Ils viennent de voir un film policier de l'année 1961. La journaliste veut savoir comment les jeunes d'aujourd'hui trouvent un film des années 60. Découpez le texte. Reconstituez les questions de la journaliste et les réponses de la jeune femme et du jeune homme.*

De rien. Au revoir. (O) | Ou lire le livre! (P) | Mais bien sûr! Tout le monde à Liège le connaît. (T)

Et vous, Madame? (E) | Bonjour. Je voudrais bien vous poser quelques questions sur le film. (B)

Vous avez aimé le film? | (L) Bien sûr, madame. (E)

Mais vous pouvez peut-être dire où se passe l'histoire du film? Parce que je crois qu'elle ne se passe pas en Belgique ou en France, non? (O) | D'accord. Alors, je ne vais pas vous demander qui a tué Belle. (R)

Ah non, moi, je le trouve nul, ce film. Il est ennuyeux. (E)

Au revoir. (I) | Ah non, on ne va pas répondre à cette question. (Q) | Vous avez lu le livre? (M)

Vous connaissez Simenon? (S) | Merci pour l'interview. (U)

Moi, non. Je n'aime pas lire. Et toi, tu as lu le livre? (O)

Oui, c'est ça. L'histoire se passe dans une petite ville en Amérique. (U)

De quoi est-ce que le film parle? (T) | Mais il ne faut pas le dire. Il vaut mieux aller le voir. (E)

Oui . C'est pourquoi je n'aime pas ce film. Il n'est pas du tout comme le livre. (R)

Ah oui, il est génial. Il y a beaucoup de suspense et les acteurs jouent vraiment bien. (L)

c) *Puis, remettez les phrases dans le bon ordre pour reconstituer l'interview. Les lettres derrière chaque phrase forment une question. Si vous avez trouvé le bon ordre, jouez la scène / l'interview. Vous pouvez ajouter des idées.*

question: ____

Production orale

6 a) *Tu as rendez-vous avec un ami / une amie à 15h30. Mais tu arrives seulement vers 16h00. Regarde les images et choisis-en une. Prépare ton excuse. Note d'abord des mots-clés pour décrire la situation.*

auto-contrôle, p. 127

1

2

b) *Explique à ton ami / e, en cinq phrases, pourquoi tu arrives si tard. Présente ton excuse oralement.*

Production écrite

7 *Tu es parti / e en vacances pour quelques jours à Paris. Le soir du 26 mai, tu écris une carte postale à tes amis, tes parents ou grands-parents. Tu leur racontes où tu es et ce que tu as fait pendant ton séjour.*

auto-contrôle, p. 127

1

23 mai, arrivée

2

habiter – famille de correspondant

3
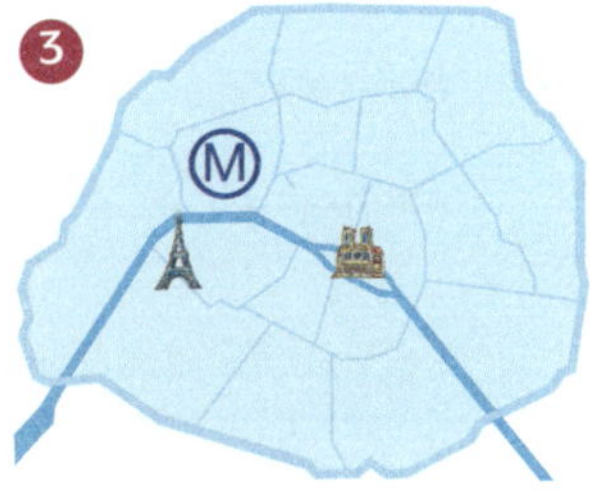

Unité 1

§ 1 Das Verb *recevoir*

LE, p.10–11, 13

a) Übertrage die Verbformen von *recevoir* aus dem Grammatikbildschirm S. 13. Ergänze die Übersicht mit den fehlenden Formen aus dem Buchtext S. 10–11.

infinitif: ____________________

je	____________________	nous	____________________
tu	____________________	vous	____________________
il/elle/on	____________________	ils/elles	____________________
p.c.: il/elle a	____________________		

b) Im Grammatikbildschirm werden für die verschiedenen Formen von *recevoir* drei Farben verwendet. Markiere alle **Verbstämme** von *recevoir* mit den **gleichen** Farben. Die Farben der Päckchen helfen dir dabei.

c) Das Verb *recevoir* hat verschiedene Bedeutungen. Übertrage die Beispiele von *recevoir* aus dem Buchtext S. 10–11 in die Mind-Map und vervollständige sie mit der jeweiligen deutschen Übersetzung.

français: ____________________

allemand: ____________________

français: ____________________

allemand: ____________________

français: ____________________

allemand: ____________________

recevoir

d) Fertige für das Verb *recevoir* ein neues Blatt in deiner Verbenliste an.

§ 2 Die Präpositionen vor Ländernamen

LE, p.10–11, 14

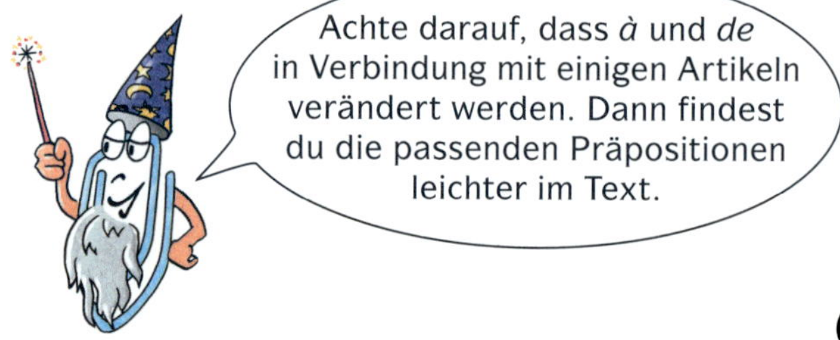

a) Suche die **Länder mit ihren Präpositionen** aus dem Buch S. 10–11 heraus und ordne sie in die Übersicht ein. Bei der Zuordnung helfen dir die abgebildeten Flaggen. Ergänze die **zwei** fehlenden Ländernamen mit Hilfe des Grammatikbildschirms S. 14.

(venir / être habitant) de			**(aller / partir / être) à / en**		
____________________	☐		____________________	☐	
____________________	☐		____________________	☐	
____________________	☐		____________________	☐	
____________________	☐		____________________	☐	

b) Ermittle mit Hilfe des *minidictionnaire* Geschlecht und Zahl der Länder aus der Übersicht in a) und trage sie in die Kästchen ein. Markiere die Präpositionen der femininen Länder rot, der maskulinen blau und der Länder, die nur im Plural verwendet werden, lila. Vervollständige folgende Regeln.

Auf die Frage ____________ (= wo/wohin?) steht:

- ____________ vor femininen Ländernamen und Ländernamen mit Vokalanlaut,
- ____________ vor maskulinen Ländernamen mit konsonantischem Anlaut,
- ____________ vor Ländernamen im Plural.

Auf die Frage ________________ (= woher?) steht:

- ________________ vor femininen Ländernamen mit konsonantischem Anlaut,
- ________________ vor Ländernamen mit Vokalanlaut,
- ________________ vor maskulinen Ländernamen mit konsonantischem Anlaut,
- ________________ vor Ländernamen im Plural.

§ 3 Die Pronomen *y* und *en* (lokal)

a) Vervollständige die Sätze mit Hilfe des Buchtextes S. 11, Z. 27–45 und des Grammatikbildschirms S. 15.

LE, p. 11, 15

1. Cécile va à la boulangerie.
2. Elle ______ achète du pain.
3. Puis, elle revient de la boulangerie.
4. Quand elle ___________ est revenue, elle doit encore aider sa mère dans la maison.
5. Elle va ______ mettre la table des hôtes.

b) Lies die Sätze in a): Welche Satzteile der Sätze 1, 3 und 4 werden in den Sätzen 2, 4 und 5 durch ***y*** oder ***en*** ersetzt? Unterstreiche diese Satzteile. Vervollständige die Regel.

- Das Pronomen ___________ steht für Konstruktionen mit *à, en, dans, sur* und antwortet auf die Frage „wo" oder „wohin".
- Das Pronomen ___________ steht für Konstruktionen mit *de* und antwortet auf die Frage ________________.
- Die Pronomen *y* und *en* vertreten im Satz adverbiale Bestimmungen ☐ der Zeit ☐ des Ortes ☐ des Grundes.
- Wie die Objektpronomen stehen *y* und *en* vor dem ________________ Verb bzw. in Infinitivsätzen direkt vor dem ________________.

§ 4 Das Verb *croire*

a) Ordne die Verbformen von *croire* mit Hilfe des Grammatikbildschirms im Buch S. 16 in die Übersicht ein.

LE, p. 16

infinitif:	*croire*		
je	__________	nous	__________
tu	__________	vous	__________
il/elle/on	__________	ils/elles	__________
p.c.: il/elle a	__________		

b) Im Grammatikbildschirm werden für die verschiedenen Formen von *croire* drei Farben verwendet. Markiere alle **Verbstämme** von *croire* in a) mit den **gleichen** Farben.

c) Fertige für das Verb *croire* ein neues Blatt in deiner Verbenliste an.

§ 5 **Die Nationalitätsbezeichnungen als Adjektiv und als Nomen**

Ⓡ a) Trage in die erste Spalte der Tabelle alle Ländernamen mit dem bestimmten Artikel ein.

Je connais	Je connais		C'est un/une
	un film	une chanson	le/la/l'
B *la Belgique*	*belge*	*belge*	*Belge*
CH			
RUS	russe	russe	
D	*allemand*	*allemande*	*Allemand/e*
L			
DK			
E			
USA	américain		
F			
GB	anglais		
NL			
PL	polonais		
P			
A			
CDN			
I	*italien*	*italienne*	*Italien/ne*
TR			
GR			

LE, p. 19–20

b) Suche aus den Buchtexten S. 19 alle Adjektive, die zu den Ländern der ersten Spalte passen. Sieh dir die bereits in a) eingetragenen Formen an und ordne den Ländern die passenden Adjektive in den Spalten 2 und 3 zu. Vervollständige die Tabelle mit den Adjektiven aus dem Grammatikbildschirm S. 20.

c) Leite die in der Tabelle fehlenden Formen von den bereits eingesetzten ab.

In welcher Spalte musst du auf die Großschreibung achten? ____________

d) Sieh dir die Ergebnisse in der Tabelle und die Beispielsätze an und vervollständige die Regel.

Die aus den Ländernamen abgeleiteten Adjektive werden mit Hilfe des ______________ zum Substantiv und bezeichnen den Bewohner/die Bewohnerin eines Landes. Die Bezeichnung der Bewohner/innen wird immer ☐ groß ☐ klein geschrieben; z.B.: *Le ______________ parle portugais.*

§6 Die Verben auf *-ir* mit Stammerweiterung

LE, p. 22

Die Verben auf ***-ir*** teilen sich in zwei Gruppen, mit und ohne Stammerweiterung. Du kennst bereits Verben **ohne** Stammerweiterung. Finde sie aus den Beispielen heraus und trage sie in die linke Spalte der Übersicht ein. Die verbleibenden Verben gehören zur Gruppe der Verben **mit** Stammerweiterung. Übertrage sie in die Übersicht. Kontrolliere deine Ergebnisse mit Hilfe des Grammatikbildschirms im Buch S. 22.

dormir réagir réfléchir sortir finir choisir partir mentir

Verben **ohne** Stammerweiterung	Verben **mit** Stammerweiterung
______________	______________
______________	______________
______________	______________
______________	______________

§7 Die Konjugation der Verben auf *-ir* mit Stammerweiterung

LE, p. 18–19, 22

a) Übertrage die Formen von *choisir, finir, réagir* und *réfléchir* aus dem Grammatikbildschirm im Buch S. 22 in die Übersicht. Ergänze dann **fünf** weitere Formen mit Hilfe des Buchtextes S. 18–19.

infinitif	choisir	finir	réagir	réfléchir
je	______	______	______	______
tu	______	______	______	______
il/elle/on	______	______	______	______
nous	______	______	______	______
vous	______	______	______	______
ils/elles	______	______	______	______
p.c.: il/elle a	______	______	______	______

b) Im Grammatikbildschirm werden für die verschiedenen Verbformen **zwei** Farben verwendet. Markiere alle **Verbstämme** in a) mit den **gleichen** Farben. Auch die Farben der Tilden (~) helfen dir. Nun kannst du sicher leicht erklären, was die Stammerweiterung ist.

Der Stamm der Verben *choisir, finir, réagir* und *réfléchir* wird im Singular durch ______ und im Plural durch ____________ erweitert.

c) Vervollständige in der Übersicht von a) die fehlenden Verbformen, die du mit Hilfe der farbigen Markierung ableiten kannst.

d) Schau dir die Tabelle in a) an und vervollständige die Regel.

Das *participe passé* wird aus dem Stamm des Infinitivs (Verbstamm) und der Endung ____________

gebildet. Die Formen des *passé composé* werden mit dem Hilfsverb __________________ gebildet.

e) Fertige für die Verben auf *-ir* mit Stammerweiterung ein neues Blatt in deiner Verbenliste an.

Unité 2

§ 9 Die reflexiven Verben (1)

a) In dieser Aufgabe lernst du die Gruppe der **reflexiven Verben** kennen. Sie setzen sich aus einem **Reflexivpronomen** und einem **Verb** zusammen. Dieses wird entsprechend seiner Endung im Infinitiv so konjugiert, wie du es bereits kannst, z.B. *se laver* wie ein Verb auf *-er*. Vervollständige zuerst die Endungen von *se laver* im *présent*.

français:	allemand:	français:	allemand:
infinitif: se laver	**infinitif:** *sich waschen*		
je ____________ lave___		nous ____________ lav______	
tu ____________ lav______		vous vous lav______	
il / elle / on ____________ lave___		ils / elles ____________ lav______	

LE, p. 28–30

b) Ergänze die fehlenden Reflexivpronomen in a) mit Hilfe der Buchtexte S. 28–29 und des Grammatikbildschirms S. 30.

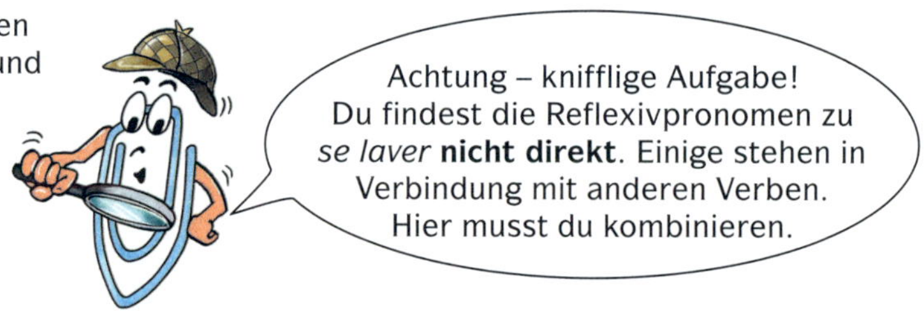

c) Übersetze die Formen in a) ins Deutsche. Markiere in den französischen wie in den deutschen Formen das Reflexivpronomen orange und das Verb grün. Vergleiche beide Formen und ergänze die Regel.

Im **Infinitiv** der reflexiven Verben steht im Französischen ☐ genauso wie im Deutschen ☐ anders als im Deutschen das Reflexivpronomen ☐ vor ☐ hinter dem Verb. Bei den reflexiven Verbformen im ***présent*** steht im Französischen ☐ wie im Deutschen ☐ anders als im Deutschen das Reflexivpronomen ☐ vor ☐ hinter dem konjugierten Verb.

d) Suche im Buch S. 28–29 **sechs** weitere reflexive Verben mit **konsonantischem Anlaut**, die wie das Verb *se laver* konjugiert werden, und notiere ihre Infinitive.

____

____

e) Auch bei den reflexiven Verben gibt es Verben mit **vokalischem Anlaut** oder stummem *h*. Schreibe **fünf** dieser Verben aus dem Buchtext S. 28–29 heraus und bilde daneben ihren Infinitiv. Markiere die Reflexivpronomen orange und vervollständige die Regel.

____

____

Bei reflexiven Verben mit **vokalischem Anlaut** oder stummem *h* werden die Reflexivpronomen

me, te, se zu ______________________.

f) Konjugiere mit Hilfe der Regeln in c) und e) das Verb *s'habiller* im *présent*. Kennzeichne die Liaison. Höre anschließend die Verbformen, achte dabei auf die Liaison und korrigiere, wenn nötig.

infinitif: s'habiller

je ______________________	nous *nous habillons*
tu ______________________	vous *vous habillez*
il/elle/on ______________________	ils/elles ______________________

g) Keine Regel ohne Ausnahme! Einige reflexive Verben haben Besonderheiten in der Konjugation. Diese kannst du ganz leicht von dir bereits bekannten Sonderformen ableiten. Konjugiere daher zuerst die dir bekannten Verben in der Spalte „Vergleiche". Konjugiere anschließend die neuen reflexiven Verben in der linken Spalte und beachte dabei die Besonderheiten.

Exemple: se lever →	*je me lève* *nous nous levons*	Vergleiche: *acheter* →	*j'achète* *nous achetons*
s'inquiéter →	je m'______________ nous nous ______________	Vergleiche: préférer →	je ______________ nous ______________
s'ennuyer →	je m'______________ nous nous ______________	Vergleiche: envoyer →	j' ______________ nous ______________
s'appeler →	je m'______________ nous nous ______________	Vergleiche: appeler →	j' ______________ nous ______________

h) Fertige für die Verben *se laver* und *s'habiller* je ein neues Blatt in deiner Verbenliste an. Notiere die Infinitive der weiteren Verben zu dieser Gruppe unter „ebenso".

i) Markiere die Verneinung in folgenden Sätzen rot. Entscheide dich für die richtige Regel.

Ce sont les vacances! Je ne me lève pas, je ne me lave pas. Je me repose!

Die Verneinung der reflexiven Verben im *présent* umschließt ☐ nur das Reflexivpronomen
☐ das Reflexivpronomen und das konjugierte Verb.

§ 10 Der Anschluss der Verben mit den Präpositionen *de* und *à* und ohne Präposition

LE, p. 28–29, 33
p. 125

Wie im Deutschen können auch im Französischen nach manchen Verben Infinitive folgen. Sie werden mit *à*, *de* oder ohne Präposition an das Verb angeschlossen. Du lernst diese Verben am besten immer mit ihrem Anschluss, denn es gibt Unterschiede zum Deutschen. Suche aus dem Buchtext S. 28–29 und dem *savoir faire* S. 33 alle Verben mit **Infinitivanschluss** heraus und trage sie in die Übersicht S. 125 ein. Führe diese Übersicht selbstständig weiter.

§ 11 Die Relativpronomen *qui, que, où*

a) Verbinde jeweils den Satz und das passende Bild.

1 

2 

3 

a) C'est la BD «Tintin en Amérique» **que** Lars veut prendre dans la bibliothèque.

b) Lars entre dans la bibliothèque **où** il veut prendre «Tintin en Amérique».

c) Voilà Lars **qui** aime la BD «Tintin en Amérique».

b) Vergleiche in a) die Bilder mit dem zugehörigen Satz. Unterstreiche die Wörter, auf welche sich die Relativpronomen *qui*, *que* und *où* beziehen. Verbinde die Relativpronomen und ihr Bezugswort durch einen Pfeil.

c) Mit Relativpronomen wird aus zwei Sätzen einer gebildet. Unterstreiche in den folgenden Sätzen die Satzteile, die **gleich** sind. Stelle fest, um welches Satzglied es sich im jeweils **zweiten Satz** handelt, und markiere das Subjekt lila, das Objekt orange und den Ort rosa.
Vergleiche die Sätze mit den zugehörigen Sätzen in a) und vervollständige die Regel.

Voilà Lars. Lars aime la BD «Tintin en Amérique».

C'est la BD «Tintin en Amérique». Lars veut prendre la BD «Tintin en Amérique» dans la bibliothèque.

Lars entre dans la bibliothèque. Il veut prendre «Tintin en Amérique» dans la bibliothèque.

- Das Relativpronomen ____________ ist das **Subjekt des Relativsatzes** und bezieht sich auf ein vorangehendes Substantiv im Singular oder Plural.
- Das Relativpronomen ____________ ist das **direkte Objekt des Relativsatzes** und bezieht sich auf ein vorangehendes Substantiv im Singular oder Plural.
- Das Relativpronomen ____________ bezieht sich auf eine vorangehende **Ortsangabe**.

§ 12 Der Imperativ der reflexiven Verben

impératif | **présent**

Lave-toi. — Ne te lave pas. — tu ____________________

allemand: ____________________

Lavons-nous. — Ne nous lavons pas. — nous ____________________

allemand: ____________________

Lavez-vous. — Ne vous lavez pas. — vous ____________________

allemand: ____________________

a) Bilde zu jeder Imperativform die vorgegebene Form im *présent*. Markiere in **allen Sätzen** die Reflexivpronomen orange. Vergleiche die Reihenfolge der Wörter in *impératif* und *présent* und vervollständige die Regel.

Die Reflexivpronomen der Präsensformen te, ______ werden im **bejahten** Imperativ in der betonten Form toi, ______ verwendet und stehen dort ☐ vor ☐ hinter der konjugierten Verbform. Das konjugierte Verb und das Reflexivpronomen werden durch einen ______ verbunden.

Im **verneinten** Imperativ werden die Reflexivpronomen wie im ☐ Aussagesatz ☐ bejahten Imperativ verwendet. Die Verneinung schließt ☐ nur das Reflexivpronomen ☐ das Reflexivpronomen und das konjugierte Verb ein.

§ 13 Die reflexiven Verben im *passé composé* und *futur composé*

a) Lies das Gedicht und markiere alle reflexiven Verben grün. Finde heraus, mit welchem Hilfsverb die reflexiven Verben das ***passé composé*** bilden.

Nuit et jour – jour et nuit

La lune s'est couchée, le soleil se lève,
le soleil s'est couché, la lune se lève.
La lune va se coucher,
le soleil va se lever.
Soleil et lune, jour et nuit,
ce n'est jamais fini.

Die reflexiven Verben bilden das *passé composé* mit dem Hilfsverb ______.

b) Übertrage die Formen des Verbes *se lever* im *passé composé* aus dem Grammatikbildschirm im Buch S. 42 in die Übersicht. Markiere wie im Buch die weiblichen Endungen rot und unterstreiche die Pluralendung. Entscheide dich für die richtige Regel.

LE, p. 42

infinitif: se lever

passé composé:

je ______ nous ______

tu ______ vous ______

il ______ ils ______

elle ______ elles ______

Das Reflexivpronomen steht im *passé composé* immer ☐ vor ☐ hinter dem konjugierten Verb.

c) Vervollständige die Formen von *se lever* so, wie du es von anderen Verben kennst, die das *passé composé* mit *être* bilden. Markiere ebenfalls die weiblichen Endungen rot und unterstreiche die Pluralendung.

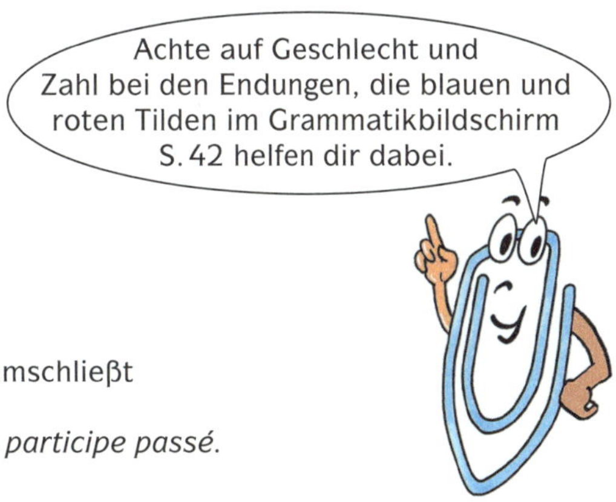

d) Worauf musst du bei der Verneinung des *passé composé* reflexiver Verben achten? Entscheide dich für die richtige Regel (nur eine Lösung ist richtig).

Exemple: Bertrand ne s'est pas dépêché.

Die Verneinung der reflexiven Verben im *passé composé* umschließt

☐ das Reflexivpronomen, das konjugierte Verb **und** das *participe passé*.

☐ nur das *participe passé*.

☐ das Reflexivpronomen **und** das konjugierte Verb.

e) Vervollständige deine Verbenliste zu den reflexiven Verben mit dem *passé composé*.

f) Lies dir die beiden Sätze zum *futur composé* gut durch. Markiere im zweiten Satz die Verneinung rot und vervollständige die Regel.

On va se dépêcher maintenant. On ne va pas se dépêcher.

Werden reflexive Verben im *futur composé* verwendet, steht das Reflexivpronomen direkt

__________ dem Infinitiv. Die Verneinung schließt nur die ____________________ Verbform ein.

§ 14 Das Verb *courir*

a) Markiere den Verbstamm im Infinitiv und der 3. Person Singular grün.

! Das Verb endet zwar auf *-ir*, wird aber bis auf die 3. Person Singular wie ein Verb auf ***-re*** konjugiert. Ergänze die Formen selbstständig. Im *passé composé* fehlt nur noch ein Buchstabe.

infinitif: courir

je	____________	nous	____________
tu	____________	vous	____________
il/elle/on	court	ils/elles	____________

p.c.: il/elle a cour_____

b) Fertige für das Verb *courir* ein neues Blatt in deiner Verbenliste an.

Unité 3

! *jouer de/à*

Markiere in den Sätzen die Wörter nach *jouer de* gelb und nach *jouer à* rosa. Analysiere den folgenden Satz: Für welche Art von Freizeitaktivitäten wird welche Form verwendet?

Christophe joue **au** foot et il joue **de la** guitare. Céline joue **du** synthé, elle ne joue pas **au** tennis.

Bei ____________________ wird *jouer **de*** verwendet, bei ____________________ wird *jouer **à*** verwendet.

§ 15 Der unbestimmte Begleiter *chaque*

Übersetze den Satz ins Deutsche. Unterstreiche im französischen Satz die Wörter *chaque* und *tous* rot und ihre deutsche Übersetzung ebenfalls. Vervollständige die Regel.

Marcel aime chaque animal, alors, il aime tous les animaux.

____

Chaque bedeutet __________, *tous les / toutes les* heißt __________, *tout le / toute la* bedeutet „der ganze …/die ganze …“.

§ 16 Das *imparfait*

LE, p. 55, 59

a) Du kennst bereits eine französische Vergangenheitsform, das ______________________________.
Nun lernst du eine zweite Vergangenheitsform kennen, das ***imparfait***. Mit Hilfe deiner bisherigen Kenntnisse aus dem *présent* kannst du das *imparfait* ganz leicht selbst erschließen.

- Bilde in der Übersicht zuerst die 1. Person Plural *présent* von *jouer*. Markiere in der Form den Verbstamm grün und streiche die Endung durch.
- Füge in der Übersicht diesen **Stamm** des *présent* unter *imparfait* für alle Formen in grün ein.
- Vervollständige die Verbformen mit Hilfe des Grammatikbildschirms auf S. 59, der dir die Endungen verrät.
- Noch nicht alle Formen vollständig? Suche die zwei fehlenden Endungen im Buchtext S. 55, Z. 32–46.
- Markiere zum Schluss alle **Endungen** rot.

infinitif: *jouer*

présent: nous ______________

imparfait:

je	______________	☐	nous	______________	☐
tu	______________	☐	vous	______________	☐
il/elle/on	______________	☐	ils/elles	______________	☐

b) Höre die Konjugationsformen von *jouer* im *imparfait*. Kreuze in a) an, welche Endungen gleich klingen.

c) Alle Verben haben im *imparfait* die **gleichen Endungen** wie *jouer* in a). Trage sie in die Tabelle ein und ergänze die Formen des *imparfait* für alle Verben auf den Blättern deiner Verbenlisten.

	Endung		Endung
1. Person Singular		1. Person Plural	
2. Person Singular		2. Person Plural	
3. Person Singular		3. Person Plural	

d) Es gibt nur eine einzige Ausnahme: Das Verb *être* hat den unregelmäßigen Stamm *ét-*. Bilde die Konjugation von *être* im *imparfait*, indem du an diesen Stamm die Endungen aus der Übersicht in c) anfügst. Ergänze die Konjugation auf dem Blatt von ***être*** in deiner Verbenliste.

§ 17 Der Unterschied zwischen *bon/bien* und *mauvais/mal*

Suche in den Sätzen mit den Formen von *bon, bien, mauvais* und *mal* das jeweilige Bezugswort. Ist es ein Substantiv, markiere es lila, ist es ein Verb, markiere es grün. Vervollständige die Regel.

1. *Lucien à la jeune fille:* La soupe est très **bonne**. Vous faites très **bien** votre travail, mademoiselle.
2. *M. Rocher à Céline:* Génial! Cette chanson n'est pas **mauvaise**. Tu ne joues pas **mal**.

- *Bon / bonne* und *mauvais / mauvaise* bestimmen ein ______________ näher. *Bon / bonne* und *mauvais / mauvaise* gehören zur Wortart ☐ Adjektiv ☐ Adverb und sind deshalb ☐ veränderlich ☐ unveränderlich.
- *Bien* und *mal* bestimmen ein ______________ näher. *Bien* und *mal* gehören zur Wortart ☐ Adjektiv ☐ Adverb und sind deshalb ☐ veränderlich ☐ unveränderlich.

§ 18 Das Pronomen *en*

a) Markiere in allen Fragesätzen die Wortgruppen, die im Antwortsatz durch ***en*** ersetzt werden. Verwende dabei für die männlichen Begriffe blau, die weiblichen rot und im Plural lila.

- Tu prends du poisson? – Oui, j'en prends. ____________
- Tu prends de la viande? – Oui, j'en prends aussi. ____________
- Tu prends de l'eau? – J'en prends. Merci. ____________
- Tu prends des pommes de terre? – Oui. J'ai faim. J'en prends. ____________

b) Analysiere deine Ergebnisse von a) und vervollständige die Regel.

Das Pronomen *en* ersetzt Verbergänzungen, die mit ______ angeschlossen werden, wenn es sich um ☐ Sachen ☐ Personen handelt. *En* steht immer ☐ vor ☐ hinter dem konjugierten Verb.

c) Übersetze alle Antwortsätze in a). Wie übersetzt du *en* in diesen Fällen? Kreuze alle Möglichkeiten an!

☐ viel(e) ☐ alle ☐ damit ☐ davon ☐ wen ☐ welche/welchen/welches

d) Was geschieht, wenn zusätzlich zum Pronomen *en* eine Menge genannt wird? Unterstreiche die Mengenangabe in der Antwort und vervollständige die Regel.

Steht *en* für Substantive mit einer **Mengenangabe**, wird diese ☐ weggelassen ☐ ergänzt.

e) Markiere im folgenden Dialog die Verneinung rot. Übersetze den Satz **mit der Verneinung** ins Deutsche und vervollständige die Regel.

Discussion-surprise au restaurant

- Garçon, des fautes d'orthographe[1]!
- ▲ Mais, Monsieur, nous n'en avons pas!
- Alors, pourquoi est-ce que vous en mettez sur la carte?

____

Die Verneinung *ne* ... *pas* umschließt ______________________________.

Das Pronomen *en* wird hier in Verbindung mit der Verneinung mit ______________ übersetzt.

§ 19 Der Imperativ mit einem Pronomen

LE, p. 64

a) Suche aus dem Buchtext auf S. 64 alle Imperative **mit einem Objektpronomen** heraus.

bejaht	verneint
______________	______________
______________	______________

[1] *la faute d'orthographe* [fotdɔrtɔgraf] – der Rechtschreibfehler

b) Was fällt dir bei den folgenden beiden Aufforderungen auf? Markiere die Pronomen und vervollständige die Regel.

Anstelle der Pronomen *me* und *te* werden beim bejahten Imperativ die Pronomen ________ und ________ verwendet.

c) Markiere in deinen Sätzen in a) alle Verben grün, die Pronomen orange und die Verneinung rot. Vervollständige die Formeln mit den Begriffen „Bindestrich", „Imperativ", „Pronomen" und trage die Verneinungselemente *ne* und *pas* an der richtigen Stelle ein. Was musst du in dem grau hinterlegten Kästchen eintragen?

Imperativ bejaht = [ ] + [ ] + [ ]

Imperativ verneint = ( ) + [ ] + [ ] + ( )

§ 20 Die Verben *conduire* und *construire*

a) Die Verben *conduire* und *construire* sind ebenfalls wie Geschwister, sie haben Gemeinsamkeiten, aber auch Unterschiede. Markiere in den Infinitiven ihre Unterschiede rot.

b) Übertrage die Formen von *conduire* und *construire* aus dem Grammatikbildschirm des Buches S. 70. Vervollständige die Übersicht mit Hilfe des Textes S. 64. Markiere in allen Formen den Verbstamm mit den gleichen Farben wie im Buch. Leite die fehlenden Formen jeweils von der Form des anderen Verbs ab, indem du die in a) markierten Buchstaben austauschst. Achte im Singular und Plural auf den unterschiedlichen Stamm.

LE, p. 64, 70

infinitif: conduire	**infinitif: construire**
je ________	je ________
tu ________	tu ________
il/elle/on ________	il/elle/on ________
nous ________	nous ________
vous ________	vous ________
ils/elles ________	ils/elles ________
p.c.: il/elle a ________	**p.c.:** il/elle a ________

c) Fertige für die Verben *conduire* und *construire* ein neues Blatt in deiner Verbenliste an.

Unité 4

§21 Das Verb *suivre*

LE, p. 72–73, 76

a) Übertrage die Verbformen von *suivre* aus dem Grammatikbildschirm und Napoleons Sprechblase im Buch S. 76 mit den gleichen Farben in die Übersicht. Suche im Text des Buches S. 72-73 **drei** weitere Formen und vervollständige selbstständig die Übersicht. Vergleiche die Farben der Verbstämme und markiere die drei Formen aus dem Text in den gleichen Farben.

infinitif: ____________________

je	____________________	nous	____________________
tu	____________________	vous	____________________
il/elle/on	____________________	ils/elles	____________________

p.c.: il/elle a ____________________

b) Übertrage aus dem Buchtext S. 72-73 verschiedene Wortgruppen mit dem Verb *suivre* in unterschiedlichen Bedeutungen in die Mind-Map und übersetze sie.

français: ____________________
allemand: ____________________

suivre

français: ____________________
allemand: ____________________

français: ____________________
allemand: ____________________

c) Vervollständige die Regel.

Die Form *je suis* gleicht der ____________ Person Singular von ____________.
Die richtige Bedeutung kann aus dem Kontext erschlossen werden.

LE, p. 76/4

d) Fertige für das Verb *suivre* ein neues Blatt in deiner Verbenliste an.
Notiere **alle** deutschen Bedeutungen von *suivre*.

§22 Das Verb *vivre*

LE, p. 75/ savoir faire

a) Finde mit Hilfe des Wörterbuches die Verbformen von *vivre* und trage sie in die Übersicht ein.
Das *savoir faire* im Buch S. 75 zeigt dir, wie du vorgehen musst.

infinitif: ____________________

je	____________________	nous	____________________
tu	____________________	vous	____________________
il/elle/on	____________________	ils/elles	____________________

p.c.: il/elle a ____________________

b) Fertige für das Verb *vivre* ein neues Blatt in deiner Verbenliste an.

§ 23 Der Komparativ der Adjektive

a) Vergleiche die Höhe der drei Sehenswürdigkeiten von Paris. Schreibe in die Kästchen, ob die Kathedrale Notre-Dame höher (+) oder niedriger (-) als die anderen ist.

324 m

← ☐

70 m

☐ →

50 m

b) Lies die Sätze. Markiere die Wendung, die „mehr" ausdrückt, rot und die Wendung, die „weniger" ausdrückt, blau. Du findest sicher auch die Wendung, die aussagt, dass etwas „gleich" ist. Markiere sie gelb. Vervollständige die Regel.

Est-ce que la cathédrale Notre-Dame est aussi haute que l'Arc de triomphe?
Non, elle est plus haute que l'Arc de triomphe, mais moins haute que la tour Eiffel.

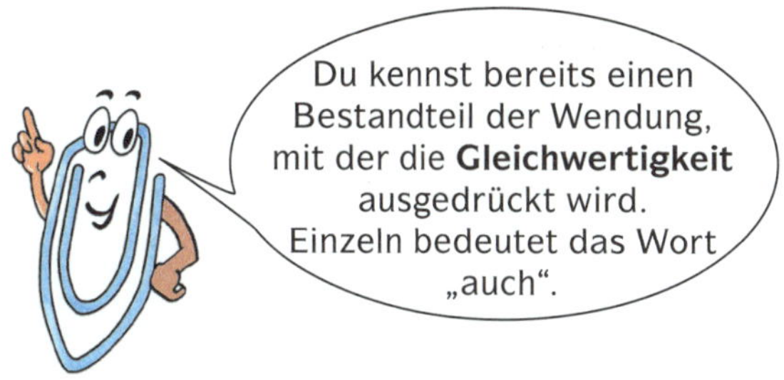

Mit Hilfe des Komparativs können Dinge und Personen miteinander verglichen werden:

- Die Gleichwertigkeit wird mit ______________________ ausgedrückt.
- Mit ______________________ wird eine Eigenschaft verstärkt.
- Mit ______________________ wird eine Eigenschaft abgeschwächt.

Im Deutschen heißt es ebenso (groß/klein) **wie,** aber größer/kleiner **als**.

Im Französischen brauchst du dir nur das Wort __________ zu merken.

c) Vervollständige den Satz mit Hilfe des Textes von Landry und Pauline im Buch S. 73. Vergleiche diese Form mit der Form im Grammatikbildschirm auf S. 77 und markiere den Unterschied im Satz rot. Vervollständige die Regel.

LE, p. 73, 77

Notre équipe préférée est ______________________ que toutes les autres équipes.
Mais: Elle est **moins bonne** que l'équipe tricolore.

Das Adjektiv *bon* hat die besondere Steigerungsform ______________________.

In der femininen Form wird ein _____ angehängt.

d) Das Adjektiv *mauvais* hat **zwei** Steigerungsformen, die du ebenfalls im Grammatikbildschirm auf S. 77 findest. Markiere sie in beiden Sätzen mit unterschiedlichen Farben. Übersetze die Sätze anschließend ins Deutsche und vervollständige die Regel.

1. Pierre est un mauvais élève, mais Paul est encore plus mauvais.

____

2. À Paris, il y a trop de trafic. Et c'est encore pire quand il y a la grève.

____

____

Das Adjektiv *mauvais* hat **zwei** Steigerungsformen.

Für die Bedeutung „schlimmer" wird

______________________________ verwendet,
für die Bedeutung „schlechter" benutzt

man ______________________________.

§ 25 Der Gebrauch von *imparfait* und *passé composé*

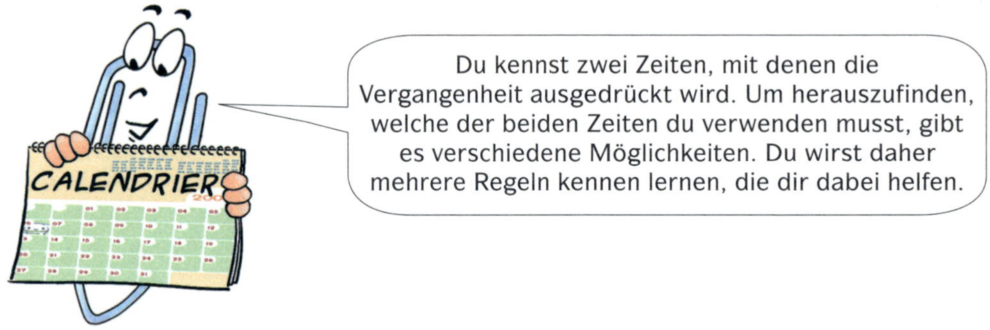

1. a) Sieh dir die Abbildung an und lies die Sätze.
Schreibe die Zahlen der Sätze an die richtige Stelle in der **Zeichnung**.

① Pendant le séjour scolaire, il faisait mauvais à Paris.
② Les élèves allemands ont quand même passé un séjour super avec leurs corres.
③ Il pleuvait souvent.
④ Mais ils ont quand même visité la tour Eiffel.

b) Markiere in allen Sätzen von a) das *imparfait* grün und das *passé composé* blau. Vervollständige die Regel und schreibe die beiden Zeiten an der richtigen Stelle in die Theaterbühne.

Das ______________________________
bildet **den Hintergrund** (das Dekor) für Ereignisse, die den **Vordergrund der Handlung** (das, was auf der „Bühne" passiert) darstellen und immer im

______________________________ stehen.

2. a) Sieh dir die Bilder an und ordne jedem Bild den richtigen Satz zu. Markiere in allen Sätzen von a) das *imparfait* grün und das *passé composé* blau.
Kreuze die richtige Regel an. Manchmal sind mehrere Möglichkeiten richtig.

1. D'abord, il a acheté des jolies fleurs.
2. Ce dimanche-là, il faisait beau.
3. Tout à coup, à la dernière station, il s'est réveillé.
4. Guillaume est sorti de la maison à 11h00.
5. Non, pas possible. Il a raté son rendez-vous avec Irène.
6. Ensuite, il est allé à la station de métro et il a pris la ligne 12 pour aller à la station «Abesses».
7. Mais, il n'est pas descendu à la station «Abbesses» parce qu'il dormait.

- Das ***passé composé*** gibt Handlungen wieder, die
  - ☐ abgeschlossen sind.
  - ☐ in der Gegenwart liegen.
  - ☐ aufeinander folgen.
  - ☐ andauern.

- Das ***imparfait*** gibt Handlungen wieder, die
  - ☐ nicht begrenzt sind.
  - ☐ aufeinander folgen.
  - ☐ in der Zukunft liegen.
  - ☐ andauern.

b) In vielen Sätzen gibt es Wörter, die dir bei deiner Entscheidung helfen.
Markiere in a) die **Schlüssel**wörter für die Verwendung von *imparfait* oder *passé composé*.
Notiere sie unter den beiden Schlüsseln. Ergänze weitere Schlüsselwörter mit Hilfe des *savoir faire* im Buch, S. 84, oder aus Übung 5 auf S.55 im Arbeitsheft.

LE, p. 84, CA, p. 55/5

____

____

____

____

____

____

____

____

3. Es gibt noch einige weitere Situationen, in denen das ***imparfait*** verwendet wird.
Kreuze an! Manchmal sind mehrere Antworten richtig.

> La maman de Nathalie parle de sa correspondante à sa fille:
> «Autrefois, j'allais tous les étés chez ma correspondante. Je prenais toujours le train pour aller chez elle. Quand j'arrivais à la gare, elle m'attendait. Et nous allions toujours manger une glace chez Mario. Ah, nous faisions vraiment beaucoup de choses super ensemble.»

Das *imparfait* beschreibt Ereignisse oder Handlungen in der Vergangenheit, die

- ☐ mit Essen zu tun haben.
- ☐ immer so waren.
- ☐ nur einmal passiert sind.
- ☐ unerwartet passiert sind.
- ☐ sich immer wieder wiederholten.

Unité 5

§ 27 Der Superlativ der Adjektive

le garçon le moins sportif — *le garçon le plus sportif*

Finiform, le Club de fitness le plus formidable de Paris. Vous y trouvez les plus grands spécialistes du sport. Chez Finiform, les garçons les plus gros deviennent les plus sportifs.
Les filles les moins sportives deviennent les plus actives. Les exercices les plus difficiles deviennent les plus faciles dans la plus belle salle de sport de la ville.
Vous passez les heures les plus joyeuses de la semaine avec les personnes les plus sympathiques du monde.
Pourquoi attendre? Venez tout de suite chez Finiform, le club le moins cher dans le plus beau quartier de Paris.

a) Du kennst bereits die erste Steigerungsstufe der Adjektive, den ________________.
Nun kannst du entdecken, wie Adjektive in die höchste Steigerung, den Superlativ, gesetzt werden. Lies den Werbetext und markiere alle **Adjektive** und die **zwei sich davor befindenden Wörter** rot. Unterstreiche alle Substantive, auf die sich die Adjektive beziehen, lila. Betrachte die markierten und unterstrichenen Wörter und vervollständige die Regel.

Achte genau darauf, **wo** die Steigerungsformen der Adjektive stehen.

- Der Superlativ eines Adjektivs wird gebildet, indem *le / la / les* (+) ______________________ oder *le / la / les* (–) ______________________ dem Adjektiv vorangestellt wird.
- Dem Substantiv vorangestellte Adjektive stehen auch im Superlativ

☐ vor ☐ nach dem Substantiv.

- Dem Substantiv nachgestellte Adjektive stehen auch im Superlativ

☐ vor ☐ nach dem Substantiv.

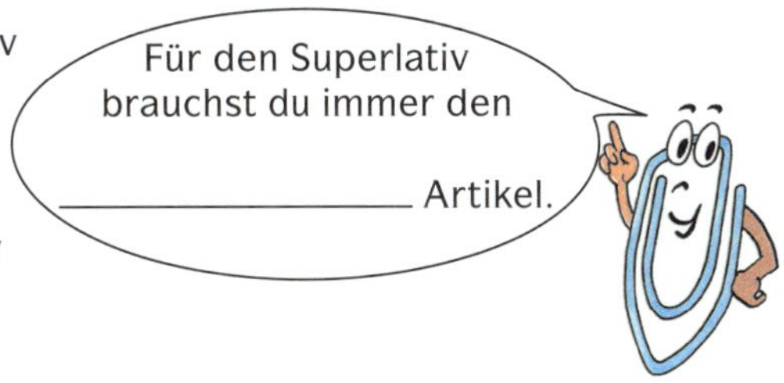

b) Ergänze die Übersicht mit Hilfe des Grammatikbildschirms im Buch S. 100. Markiere die Adjektive und die Superlativformen rot. Vervollständige die Regel. Achte auf die männliche und die weibliche Form.

LE, p.100

une bonne voiture	un mauvais rêve
la moins bonne voiture	le moins mauvais rêve

Für die Adjektive ______________________ und ______________________ gibt es auch im Superlativ Sonderformen:

bon/ne	mauvais/e
le/la moins bon/ne	le/la moins mauvais/e

§ 28 *être en train de faire qc* und *venir de faire qc*

a) Suche aus dem Text im Buch S. 97 die passenden französischen Sätze zu folgenden deutschen Sätzen heraus. Markiere die Übersetzung der fett gedruckten deutschen Wörter in den französischen Sätzen grün.

LE, p. 97

1. Sie (= Céline) **schreibt gerade** einen Brief an Thomas.

____

2. (Céline schreibt:) Ich **habe gerade** ein Praktikum in einem internationalen Unternehmen **gemacht**.

____

____

b) Bilde die Infinitive der in a) markierten Verbformen und vervollständige die Regel.

1. ***infinitif***: ______________________ 2. ***infinitif***: ______________________

Mit der Wendung ______________________ *faire qc* wird eine Handlung ausgedrückt, die **gerade stattfindet**.

Mit der Wendung ______________________ *faire qc* wird eine Handlung in unmittelbarer Vergangenheit ausgedrückt, die **gerade stattgefunden hat**.

§ 29 Der Gebrauch der Zeiten

Lies die französischen Beispielsätze. Vervollständige die Tabelle mit den Bezeichnungen der Zeitformen.

être en train de faire qc · venir de faire qc · passé composé · imparfait · futur composé

			présent	

Le petit Jacques Leblanc **adorait** toujours sa petite «voiture».	Un jour, il **a reçu** son propre moyen de transport.	Il **vient d'acheter** une nouvelle voiture.	Aujourd'hui, M. Leblanc **conduit** son taxi. En ce moment, il **est en train de préparer** un grand voyage.	Bientôt, il **va faire** le tour d'Europe.

§ 30 Die Relativpronomen *ce qui* und *ce que*

LE, p. 106–107

a) Ergänze die Sätze mit Hilfe des Textes im Buch S. 106 und des *savoir vivre* S. 107.

Je viens de lire ________________ on peut apprendre. ________________

Damien, tu sais ________________ tu veux faire? ________________

Le conseiller veut savoir ________________ intéresse les jeunes, ________________

________________ ils ont déjà fait et ________________

________________ ils ont appris. ________________

b) Unterstreiche in allen **Relativsätzen** in a) das Subjekt lila und das Objekt orange und notiere jeweils hinter dem Satz, welcher dieser beiden Satzteile dort fehlt. So erfährst du, welcher Satzteil von welchem Relativpronomen ersetzt wird, und kannst die Regel und den Tipp der Büroklammer vervollständigen.

Das Relativpronomen *ce qui* wird für das ________________,

ce que / ce qu' für das ________________ verwendet.

§ 31 Die Inversionsfrage

a) Unterstreiche in den Fragesätzen die Verben grün und die Personalpronomen lila.
Ordne anschließend die Satzglieder in die „Formel“ ein und vervollständige die Regel für die Inversionsfrage, die du aus dem letzten Schuljahr kennst.
Erinnerst du dich an die Besonderheit? Die Büroklammer hilft dir.

Parlez-vous français?

Parle- **?** -il français?

Où vas-tu?

Bindestrich | Verb im *présent* | Personalpronomen

Fragewort + ____ + ____ + ____ = Inversionsfrage *présent*

In der Inversionsfrage *présent* steht das konjugierte Verb ☐ vor ☐ hinter dem Subjekt.

Zwischen Verbform und Subjekt steht ein ______________.

Endet das Verb mit einem Vokal und trifft es auf einen Vokal am Anfang des Subjektpronomens, muss ein __________ eingefügt werden.

b) Du kennst bereits die Inversionsfrage im *présent*. Nun wirst du die Inversionsfrage auch für die anderen Zeitformen entdecken. Der Grammatikbildschirm im Buch S. 111 kann dir helfen.

LE, p. 111

- Markiere in allen Sätzen das Subjekt lila und vervollständige die Fragesätze in der 3. Spalte der Tabelle mit der passenden Verbform.
- Was musst du wie bei der Inversionsfrage im *présent* in die 4. Spalte schreiben?
- Achtung: In einem Satz musst du die gleiche Besonderheit wie in a) beachten. Markiere sie rot.
- Ergänze abschließend die Regel.

viens | a | Connaissiez | as | Puis | Êtes | allez | Veux

imparfait:				vous	le programme?
passé composé:	Où			tu fait	ton stage de troisième?
	Où			elle fait	son stage de troisième?
venir de faire qc:	Que			tu de faire	à l'école?
être en train de faire qc:				vous en train de travailler?	
futur composé:	Où			vous passer	vos vacances?
vouloir faire qc:				tu faire	des études longues?
pouvoir faire qc:				je traverser?	

Die Inversionsfrage wird in allen Zeitformen
- ☐ auf die gleiche Weise gebildet.
- ☐ auf unterschiedliche Weise gebildet.

Das Subjektpronomen und das konjugierte Verb
- ☐ behalten ihre Stellung wie im Aussagesatz.
- ☐ tauschen ihre Stellung im Satz.

Das Subjekt muss immer ein
- ☐ Pronomen sein.
- ☐ Substantiv sein.

Zwischen Verb und Pronomen wird ein ________________ eingefügt, wenn zwei Vokale aufeinandertreffen, ein ____.

§ 32 Die Verwendung von *savoir* und *pouvoir*

a) Übersetze die Sätze ins Deutsche.

1

Damien **sait** danser, mais en ce moment, il ne **peut** pas danser.

____

____

2

Julie **sait** jouer du saxophone, mais elle ne **peut** pas jouer, parce que ses voisins ne sont pas d'accord.

____

____

b) Untersuche die deutschen Übersetzungen in a). Worin unterscheiden sich die Bedeutungen von *savoir* und *pouvoir*? (Mehrere Antworten sind richtig.)

☐ Beide Verben werden im Deutschen meist mit „können“ übersetzt.

☐ Beide Verben haben im Französischen genau die gleiche Bedeutung.

☐ Das Verb *pouvoir* bedeutet, dass jemand die Möglichkeit oder Erlaubnis hat, etwas zu tun. Daher kann es auch im Sinne von „dürfen“ verwendet werden.

☐ Das Verb *pouvoir* bedeutet, dass jemand etwas kann, weil er es gelernt hat.

☐ Das Verb *savoir* bedeutet, dass jemand etwas kann, weil er begabt ist oder es gelernt hat.

☐ Das Verb *savoir* bedeutet, dass jemand die Möglichkeit oder Erlaubnis hat, etwas zu tun.

Unité 6

33 Die indirekte Rede und Frage

Wenn du wiedergeben willst, was eine andere Person sagt oder fragt, brauchst du die indirekte Rede oder die indirekte Frage. Dabei sind verschiedene Regeln zu beachten.

a) Vervollständige die Sätze mit Hilfe des Textes im Buch S. 115. Markiere die Formen von *dire* grün und die von *demander* blau. Vervollständige die Regel und den Merksatz der Büroklammer.

LE, p. 115

1. Une actrice élégante dit ________ la domestique cherche un certain monsieur.
2. Je me demande ______ c'est son mari.
3. Les participants disent ______ ils sont des stars.
4. Tu demandes ____________________ elles rient.

Die indirekte Rede (Wiedergabe eines Aussagesatzes) wird

mit __________ eingeleitet.

Die indirekte Frage (Wiedergabe eines Fragesatzes) wird

mit __________ oder einem Fragepronomen

(z.B. *pourquoi, comment, quand, où, ...*) eingeleitet.

b) Markiere in allen Sätzen das Subjekt lila und das Prädikat grün. Was fällt dir an der Satzgliedfolge im Nebensatz der indirekten Rede auf? Vervollständige die Regel.

1. Est-ce que son mari est là?

Je me demande si son mari est là.

3. On va au cinéma à 18h00.

Il dit qu'on va au cinéma à 18h00.

2. Pourquoi est-ce qu'elles rient?

Je me demande pourquoi elles rient.

Die Satzgliedfolge im Nebensatz der indirekten Rede ☐ entspricht ☐ entspricht nicht der Satzgliedfolge des Frage- oder Aussagesatzes der direkten Rede.

c) Betrachte die nicht markierten Wörter und Satzzeichen. Welche **zwei** Merkmale der direkten Frage **entfallen** in der indirekten Frage?

____

d) Unterstreiche in den Sätzen alle Subjektpronomen lila, Objektpronomen orange und Possessivbegleiter rosa und die Verben grün. Vergleiche die Sätze der direkten mit der indirekten Rede und Frage und vervollständige die Regel.

1

2

3

Bei der Umformung von der direkten Rede oder Frage zur **indirekten Rede** oder **Frage**

☐ bleiben die Pronomen, Possessivbegleiter und Verben wie in der direkten Rede.

☐ verändern sich die Pronomen, Possessivbegleiter und Verbformen.

§ 34 Die Verben *paraître* und *apparaître*

a) Bilde aus den Buchstaben die Präsensformen und das *participe passé* von *connaître* und ordne die Formen in das Konjugationsschema ein. Manche Buchstaben werden mehrfach benötigt.

infinitif: ______________

je ______________

tu ______________

il/elle/on ______________

nous ______________

vous ______________

ils/elles ______________

p.c.: il/elle a ______________

c n t u s z o e a î i r

b) Die Verben *connaître, paraître und apparaître* sind wie Geschwister, sie haben Gemeinsamkeiten, aber auch Unterschiede. Markiere in den Infinitiven ihre Unterschiede rot. Markiere die verbleibenden Gemeinsamkeiten grün. Trage diese verbleibende Endung in die Bauchtasche von Herrn Ammar ein.

connaître **paraître** **apparaître**

c) Leite die Formen von *paraître* und *apparaître* jeweils von der Form von *connaître* aus a) ab, indem du die in b) markierten Buchstaben berücksichtigst.

infinitif:	______	**infinitif:**	______
je	______	j'	______
tu	______	tu	______
il/elle/on	______	il/elle/on	______
nous	______	nous	______
vous	______	vous	______
ils/elles	______	ils/elles	______
p.c.: il/elle	______	**p.c.**: il/elle	______

d) Ergänze die Verben *paraître* und *apparaître* auf dem Blatt von *connaître* in deiner Verbenliste.

§35 Die Fragen mit *qu'est-ce que* und *qu'est-ce qui*

a) Ergänze die Fragen mit Hilfe des Textes im Buch S. 114. Suche zwei weitere Fragen mit *qu'est-ce que* und *qu'est-ce qui* aus dem Text S. 115, Z. 1–13. Übersetze alle Sätze anschließend ins Deutsche.

LE, p. 114–115

Karim, ______ il faut faire? ______

Pourquoi, ______ se passe? ______

______ tu racontes? ______

______ ______

______ ______

LE, p. 120

b) Markiere alle Satzglieder in den Sätzen von a) so, wie es im Grammatikbildschirm auf S. 120 vorgegeben ist. Unterstreiche die deutschen Übersetzungen von *qu'est-ce que / qu'* und *qu'est-ce qui*. Vervollständige die Regel.

Wenn ein Subjekt vorhanden ist (z.B. *il* oder *elle*),

dann steht ______________________________.

Ist **kein** Subjekt vorhanden, dann steht

______________________________.

Sowohl *qu'est-ce que / qu'* als auch *qu'est-ce qui*

werden im Deutschen mit ______ übersetzt.

§36 Das Verb *rire*

a) Die Singularformen von *rire* kannst du leicht von *dire* und *lire* ableiten. Im Plural ist es noch einfacher: Hänge die Endungen der Verben auf *-er* an den Verbstamm – fertig!

infinitif: rire

je ____________________

tu ____________________

il / elle / on ____________

nous ri____________

vous ri____________

ils / elles ri__________

p.c.: il a ri

b) Fertige für das Verb *rire* ein neues Blatt in deiner Verbenliste an.

Regelmäßige Verben auf ______ *Verbes réguliers en* ______

infinitif français: ______ ***infinitif allemand:*** ______

personne	*présent*	*passé composé*	______	______	______	______
je / j'						
tu						
il / elle / on						
nous						
vous						
ils / elles						

ebenso werden konjugiert: ______

Unregelmäßige Verben / *Verbes irréguliers*

infinitif français: ____________ ***infinitif allemand:*** ____________

personne	*présent*	*passé composé*	______	______	______	______
je / j'						
tu						
il / elle / on						
nous						
vous						
ils / elles						

infinitif français: ____________ ***infinitif allemand:*** ____________

personne	*présent*	*passé composé*	______	______	______	______
je / j'						
tu						
il / elle / on						
nous						
vous						
ils / elles						

Der Anschluss der Verben mit den Präpositionen *de* und *à* und ohne Präposition

Des verbes avec les prépositions «de» et «à» et sans préposition

verbe + à	*allemand*	*verbe + de*	*allemand*	*verbe sans préposition*	*allemand*
		rêver de faire qc	davon träumen, etwas zu tun		

autocontrôle

Zu einigen Übungen findest du hier Lösungen, anhand derer du deine Ergebnisse selbst überprüfen kannst. Wenn es darum geht, eigene Texte zu formulieren, gibt es hier eine Musterlösung. Deine Texte solltest du dann von deinem Lehrer / deiner Lehrerin nachsehen lassen.

Unité 1

p. 8/12

Exercice 12

Gilles: Salut, comment ça va?
Nicolas: Ça va bien, c'est le week-end!
Gilles: Moi, je suis de mauvaise humeur!
Nicolas: Pourquoi?
Gilles: Je ne peux pas jouer au foot avec toi / vous aujourd'hui. Je dois faire une dégustation de notre confiture et de notre camembert avec un groupe de touristes. / Je dois vendre nos produits aux touristes.
Nicolas: Tu dois toujours aider tes parents à la ferme. / C'est toujours la même chose. Et ta sœur, elle, elle va en ville avec ses copines? / Et Cécile, elle peut aller en ville avec ses copines?
Gilles: Non, elle doit aussi aider nos parents à la ferme.
Nicolas: Dommage, mais on peut peut-être jouer au foot le week-end prochain.

DELF

p.93/1

Exercice 1

a) 1. Pauline téléphone pour la **2e fois**.
2. Elle aimerait avoir le livre **d'anglais**.

b) Elle a une interrogation jeudi.

p.94/2

Exercice 2

a) 1. l'exposition «chocolats»

b) 1. L'exposition a lieu **du 31/01/06 au 30/03/07**.
2. Les horaires d'ouverture sont **du mardi au dimanche de 10 à 17 h (fermé le lundi)**.

c) 087 **35** 57 **03**

d) Oui.

p.94/3

Exercice 3

1. La personne qui laisse le message s'appelle **Mme Clavioz**.
2. Mme Poucheron a mis la petite annonce dans le journal **le 15 octobre**.
3. **Oui**, cette dame veut acheter la voiture de Mme Poucheron.
4. Elle peut lui téléphoner **de 15 à 21 heures**.
5. Non, c'est **faux**. Le numéro de téléphone, c'est le 046 **13** 27 05.

p.95/4

Exercice 4

a) 1. Kamel Ouali est prof de danse.
2. Il est né en 1971.
3. Il habitait dans la banlieue parisienne.
4. Il aime toutes les danses modernes.

b)

	oui	non
1.	x	
2.		x
3.	x	
4.	x	
5.		x
6.	x	

p.96/5

Exercice 5

a) nom du film: La Mort de Belle
année: 1961
sorte de film: policier
nom de l'auteur du roman: Georges Simenon
nom du réalisateur: Edouard Molinaro
noms des acteurs: Alexandra Stewart, Jean Desailly, Yves Robert, Yvette Etiévant

b) Musterlösung:

La journaliste:
Bonjour. Je voudrais bien vous poser quelques questions sur le film.
Vous avez aimé le film?
Et vous, Madame?
Vous connaissez Simenon?
Vous avez lu le livre?
De quoi est-ce que le film parle?
Mais vous pouvez peut-être dire où se passe l'histoire du film? Parce que je crois qu'elle ne se passe pas en Belgique ou en France, non?
D'accord. Alors, je ne vais pas vous demander qui a tué Belle.
Merci pour l'interview.
Au revoir.

Le jeune homme:
Bien sûr, madame.
Ah oui, il est génial. Il y a beaucoup de suspense et les acteurs jouent vraiment bien.
Mais bien sûr! Tout le monde à Liège le connaît.
Moi non. Je n'aime pas lire. Et toi, tu as lu le livre?
Oui, c'est ça. L'histoire se passe dans une petite ville en Amérique.
Mais il ne faut pas le dire. Il vaut mieux aller le voir.
De rien. Au revoir.

La jeune femme:
Ah non, moi, je le trouve nul, ce film. Il est ennuyeux.
Oui. C'est pourquoi je n'aime pas ce film. Il n'est pas du tout comme le livre.
Ou lire le livre!
Mais bien sûr! Tout le monde à Liège le connaît.
Oui, c'est ça. L'histoire se passe dans une petite ville en Amérique.
Ah non, on ne va pas répondre à cette question.
De rien. Au revoir.

L'interview:

La journaliste: Bonjour. Je voudrais bien vous poser quelques questions sur le film. (B)

Le jeune homme: Bien sûr, madame. (E)

La journaliste: Vous avez aimé le film? (L)

Le jeune homme: Ah oui, il est génial. Il y a beaucoup de suspense et les acteurs jouent vraiment bien. (L)

La journaliste: Et vous, Madame? (E)

La jeune femme: Ah non, moi, je le trouve nul, ce film. Il est ennuyeux. (E)

La journaliste: Vous connaissez Simenon? (S)

Le jeune homme ou la jeune femme: Mais bien sûr! Tout le monde à Liège le connaît. (T)

La journaliste: Vous avez lu le livre? (M)

Le jeune homme: Moi, non. Je n'aime pas lire. Et toi, tu as lu le livre? (O)

La jeune femme: Oui. C'est pourquoi je n'aime pas ce film. Il n'est pas du tout comme le livre. (R)

La journaliste: De quoi est-ce que le film parle? (T)

Le jeune homme: Mais il ne faut pas le dire. Il vaut mieux aller le voir. (E)

La jeune femme: Ou lire le livre! (P)

La journaliste: Mais vous pouvez peut-être dire où se passe l'histoire du film? Parce que je crois qu'elle ne se passe pas en Belgique ou en France, non? (O)

Le jeune homme ou la jeune femme: Oui, c'est ça. L'histoire se passe dans une petite ville en Amérique. (U)

La journaliste: D'accord. Alors, je ne vais pas vous demander qui a tué Belle. (R)

La jeune femme: Ah non, on ne va pas répondre à cette question. (Q)

La journaliste: Merci pour l'interview. (U)

Le jeune homme et la jeune femme: De rien. Au revoir. (O)

La journaliste: Au revoir. (I)

c) **Question:** Belle est morte. Pourquoi?

Exercice 6
Musterlösungen:

p.97/6

a) *Image 1*: oublier, mettre la clé, chercher, partout, dans la chambre, ranger la chambre, faire le lit, trouver la clé, sous un pull, partir vite

Image 2: ma grand-mère, un gâteau, mettre la table, contente, surprise, ne pas pouvoir dire non, manger, bon

b) *Image 1*: Excuse-moi. Mais j'ai oublié où j'ai mis ma clé. Alors, j'ai cherché partout dans ma chambre. Mais je n'ai rien trouvé. Puis, j'ai rangé ma chambre et quand j'ai fait mon lit, j'ai enfin trouvé la clé sur le lit, sous mon pull. Et je suis vite partie.

Image 2: Pardon. Mais ma grand-mère a fait un gâteau. Elle a mis la table. Elle était très contente. Elle voulait (me) faire une surprise. Alors, je ne pouvais pas dire non.

Exercice 7
Musterlösungen:

p.97/7

Carte postale à une amie:
Salut Léa, Ça va? Moi, je vais très bien. Je suis arrivée à Paris le 23 mai à la Gare de l'Est. C'est une gare très jolie, non? J'habite dans un petit appartement chez une famille sympa. On fait beaucoup de choses ensemble: on va au cinéma, on fait des promenades en ville. J'ai déjà vu la tour Eiffel et pris le métro. Alors, Paris est une ville géniale.
À bientôt, bisous Nicole (ca. 76 mots)

Carte postale aux parents:
Chère maman, cher papa,
Nous voilà avec nos correspondants. Je suis arrivé à Paris le 23 mai à la Gare de l'Est. On est vraiment bien ici. Les corres sont sympa et leurs familles aussi. On a déjà visité beaucoup de monuments à Paris: la tour Eiffel, Notre-Dame, le Centre Pompidou etc. J'aime aussi prendre le métro, dans le métro, on voit toujours des choses intéressantes.
Mais ça, je vais vous raconter plus tard. Grosses bises Marc. (ca. 80 mots)

Carte postale aux grands-parents:
Chère grand-mère, cher grand-père,
Je suis arrivé à Paris le 23 mai à la Gare de l'Est. Aujourd'hui, on a visité la tour Eiffel, Notre-Dame et le Centre Pompidou. Je sais aussi maintenant comment on lit un plan de métro. Tous les jours, je prends le métro tout seul. Demain, on va visiter Montmartre avec le Sacré-Cœur. Je suis très curieux de voir ce quartier.
Je vous embrasse. Benjamin. (ca. 72 mots)

L'orgue de Barbarie[1]

Moi je joue du piano
disait l'un
moi je joue du violon
disait l'autre
moi de la harpe moi du banjo
moi du violoncelle
moi du biniou ... moi de la flûte
et moi de la crécelle.
Et les uns et les autres parlaient parlaient
parlaient de ce qu'ils jouaient.
On n'entendait pas la musique
tout le monde parlait
parlait parlait
personne ne jouait
mais dans un coin un homme se taisait:
«Et de quel instrument jouez-vous Monsieur
qui vous taisez et qui ne dites rien?»
lui demandèrent les musiciens.
«Moi je joue de l'orgue de Barbarie
et je joue du couteau aussi»
dit l'homme qui jusqu'ici
n'avait absolument rien dit
et puis il s'avança le couteau à la main
et il tua tous les musiciens
et il joua de l'orgue de Barbarie
et sa musique était si vraie
et si vivante et si jolie
que la petite fille du maître de la maison
sortit de dessous le piano
où elle était couchée endormie par ennui
et elle dit:
«Moi je jouais au cerceau
à la balle au chasseur
je jouais à la marelle
je jouais avec un seau
je jouais avec une pelle
je jouais au papa et à la maman
je jouais à chat perché
je jouais avec mes poupées
je jouais avec une ombrelle
je jouais avec mon petit frère
avec ma petite sœur
je jouais au gendarme
et au voleur
mais c'est fini fini fini
je veux jouer à l'assasin
je veux jouer de l'orgue de Barbarie.»
Et l'homme prit la petite fille par la main
et ils s'en allèrent dans les villes
dans les maisons dans les jardins
et puis il tuèrent le plus de monde possible
après quoi il se marièrent
et ils eurent beaucoup d'enfants.
Mais
l'ainé apprit le piano
le second le violon
le troisième la harpe
le quatrième la crécelle
le cinquième le violoncelle
et puis ils se mirent à parler parler
parler parler parler
on n'entendit plus la musique
et tout fut à recommencer!

(Jacques Prévert, Paroles)

[1] In diesem Text sind unbekannte Vokabeln, die du im Wörterbuch nachschlagen musst. Einige Verben stehen im *passé simple*, einer Zeitform der Vergangenheit (regelmäßige Endung: 3.P.Sg. *-a*, 3.P.Pl. *-èrent*).

Bildnachweis • ***Références photographiques***

Umschlag V. Bussolin, Crest
S. 6 ddp/Ullsteinbild; Pixathlon/Action Images; The Yorck Project, Berlin
S. 9 M. Scholze, Schwerin
S. 10 I. Joester, Frankfurt/M.; S. Dietsche, Königstein; © Hergé/Moulinsart 2006; J. Eckardt-Scheurig, Frankfurt / M.; H. Thumser, Frankfurt/M.; D. Kömür, Wiesbaden; picture-alliance/dpa; picture-alliance/ZB
S. 12 A. Willma, Althen; picture-alliance/dpa/Erwin Elsner
S. 15 R. Gerber, Potsdam; © Hergé/Moulinsart 2006; picture-alliance/dpa
S. 21 © Hergé/Moulinsart 2006;
S. 22 I. Diedrigkeit, Potsdam
S. 24 R. Gerber, Potsdam
S. 30 THILL S.A., Bruxelles
S. 36 MEV/Digital-Archiv; H. Thumser, Frankfurt; MEV/GEWA-Fotodesign; IMSI © 1998
S. 40-41 Éditions Glénat
S. 43 M. Scholze, Schwerin; H. Thumser, Frankfurt; A. Reif, Bad Dürkheim; S. Dietsche, Königstein; N. Bartel, Köln
S. 44 N. Bartel, Köln
S. 48 M. Scholze, Schwerin
S. 52 MEV/Michael Pohl; S. Dietsche, Königstein
S. 53 B. Guzzi, Gréasque; S. Dietsche, Königstein; Archiv für Kunst und Geschichte, Berlin; laif/Keystone France; picture-alliance/dpa/UPI
S. 57 mauritius/photolibrary
S. 58 picture-alliance/KPA
S. 64 M. Piel, Hennef; H. Thumser, Frankfurt; IMSI © 1998; MEV/GEWA-Fotodesign; MEV/Digital-Archiv
S. 68 I. Diedrigkeit, Potsdam
S. 75 A. Boßler-Beaulieu, Gießen
S. 76-77 I. Diedrigkeit, Potsdam
S. 81 V. Bussolin, Crest
S. 91 Château de Chantilly, rue aérienne © Oliver Roux Chantilly Musée Condé; Véronique Bussolin, Crest
S. 94 N. Bartel, Köln; pâtisserie Meert, Lille; Cinetext Bildarchiv
S. 95 Visual/actionpress
S. 97 C. Pearson, Diesterweg; B. Guzzi, Gréasque
S. 111 S. Dietsche, Königstein